词 语 与 世 界

——社会学分析形式的探索

〔英〕迈克尔·马尔凯 著

李永梅 译　林聚任 校

商务印书馆

2007 年·北京

Michael Mulkay

THE WORD AND THE WORLD

Explorations in the Form of Sociological Analysis

根据英国 George Allen & Unwin 出版社

1985 年版译出

本书中译本出版得到了迈克尔·马尔凯教授的授权

纪念领我入门的鲍勃·里德
并献给勉励我前行的 PM

艺术之巧妙在于自然天成；
小说之真谛源自视事实为幻念；
杜撰的故事就是现实世界的样板。
——摘自约翰·巴思《书信集》(1979,第33页)

目 录

致　谢

我曾于1984年在《科学的社会研究》杂志上发表了一篇文章《科学家反唇相讥:一出独幕剧,关于科学中的重复及社会学中的反思性》,本书的第五章就是在这篇文章修订的基础上完成的。我想感谢该杂志的编辑戴维·埃奇以及允许我转载该资料的塞奇出版公司。

前　言

　　本书试图抛开社会学文本的既定惯例，尝试探讨新的文本形式所带来的种种机会，所以我想在此开始一种"反前言（anti-pref-ace）"。这将有助于从一开始就证实在最不可能的地方使用新的文本形式仍是可行的。然而，当考虑到的各种形式在脑海中一一闪过后，我发现"前言"的形式似乎都已约定俗成，要做到不落窠臼就很难避免产生种种误解和造成某种伤害。我想，这主要是因为人们往往通过前言来吸引尽可能多的潜在读者，把他们的注意力引到作者向各界人士所表达的衷心感谢上，这些人为文本作出过贡献，但是他们付出的劳动却不足以使他们有资格加入著作者的行列。对于想要反复斟酌前言的任何一位作者来说，一个关键问题是，如果他/她没能足够清楚地向那些非人称的读者表示他/她的感激之情，那么他/她就会有冒犯他人的危险，不是冒犯那些读者，而是可能得罪他/她的同事、助手和朋友。

　　"前言"作为一座桥梁沟通着两种会谈方式，一种是作者与同事、助手和朋友之间直接的会谈方式，另一种是作者与既不确定又"一无所知"的读者之间的会谈方式，对"前言"的种种特殊制约也正源于此。因此不仅要对你的朋友表达谢意，即使是作者对人情债表面上的否认，也应当在某上下文中做出"实际上的一种肯定"，甚至是其他任何碰巧浏览了本书开头的人，你都应当明白地向他们表示感谢。但"前言"却是一种独特的间接形式,作者借此告诉第三方,他/她"想感谢"第二方,但实际上又很少对第二方说"谢谢你"。

于是,前言就成了一种非同寻常的个人对话与非人称独白的混合,它值得人们对此进行详细的社会学研究。通过把对话和独白二者结合起来,前言预示了本书的其中一个中心主题。我相信,对前言的研究还可以展示我们对文本归属和责任处理上的种种逸闻趣事。在前言中,作者肯定了他人所做的那些既有助益,又富有创新,甚至是必不可少的贡献,然而,这些贡献还够不上"作者署名"的特殊文本地位。

但是到目前为止,讨论很显然已远离正题。它不过是一个对前言做简单评述的前言,对于真正的前言,现在才刚刚开始。在真正的前言开始之前,我先插上一句,该前言的这个前言及后面的真正的前言是本书中唯一在没有得到诸多同仁、助手及朋友们的巨大援助情况下完成的部分。本书在这个前言之后的其余部分,假如没有这些同仁及朋友们的鼎力相助和中肯的建议,绝不会有面世的机会。这里要特别提及的有:马尔科姆·阿什莫尔、格斯·布兰尼根、奈杰尔·吉尔伯特、特雷弗·平奇、乔纳森·波特、戈登·史密斯、特里·沃克、史蒂夫·伍尔加、安娜·温和史蒂夫·耶利。

我的一位朋友戴维·埃奇,他也是我以前的合作者,在此之前他没有对本书作过评论,因此,他的名字将不会出现在前言中。他曾在他自己的一篇"前言"中,不厌其烦地对以前二十年中他所遇到的人和读过的书的作者都表示了感谢,但我不会效仿这种无所不包的感谢方式。我在前言中将不会提及那些曾对我的作品产生过深远影响的人,我只提到那些对本书各部分的初稿作过评论的人(当然,不包括前言和前言的前言);那些帮助我修改完善本书,使我在某些情况下避免了严重错误的人;那些给我勇气与激情,使我能顺利完成本书的人。

事实上,上面我刚刚写的并不完全正确,因为我并不十分肯定我是否需要这个前言的前言,我想我应该请马尔科姆·阿什莫尔来对我正在写的东西作个评论。马尔科姆出现在致谢名单中是因为他对本书的正文作过评论,但他没有对前言的前言作出评论。如果他做了,我会感谢他的这份特别贡献。另外,我在前言中还要向卡罗尔·巴洛克拉夫致谢,她完成了全部的打字工作,是一个干活麻利而又脾气极好的人。我会请多萝西·莱恩来打这篇真正的前言,这样卡罗尔和马尔科姆直到读了这本已发表的书,才会知道我因为他们分别为该书做的打字工作和校阅该前言的前言而向他们表示深深的谢意。

但我不敢保证这样就解决了所有的问题,如果说我感谢卡罗尔的前言是多萝西打的字,我是否需要让卡罗尔另打一篇我感谢多萝西的前言? 更有甚者,假如马尔科姆校阅了这篇前言的前言,那么谁来校阅我感谢马尔科姆校阅了这篇前言的前言的那篇前言呢? 那肯定不会是马尔科姆。若是换成另外的人,是不是有必要在另一篇前言里向他们致谢呢? 好了,这个问题就到此打住。有一个清楚明了的事实就是,我应该感谢社会科学研究委员会,他们拨款给我用于 1983 年到 1984 年度的个人研究。毋庸置疑,如果没有这笔款项,本书就难以面世。另一方面,我是否有必要感谢一个已不复存在的组织? 当然我可以感谢现在的经济与社会研究委员会,但是该机构仅仅是履行了它前任的委托,该机构可能赞成也可能不赞成这一委托,或许对两者都表示感谢方为万全之策。可 xiii

是我对这篇前言越思量，就越觉得困难重重，就越觉得没有它也完全能对付得过去。甚至对那些为本书提供了许多资料的科学家们，要想感谢他们也绝非易事，因为他们为本书出力时用的是假名，这样就掩盖了他们的真实身份。也许我应当感谢他们当中的大部分人，尤其是频频出现在整个第三部分的"詹宁斯"和在第一部分中涉及的另外两个人，我在这些地方研究了他们二者的争论。但是假如我谈论后者时就用他们的假名，并且向"马克斯及（特别是）斯宾塞"表达我的谢意，这必定会引起进一步的混乱，更为糟糕的是，也许会导致草率行事。

　　基于上述考虑，在我看来本书最好不要前言。我向读者表示深深的歉意，我引他们走得这么远，到头来他们却发现自己被作者抛在了半路上。还有呢！我还要向那些在上文提到的人们表示我的愧疚，因为他们还没有得到应得的感谢。但我觉得，仅仅是这些实际的困难就使我无法恰如其分地做好这项工作，甚至是对这篇短短的分析，我也许该将其标题称之为"非前言的前言"，因为我一直认为采用一种结构受限、僵硬死板的传统方式作为"前言"是不可能创造出新颖而又有趣的作品的。我最初的目的是设计一个（希望能使人心情愉快的）前言，它凭自己的结构向人们揭示前言的本质，很显然这是不现实的。那么就算没有前言也完全可以。我还是做点较为简单的任务吧，列出本书中的主要人物，并撰写一篇导论。

人 物 表

分析者

匿名发言人

审查员

作者

布莱克教授

书

豪尔赫·路易斯·博尔赫斯

格斯·布兰尼根

克里蒂克教授

埃尔德教授

詹宁斯博士

马克斯教授

超作者

马尔凯教授

诺贝尔获奖者代表

诸多用假名的科学家

珀普勒夫人

珀普勒教授

读者

诺贝尔委员会代表

科学家

斯宾塞博士

社会学家 1

社会学家 2

社会学家 3

斯塔司曼教授

学生代表

文本评论者

杨格博士

导　论

　　亲爱的读者，当我在搜肠刮肚地寻找恰如其分的措辞来介绍这本书时，我衷心地希望你能与我共同探讨。如果我们能够彼此 1 交谈一下，事情就会容易得多。因为只有在交谈中，我才能回答你想询问的任何问题，同时还能提供一篇专为你们而设计的导论。刊印成文的东西有一个弊病，那就是它呈现给你的是一系列特殊而又无法更改的文字，其实与之相应的还可能有许多不同的文本，而且这些文本也是我们需要的。后面的章节有许多潜在的含义，考虑到你目前正处于时空中无法确知的某一点上，你我都无法得知在眼下的这部著作中哪一部分最符合你的要求。假如我们一起来商讨，我可以从你那里获得妙语佳句，借此我就能够专门写一篇符合你口味的文本注释。作为所有导论中必不可少的部分，注释不仅总结作品的要点，而且还再三向你保证它的价值。

　　不幸的是，我因为采用书面独白形式的导论而受到指责。我别无选择，只好提供一个总的写作意图来解释一下这本书的内容。这一解释面向任何人，也就不是针对某个人，因此在这一章中，即使我给出你想找的词句（如果我知道的话），你也找不到想要的东西。因为在会话中，你是一位沉默不语的参与者，在不知道你对拙作会有怎样反应的情况下，我只好孤立前行；同样你也只能在浑然不知我对你阅读拙作时作何反应的情况下进行自己的阅读。

毋庸置疑,书面形式的独白确实有诸多优点,我可以在思路不被打断,又无遭受反驳之险的情况下畅所欲言,也不需要去应付那些我无法回答的问题。我还能在措辞方面做些小小的改动,这对于防止争论陷入不可收拾的地步是十分必要的。我还可以清楚明白地宣布,这就是本书的内容所在。可以肯定的是,书面形式的独白赋予了作者某种解释的权威,对此我思量再三——

假如你需要我,为什么不邀请我加入文本中?

那是谁在说话?

是我。如果你想要对话而非独白,何不创造一位可与之交流的潜在读者呢?

2　　我不能那样做。这是非常严肃的学术研究,而非神话故事。假如其中某位读者(尤其是假设的)要进入文本中,那么我的其他的读者就不会喜欢这部著作了。他们不知道下一步会发生什么。读者们很清楚会从我这样的学术作者这里可期望到什么。我们这些作者的任务就是:让读者通过一种独具慧眼的、前后连贯的而且还通俗易懂的叙述来了解世界的某一部分。至少,那是我们应该努力去做的。如果文字叙述失之偏颇,前言不搭后语,且又不知所云的话,那读者们知道该责备谁:那就是作者。但是读者不可能也不会相信其他的读者。众所周知,读者一般都认为别的读者经常连文本中最简单的地方都搞不懂,他们常常是做些毫不相关的评论,却漏掉了要点,并且还经常提一些愚不可及的问题。现在,假如这些并不可靠的读者中的某一位(原谅我这么说)要想进入文本中,那他/她就会给其他所有的人造成混乱。万一事情有个闪失,文本中出现了严重的错误,读者们就分不清是谁该负这个责任。因此我感谢你的提议,我相信你的提议本来是想提供些帮助的,但是我想我还是回到那个既轻松又安全的传统的独白那儿去吧。

恐怕事情没有那么简单吧。既然我已身在文本中,没有我的默许,要想把我赶出去,恐怕没那么容易。唯一的办法是丢掉你迄今所写的东西,重新开始。那将不只是文本的夭折,而且你可能会发现你自己又开始写道:"亲爱的读者,我希望你与我同在……"的确,你已经允许我继续谈下去,这在我看来暗示着你实际上想要我留在文本中。因此,你请继续吧,并且把我亲自介绍给你的作品。

你使得作品听上去似乎成了另一个人,但它事实上不过是一本话语集,汇集了从社会中产生的形形色色的、在许多方面有分歧的话语。再进一步考虑,那也是关于"人"的一个不错的定义。因此也许应该把你们两位互相引荐一下。读者,这位就是书;书,这位就是读者。书,你为何不向读者来个自我介绍?

书的陈述

你好,读者。你能仔细地阅读我的每一页,我感到十分欣慰。我把自己看做是社会学研究的专题著作(得益于经济与社会研究委员会〈ESRC〉给作者的资助,这一切才有了可能)。作为书,我没有作者关于采用独白形式的疑虑。在我看来,要想向你系统而详

尽地展示社会世界某一领域的风貌,经验主义的独白确实是唯一
合适的会话方式。

　　我最为关心的是科学家的话语特征。换句话说,我描述了科
学话语中某些可觉察到的解释惯例,科学家们凭着这些惯例赋予
他们的社会世界以意义,从而构成他们的社会世界。这延续了早
期对科学话语与科学家的解释方法的研究,从事这项早期工作的
作者有:拉图尔和伍尔加(1979)、拉图尔(1980)、伍尔加(1980,
1982,1983)、布兰尼根(1981)、耶利(1981)、林奇(1982)、吉伦
(1983)、马尔凯、波特和耶利(1983)、吉尔伯特和马尔凯(1984)以
及波特(1984)。下面的文本将集中在四个主题领域,其内容相应
地分为四个部分。在第一部分中,我探讨了一个技术性辩论;第二
部分是关于实验的重复;第三部分,科学发现;第四部分,对科学成
就的庆典。

　　第一部分涉及两个生物化学家之间的书信辩论,即通过书信
往来进行的辩论。书信是参与者之间自然产生的相互交流的长久
记录,因此对它们进行话语分析尤为便利。通过研究书信来对科学
家的日常阐释性工作的某些细节进行观察就会显得不那么唐
突。随着文本的展开,还会有许多其他的书面文件补充进来,其中
有在第一部分讨论过的对生物化学家采访的文字记录,有作者与
某一位杰出的生物化学家的对话录音,还有诺贝尔奖颁奖典礼上
的官方记录。

　　第一部分的第一章仔细研究了关于一个技术性辩论的十封
信,研究的方法一开始仍沿用以前的社会学话语分析的思路
(Gilbert and Mulkay,1984)。分析的起点是参与者对事实与观点两
者的区别,整个辩论都是围绕它展开的。文章详细描绘了这两位

作者是如何利用这种区别的,每位作者的话语是如何组织起来并展示它的真实性的,以及这些书信持久的不对称结构是如何导致解释失败的。该分析的成果已汇总成一套书写科学书信的规则,以防再度发生关于技术性问题的争论。这一分析是以对文本形式的讨论作为结语的,这些文本形式最适合于表述科学成果,且能为科学辩论提供有效的解决方案。同时文本对经验主义独白和个人对话作了比较性的评价,经验主义独白的特点适合表述科研文献,而个人对话更便于书信交往和面对面的交流。

　　第一章篇幅较长,它为整部著作尤其是随后的两章提供解释性的背景,因为后两章有选择地使用了相同的资料。第二章探讨的一个主要问题是书信对话与一般会话的异同点,这个问题在第一章中就出现了,但却没有进一步追踪研究。这里所采用的方法是把书信与某些关于会话结构的一般结论进行对比,这些一般结论从社会学研究文献中很容易得到。这表明直接的、口头的对话不同于书面的对话,这些差别对于以书信形式进行的辩论影响颇大。但是这些书信中又很有规律地出现了自然会话中的某些基本特征,同时,通过采用从会话分析中得出的概念对这些书信进行重新研究,其结果又为第二章中更加正式的解释提供了基础。该章解释了为什么书信体辩论很难找到解决的办法,为什么参与者无法使这个对话有一个成功的结局。

　　第三章进一步研究在前两章中讨论过的这些书信。它采用"分析性对话"来研究参与者之间的对话,由此引入了另一场辩论,这次是在分析者与原来那些书信的一位作者之间展开的。这场分析辩论始于一次书信往来,结束于"分析者"与"参与者"之间的一次录音会话。

这场辩论围绕社会学家最初对那些书信的分析,以及他们试图对此前假定的对话失败进行的解释。科学家被邀请来对此做出评论。通过把参与者引进分析文本中,我们不但要对第一章与第二章中提出的某些主张进行仔仔细细地审查,而且要让读者从审查的结果中直接受益。在第三章中,参与者能够进行社会学分析被认为是理所当然的事,双方可能从分析合作中受益。通过缩小参与者话语与分析者话语之间的距离,该分析不仅能够从一种独特的角度来考察这两个话语之间的关系,而且也能用实事求是的方式探究对话和独白的性质。只要这个分析是成功的,它就应该隐含着生成对话规则的可能性,而对话又为此前生物化学家的书信辩论中引用的那些规则提供了一种有效的方法。

生物化学家的书信中反复出现的一个概念是:他们的各种实验结果的可重复性。实验重复的主题在第一章只简略地讨论,对其进一步的探讨将留给第二部分的第四章和第五章,这些章节对重复话语结构进行了详细的描述和论证。科学家及社会学家对重复的描述说明分析者与参与者的话语之间存在着潜在的反讽关系(Woolgar,1983;Yearly,1984)。

第四章考察了科学家们通过对重复的解释所能获得的解释性结果。需要特别注意的是科学家们是如何利用对重复的解释找出科学首创性的归属的,又如何利用对重复的解释否认科学首创性的。这表明,科学家们在研究中一般采用一种复杂多样的解释条目(repertoire),这使得他们能够依据解释的语境把特定的实验解释为要么相同要么相异。为了符合他们正从事的其他解释工作,科学家们可以把某一特定的实验描述为一种"对首创性的确认",或者看做是一种"纯粹的重复"。总之,该章阐述了重复并非是科学家实验的一种特征,而是科学家为符合不同语境而进行的解释性工作的一个方面。

第四章进一步探究了分析者把科学家对重复的解释用于自己的话语时所导致的不同理解及暗含的意义。它是通过把结论应用于其文本,应用于以前的关于重复的社会学著作而实现的。分析自指的这种做法可以看做是文本对话的一种有限的形式。从而它又引出了进一步的结论:第四章的最初发现同样可以看做是先前社会学著作关于重复的一种纯粹的重复,看做是对那部著作的最初证实,或者看做是对那部著作的一个根本反驳。认为多重含义属于分析性文本以及参与者的文本的这种认识,又与前面第一部分中的对"分析性对话"的讨论与探究联系起来。因为分析性对话的其中一个主要优点是,它允许不只一个声音、不只一种解释的态度平等地进入分析的文本中。

第二部分的内容围绕重复展开,为了处理分析者及参与者潜在的解释多样性,这部分的第一章(即第四章)表明了用这样一种方法处理这个论题是很有必要的。这部分的第二章(即第五章)是为满足此需要而专门设计的。它采取戏剧文本形式,分析者与参与者都作为平等的解释者加入到关于科学重复的讨论中。这个半虚构的文本是对本书第三章中所描述的真正的参与者—分析者对话的补充。它是传统的单义形式社会学分析的另一种方法。戏剧文本只是试图重新提出分析者与参与者在对重复解释中使用的各种不同形式,以此来表明可以如何使用这些解释,它并没有假设任何一个发言人的解释比任何其他人的要高明得多。

在利用分析的独白形式与对话形式来考察某一部分的文本材料时,下面的第三部分与第一、二部分颇为相似。但是其科学发现的论题是截然不同的。"发现"的论题与在第二部分中简要考察过的"首创性"密切相关。在第三部分中,正如他们对首创性的归属一样,我们看到参与者对发现的解释为了迎合对某一文本所作的其他解释而变来变去。第三部分的第一章(即第六章)就详细地研究了几篇参与者"对发现的解释"。该分析是建立在参与者以前关于"发现的民间理论(folk theories)"的著作之上的(Brannigan,1981)。这表明,发现的两个主要的民间理论产生了许多不同的解释,并且用在了不同的解释语境中。科学"天才"的民间理论主要用于对庆典的描述中,而有些参与者的"文化成熟"理论似乎更适合于(或看起来可用于)与其他可能的发现唱反调。

在对科学家的发现理论进行分析时,该部分利用了并且也依赖分析者与参与者的社会行动理论之间的区别。这种区别也出现在对实验重复所做的社会学分析中,分析者通常比参与者具有解释的优越性;也就是说,参与者的解释被看做是有缺陷的"民间理论",而分析者的解释则被视为精确的"科学理论"。换句话说,在对重复与发现进行的社会学分析中,即使分析者们的二次分析依赖于参与者们先前所做的解释性工作,他们也常常拥有解释方面的支配权。关于分析者与参与者之间这种解释关系的看法常常用于科学社会学及一般的社会学文本。关于发现的第二章(即第七章)探究了这一观点的实际意义。它采用"发现"的论题来探明,究竟是独白话语还是对话话语会提供一种有现实意义的社会学分析形式。

譬如,请设想这样一种情景:社会学家们应邀来帮助某些科学家解决一些实际困难,这些困难常常是科学家们在认定某一发现时要遇到的。那么社会学家利用他的据称占优势的分析独白能够实际帮助科学家们改进他们有缺陷的"民间推理"吗？或者更进一步说，他们能够帮助科学家们更为有效地处理他们的实际问题吗？当社会学家走出他们分析话语的安全区域，而进入到一个更为实际的语境时，他们能够继续保持在解释上的优先权吗？

这些问题为发现的二次分析提供了出发点。这一章又一次采取半虚构的、想象的话语形式，对话在参与者与分析者之间展开。然而，这一次的模式不是戏剧，而是对科学上的欺诈行为进行的正式调查。在第七章中，基于参与者与分析者关于这个论题的口头描述与书面表达，我们对发现进行了一次想象的调查。得出的概括性结论认为分析者拥有解释优先权的主张是站不住脚的。它提出，传统的、独白式的社会学话语特征严重地束缚了对社会知识的任何有益的实践应用。社会学分析的对话形式，以及在第三章中讨论过的分析者与参与者所进行的合作性分析对话，都有可能会提供一种有所裨益的分析实践。

第四部分只有一章。它对科学成就庆典作了分析。这表明诺贝尔奖颁奖仪式采取井然有序的方式传递颂扬性话语，无论是从非获奖者到获奖者，还是从获奖者到更广泛意义上的科学界莫不如此。本章也阐明了参与者对有严格限制的评价条目术语的依赖性。本章说明了诺贝尔奖话语是如何把对个人成就的庆祝转变为对整个科学家活动和成就的一种集体性肯定。此外，这最后一章还探究了社会学分析的另一可能形式，那就是模仿。这一分析性的模仿引发了对整个文本含义的最后讨论，许多来自前面章节的文本代言人，以及在模仿诺贝尔奖庆典仪式中的参与者都加入其中。

因此，亲爱的读者，我的各个章节涉及了五个内部互相关联的主题。首先,这些章节分析并描绘了科学话语的某些形式,这些形式经常出现在与技术辩论、实验重复、发现及庆典等有关场合之中。第二,它们研究了参与者的话语与分析者的话语之间的关系,以及参与者的解释实践做法与分析者的解释实践做法之间的关系。第三,它们探讨了独白与对话的不同,这种不同既存在于参与者的话语之中,也存在于分析者的话语之中。第四,它们试图设计和尝试在形式上比传统的研究文本包含更多对话的新的分析方式。最后,它们试图弄清分析性对话是否能有实际的用途。

这些主题以一种复杂的方式交织在一起贯穿整个文本。本书所呈现的并不是线性的、单义的辩论,而是体现多重阅读方式的一系列相互交叉、多层次的解释过程,而过程本身也容易产生多种阅读。其主要的目的就是想努力创造一种新式的分析话语,这种话语不是照搬一维的科学研究文本,而是创造性地吸收利用话语的其他形式,这样,参与者与分析者文本解释的复杂性可能会得到更为全面的认识。

读者与作者讨论本书

哎,作者,这很有趣,但我不能确定我是否恰好理解本书所说的一切。我能问他一些问题吗?

恐怕不行,这就是书、研究报告以及其他一些文本的麻烦所在,一旦它们做出了陈述,那就成定局了。正如我早些时候指出的,你没有办法用专门的问题回敬它们,也无法得到你特别期望的答复。在这类文本中有一个固有的僵化现象,虽然本书在临近结

尾时强调任何文本,不论是参与者的还是分析者的,都可以有多种
解释,但参与者或分析者并不打算关注他自己对后面章节的总结
意味着什么,换句话说,你是否注意到他的概括仅仅是一种可能存
在的分析者的阐释? 你是否还注意到他是如何很快地停止亲自与
你进行的交谈,而转入传统研究报告的非人称模式:"这表明","这
些章节研究"等等。尽管他对话语与行动的多重含义有明显的认
识,但对自己的文本他却只提供了一种单一的、仅限于字面上的阅
读方式。

那当然是你的错,不是他的! 你是作者嘛。书肯定会说你想
让他说的任何事。

事情恐怕没有那么简单。首先,直到我开始与这本书合作并
最终创造出他的文本时,我才能确切地知道我想说什么。然后,一
旦我们开始了,他很快就成了起支配作用的搭档。我想做的每个
新的陈述都必须与他先前陈述的形式与内容相吻合。我们越向前
走,我的自由似乎越少。这其中的一个原因就是一旦他接过我的
话语,他似乎就会使它们成为世界外部现象的表述,自然界的一个
物体、一种社会行为或一个文本,而不是我自由创造的词汇表达。
随着该书获得控制权,他就会越来越多地制造这样一种错觉:我所
做的任何进一步的陈述必须与他假设的外部现实完全相符。同
样,既然我已允许读者你进入文本,我就不可能完全控制住你。作
为一位文本的独立参与者,毫无疑问你会在某些方面与我持有不
同的看法,而且,会话轮换的规则会赋予你发言权,这样你必定会
使文本具有一定程度的解释多样性,这一点我原本是要竭力避

免的。

我明白了，你似乎仍认为，文本形式的选择限制了你分析的内容，以至于你认为你不可能对内容负完全的责任。但是假如该书拒绝回答我的问题，你又拒绝对这本书的内容承担责任，那么谁来向我解释这本书的真正含义？

我不知道是否任何人都能做到。但是我可以给你我的回答，就算是本书的代言吧。

那倒挺适合我。我的第一个问题是关于独白与对话。你想在书面文本及口头文本中完全放弃独白形式，而代之以对话的各种形式，是这样吗？

不是。即使我们想完全废除独白的形式，我觉得这点也不太可能。但我确实认为，从自然科学中派生出的某种经验主义独白已经不恰当地左右了社会学研究的文体。分析话语的这种局限形式使得社会学无法像过去那样富有活力，也使现在的社会学变得毫无生气。我觉得不管经验主义独白的形式是多么地适合于自然科学（这一点本身也值得商榷），把这种分析形式用于社会学分析在许多方面是非常不恰当的。换句话说，我相信社会学需要的不只是论题、数据、理论及方法，它还需要适合于其分析视角的一种分析话语形式。假如你同我一样接受这种观点，即每种"社会行动"和每个"文化产品"或者"文本"可以成为产生多重含义或者更深层文本的创造源泉或机遇的话（Gilbert and Mulkay, 1984），那么分析话语的各种形式——用来描绘社会现象的非凡的、有权威的、想象的科学意义——绝不会达到完全满意的效果。它们应该补充新的分析形式,这些新的形式采用两种或多种文本声音来重新呈现和展示解释多样性始终存在的可能性。当然,对话形式与独白形式均依赖于话语传统。在任何极端的意义上,两种形式都不具优越性。因此,试图用一种形式完全取代另一种形式是没有意义的。然而,这两种形式确实能让你做截然不同的事情。在本书中我试图探究这些不同的事情,不仅设计了不同种类的分析对话,而且使用特定的文本材料来作为独白分析与对话分析的基础。这种做法引起了直接的比较和评价,它扩展了我们从分析的角度上处理社会学资料的概念。总之,我并没有摒弃独白而赞同对话,相反地,我正在扩展分析话语的范围,把以前认为是不合适的许多形式纳入其中。

这在理论上听起来很有吸引力,但是它忽视了事实与虚构之间的重大区别。在涉及事实而非虚构时,社会学确实与生物化学或者其他的自然科学有相似之处。当然,我知道事实是"受理论所累的";科学事实并不像谷穗那样静候在那里,等待收集。然而,在基于经验的学术文本与虚构的文本之间存在着根本的区别。这听上去好像本书中比较"富有想象的"文本,比如戏剧,或者想象的调查,正落进让人不快的虚构的境地。

你竟然把注意力放在事实与虚构的区别上,真是有趣。因为下面将涉及的书信辩论的参与者们也使用这些术语,他们也和你一样,喜爱事实胜过虚构。然而,令人遗憾的是,对他们来说,要想在实践中清清楚楚地把二者区分开，绝非易事。正如你本人也承认的，其部分原因就在于任何对事实的陈述都建立在预先设定的一些解释性工作之上，而这些解释性工作是"超出事实的"，至少在这个意义上，它就是一种"虚构"。此外，我们认为是虚构的东西却总存在着事实的成分。假如一部小说或一出戏剧与我们所处的现实世界毫无相似之处，那么该小说或戏剧对我们就毫无意义。甚至"小红帽"①都可以被看做代表着中世纪欧洲农民阶层中小姑娘所面临的某些真实处境(Zipes, 1983)。文学通常以深刻地揭示真理而与其他虚构区别开来(Potter, Stringer and Wetherell, 1984)。因此，从假定虚构的文本中选某些事实至少是有可能的。而且，在实践中，当我的生物化学家发现事实与虚构很可能很难来分开时，那是相当痛苦的事。因为他们发现，对其中一个来说是事实的时候，对另外一个却只能是虚构。

难道我们就没有混淆"fiction"的两种不同含义的危险？这个词可以指一个文本或一种不打算描写实际发生的事的文本类型，例如"小红帽"的故事；或者该词还可以指对现实世界中假设事件的一种主张，但该主张是不真实的。我认为你倾向于采用虚构的文本类型这一含义，而不是认为社会学家应该就社会世界作出虚假的陈述。

是的，你说的对。搞不清这种区别是会引起混淆的。然而，我

---

① 《小红帽》是德国作家格林兄弟的作品，讲述一个善良、机灵的小姑娘战胜假扮成外婆的大灰狼的故事。——译者注

提到过的生物化学家们正在试图从对世界描述的真实与否上区分事实与虚构。我也正在努力区分我们可以用来谈论并描述世界的不同的话语形式。你上面的评论使我有必要强调采用虚构的形式，如假设的对话，与承认虚假的陈述之间没有必然的联系，甚至也没有相近的联系。

我认为，社会学家及其他人对于虚构形式的回避很大程度上依赖于这一假设，即"事实"是符号性的表达，它与"实在"有一对一的关系。然而，在我看来，我们从来没有接近过那种假设的实在。它总是由某种符号性的表达来呈现（Mulkay, 1979）。人们无法把实在与人类话语的符号领域分开，也无法用实在本身来衡量我们事实性的主张。这样，事实和虚构都成了解释的产物。事实文本的陈述与虚构文本的内容都不是对现实世界的直接表达。这两种文本都是对世界所做的想象性的重新构建，因为这个世界是通过我们自己的以及别人的解释性作品来表达的。我认为要区分"事实"与"虚构"，不是由一些与独立的现实世界根本不同的关系来实现的，也不是通过对经验证据的根本不同的使用来做到的，它们更像是我们贴到话语形式之上的标签，这些话语形式通过截然不同 12 的传统来系统地阐述它们的主张。

因此，事实与虚构对我来说都是话语形式（Hanson, 1969），对于我们感兴趣的世界来说，哪一个都不享有特权关系。假如我认为下面我们应该探究新话语形式所展现出的社会学研究的种种可能性，我就会不可避免地推荐一些目前对以经验为基础的社会学分析并不合适的形式（参阅 Latour, 1980）。因为"事实性"是话语的一个方面，我对话语新形式的探究将会涉及对正统的事实性概念的偏离。在提议采用分析的新形式时，我认为一定要对"事实话语"的界限进行重新划定。在我看来,许多社会学研究的话语是建立在十九世纪关于事实和理论(即科学话语)与世界之间关系的概念之上的;它体现了一种传统的科学合理性观念。只有通过改变和扩大我们分析话语的范围,我们才能创造出解释合理性的新形式,这些新形式是为从事有意义的人类行动的研究者而设计的,也肯定会适合于他们的研究。

好吧。我承认,人们可以从许多方面来有根据地谈论社会行动,社会科学话语照搬了较为先进的科学的话语,但它只不过是表现社会世界的一种形式。我也承认这些话语的其他形式也可能有真实的成分。你我都知道,自然科学采用对话形式至少可以一直追溯到伽利略的作品。然而,采用你的方法可能会给严格意义上科学话语所独具的三个明显的特征带来无法弥补的损失,一是关于自然世界的科学主张常常体现关于该世界的首创性发现;二是这一点可以通过实验重复得到证实;三是许多科学知识通过成功的实际应用可以得到进一步地证实。在我看来,话语的虚构形式未必会产生发现,未必能被重复,也不会作有效的实际应用。这样,你提议的采用对话形式与虚构形式的最大缺点是:它会使发现、重复及成功的实际应用变得几乎不可能了。根据书的内容,我记得你将在后面讨论这三个论题。因此,我想你会对我的批评做出某种答复。

我对你提出这三个问题感到很高兴。我也一直希望你会提出来。正如你所说,重复与发现的问题将在下面展开广泛的讨论。我认为,第二部分和第三部分将会清楚地阐明,发现与重复比你想

象的要复杂得多。关于发现,我认为非科学的发现会始终存在,甚 13
至在虚构的话语领域内也不例外。然而,这样的非科学发现很快
就被吸收到了日常的话语中,同样很快地又消失得无影无踪。换
句话说,非科学发现的一个特点就是:它很少被认出来,也很少被
长久地看做是发现。它很快就会变成"众所周知"(Brannigan,
1981)。与此形成对照的是,科学发现在文化上被隔离开,并且不
断由科学家来重申与庆祝,对有关的科学家来说,即使某个假定发
现的存在或性质令人疑窦丛生,即使每个发现的含义随后将被改
造得面目全非,也不会妨碍他们的庆典。因此,认为科学话语备受
青睐是由于它对发现有完全控制权,我觉得这是一种误导。发现
之所以不断涌现,我认为,靠的是为数众多的、一系列的庆典仪式。

　　至于重复问题,我看不出为何不能重复,即通过对话的、想象
的形式来进一步证实以前的结论。我希望后面的几章将会清楚地
阐明,完全"不同的"的文本形式和措辞排列可以用来证实"相同
的"的结论。(我把"相同的"和"不同的"放在了引号里面,因为我
将在后来重申,相同/不同本身是一种很微妙的阐释)。总之,我想
说的是,分析的对话形式扩展了我们的分析视野,如我们所愿,它
也没有阻碍我们对以前的结论进行重复或验证。

　　关于实际应用,我的观点甚至更为有力。我认为,按照经验主
义的独白形式所阐述的分析在分析者与参与者之间建立了一种解
释性的关系,而这种关系是不恰当的,它阻碍了实践应用,而分析
性对话的某些形式却能给参与者带来直接的实际益处。

　　在这一点上,值得考虑一下"应用社会科学"观念。该观念仿
效了被看做是体现自然科学特征的东西。应用科学的传统理念似
乎成了这样的一种情况,一旦某个科学家建立了一套可信赖的针

对某一自然领域的知识体系之后,对该知识的实际应用就只能通过该科学家或在该科学家的指导下进行(Potter and Mulkay, 1983)。在目前的背景下,应用科学的这种观点关键问题在于它认为只有该科学家才能决定在实践中什么可以做,什么不可以做。只有该科学家有权确认外行人在实践中进行选择的自然界限。

这种模式来源于所研究的领域,在这里,人们认为研究的对象,如电磁辐射或鸟类迁徙,并未对科学知识的创造作出积极的贡献。而且,外行人通常搞不到这些作阐释之用的研究对象,由于这个原因,外行人就很难对科学家的技术知识提出质疑。因此,能令人信服地解释这种现象,或者介绍这种现象的人也就只能是科学家了。由于这种现象成了研究或操纵的结果,更由于外行人的专业知识欠缺和不够资格,因此科学家的话语就有了特权。总的来说,研究这些现象的科学家要求赋予他的技术性话语一种特权,要求通过立法来确立他对与他的领域有关的技术问题享有权利,这被认为是既合乎情理又十分恰当的。外行人与研究的对象自然是没有能力质疑科学家关于实际问题的权威话语的。

然而,当转到社会行动领域,这种观点似乎就不太恰当了。因为在这种情况下,那些社会行动者不但能利用研究的对象,即有意义的行动/话语,而且实际上研究的对象就是由他们提供的,社会学家也希望给他们提一些实际的建议。换句话说,社会学家的研究对象对于外行人来说,既不难以接近,也不是没有意义。因而,当社会学家要求有权通过立法来确立与他的技术话语有关的实际问题时,这似乎显得不太合适。与今日自然科学的情形相比,社会学分析者的话语与外行人的话语不可避免地密切联系在一起。外行人不但为社会学家提供最初的解释材料,而且他也能理解、修改或否认社会学家对该材料作的注释。总之,社会学家对社会世界的看法在许多方面依赖于参与者的看法,并且也与参与者的看法处于同一阐释水平上(Yearley, 1984)。当社会学家提出实际的建议时,外行人总能进行反驳。

因为上面的缘故,社会学家很难在自然科学家宣称的实际问题上拥有解释的特权。然而,当传统的社会学仿效科学话语时,它很可能以一种与自然科学相似的方式接近应用社会科学。当社会学家声称知道了社会世界某个部分的事实,他们声称知道社会生活的某个领域是如何在真正地起作用时,他们似乎也在声称无论外行人作何反应,他们有权识别实际干预的界限。在我看来,作为社会科学的社会学话语,其隐含的意义是想把社会学看做能够左右对实际问题如何解释的基础。

我相信,孔德式的概念还有另一种选择,那就是把社会学分析看做是分析者与参与者之间的合作对话。这种合作对话作为分析对话的一种形式已提到过,还将在后面来探讨(即第三章)。通过这种合作性对话,分析者与参与者或许能达成共识,进行平等交谈,互相学习,任何一方都不要求享有阐释的支配权。

当然,或许这样的对话只有在特殊的情况下才会发生,或许具有平等解释权的分析者与参与者对共同关心的话题进行探讨的情况鲜有发生。但是我不能肯定事情就是这样,我猜想这种合作部分地暗含在许多社会学研究的文本之中。比如,我一直认为在怀特的《街角社会》(*Street Corner Society*, 1955)中,团伙的头头道克应该得到更多的赞扬,但是,那肯定会被认为是违反了设定在分析者与参与者之间的基本区别。因此,我建议我们以开放的姿态允许参与者通过我们自己的文本公开讲话,我建议我们应该放弃那种传统的做法,那种要么采用参与者的某些解释,把它们说成我们自己的;要么一心想找出参与者话语中的不足之处的做法。我们应该采用那些有助于展示社会生活可能存在的种种不同看法的新的分析形式。合作性的分析对话就是这样一种形式,它能够处理参与者实际感兴趣的事情,使他们积极地参与社会学解释。这也许会改变他们的理解和话语,从而改变他们的行动;同时帮助我们避免把我们对社会世界的经验主义看法具体化。在这个意义上,分析本身能够成为参与者与分析者实际参与的一种有效的形式。

可能是这样吧。直到我读了这本书,看了你采用的方法后,我才能真正评价你说的话。可是我还没有完全理解你说的"分析性对话"和"合作性分析"是什么意思。有一点越来越清楚,那就是目前我无法与你继续进行恰当的对话,因为你知道后面章节的详细内容,而我却不知道。所以,我们的谈话不是建立在对解释拥有平16 等权利的基础上,我似乎处于你不久前刚提到的那种解释的从属性地位危险之中。

是的,你说的对。我的确采用了独白,而没有同你适当进行交谈。现在让我们把这作为一种信号,就此停止吧。我想,是你转向书的正文的时候了。你会想起该书在前面曾对它自己文本的某些主要特点作过描述。现在让我用更像对话的措辞把前面那些话来转化为一句请求:探讨文本,但请不要期望它会沿着一种传统的线性分析方向发展。本书并没有打算采用一种累积论据的方式来从头到尾地叙述。你肯定会发现,文本既往前进行,同时也不断地回顾以前;按顺序该在后面出现的,却常常为了阐述和说明而出现在前面。该书也打算在几个层次上展开：既谈论自身，同时也涉及别的文本，反之亦然；既举例说明自己的分析，又对包括自己在内的所有文本采用温和的反讽形式。当然，你肯定会以你自己的方式来理解该文本，因为我知道你会这样的。然而，恳请你赋予它创新、巧妙和幽默的品质吧。

第 一 部 分

对 话

第一章 对话和文本代言：
自我评论的话语分析

本章将研究两位生物化学家在 1975 年 9 月到 1976 年 6 月间
来往的十封书信。这些书信涉及解决被描绘为"观点分歧"的问题，即关于在线粒体中呼吸链系统的化学计量学的技术问题。为此目的而进行的话语分析，就没有必要来理解所有的技术细节，以及这些书信中包含的辩论的理论细节。随着分析的展开，科学评论的任何要了解的东西，都将会呈现出来。[1]

据那些密切相关的人士称，有关化学计量学的这些书信并不成功。说它们不成功，是因为没有达到解决在化学计量学方面"观点分歧"的目的。的确，在这些书信的末尾，两位作者互不相容的要求并没有得到明显地改变。而且，几年以后，这两位作者仍然在发表论文，继续为他们最初在那些书信中探讨的核心问题提供的解答进行辩护。说这些书信不成功，还因为细心的观察者有时认为它们变得越来越使人痛苦，已成为一种心情不畅的根源。

假如这种非正式的书信往来的"失败"是不正常的，那么人们可以很容易地把它看做是由于这种情况具有特殊性，它不可能会在别处重复。人们或许认为，这些书信之所以不成功，是因为性格的冲突，或者是因为科学问题特别复杂，从而很难来解决。然而，我收集到的每批涉及未曾解决的科学问题的书信似乎都具有同样

的不成功的结果;有关各方似乎无法通过这种非正式的交流达成
科学上的一致。而且,写这些书信的其中一位作者曾很直率地请
我在适当的时候研究一下科学上的非正式交流的过程,目的是帮
助他探寻为什么这样的交流很少会成功。科学家之间进行非正式
交流,可能经常出现问题,这些问题在某种程度上也会存在于这些
书信中,因此,在分析有关化学计量学的书信时,把这种可能性作
为起点是有一定道理的。

有一点很清楚,这一系列的书信必须把参与者放入某个明确
的对话中;即每位作者的信必须直接写给某位或某几位潜在的作
者,必须鼓励或至少允许对前一封信亲自做出答复。另一点值得
注意的是,话语的这种书信形式与科学研究论文中所采用的形式
不同。比如,后者通常采用非人称的独白,它针对的不是某个具体
的科学家,而是面向一群分散的有兴趣的专家。当发表在文献上
的实验论文采用正式的形式来描述自然世界的各个方面时,书信
则倾向于公开地关注种种论点、主张以及某些科学家的异议。换
言之,对非正式往来书信极其必要的对话或话语形式必定与研究
文献的典型的独白形式在某些方面有所不同。在本章中,我将会
研究化学计量学书信中技术对话的文本结构、它的发展状况,以及
对话中何时引进了适合于独白式研究文献的话语传统。最后,该
研究是否清楚地阐明了这些书信中假设的失败。

文本评论者[2]　亲爱的读者,此刻,一个新的声音进入目前的
文本;作者可能会称之为新的"文本代言人"。我的目的是使你看
得见目前文本的各个方面,没有我的帮助,作者很可能会忽视它们
或把它们看做与他的目的毫不相关;果真如此,读者你就看不到,
也欣赏不到这些方面了。在上面的导论中,我们的分析者的注意

力坚定地集中在他将要详细研究的书信上。所以，他的写作方式
把人们的注意力吸引到了这些书信的文本组织上，在某种程度上
却忽视了他自己文本的组织。然而，只有通过一种特定的方式组
织他自己的文本，他才能够向我们揭示，就手头的科学家的书信他
想说些什么。的确，从他自己的分析可得出，他对科学家话语特征　21
的观察与他的解释性的工作是分不开的，这种解释性工作是他按
照科学家的文本来展开的，我相信这一点在下面将会很清楚。

　　我观察到，从此刻起我们的分析者在书桌前正襟危坐，他拿起
了钢笔，我将会和他一起，直至本章结束。我将会告诉你一些事，
那是关于他在着手分析别人的文本时，忘记了谈论他自己的文本
创作实践的事。

　　第一件事对我而言显而易见，那就是对于打算写什么，他还没
有一个清楚的想法。我想，他把这个文本的第一稿称为"草稿"，就
是这个意思（当然，这个标题在刊印成文时就会消失的，尽管分析
的内容没多少改变）。虽然他在前面写道，"我将会研究化学计量
学的书信中技术对话的文本结构"，我们却不能就此认为，他已在
化学计量学的书信中观察到了一个清晰的框架，现在打算来描述
它。尽管他想提笔，就好像它已经恭候在那里，只等被描述了，然
而，他至今还没有完全搞清楚他在本章中试图揭示的文本结构是
什么样子。因此，虽然作者在文本中预先认为，这些书信有一个可
以描述的文本组织，但是只有在本章成功完成后，这种结构才有可
能为作者也为我们所理解。

　　当然，作者已经做了大量的准备工作。特别是在为本章做准
备时，他已无数遍地通读了这些书信，同时也阅读了信中提及的那
些研究论文，以及由感兴趣的各方就这些书信的访谈所作的评论。

每次翻阅这些书信,他都对其文本组织结构作详细的注释。比如,他几乎是事必躬亲,如考察书信中如何使用代词;注意参与者在何种情况下同意修改他们的研究论文以回应在书信往来中提出的要点;描绘参与者对经常出现的两分法的使用,譬如事实/观点,简单/复杂,以及观察/解释。

显然,我们的分析者并没有打算在这儿采用所有这些材料,因为他特意选出了一套标题为"对话","事实/观点"及"文本代言"的注释子集。就像那些科学家一样,我们的分析者利用这些注释,围绕着某些两分法的对照组织了开头几段。我们的分析者主要依赖于非正式的科学交流与正式的科学交流之间的区别,依赖于成功的话语与不成功的话语之间的区别,对话与独白之间的区别。因此,他可以要求揭示科学家的话语结构,同样的道理,我也可以对他正在展开的文本做同样的要求,这将是有待解决的问题。根据这种语义对照及其他经常出现而又可以描述的解释方法,所有的文本都可以进行谋篇布局。正是通过采用这样的方法,才得以创造出意义,无论是在科学家的书信中,还是在话语分析中,都莫不如此。这样,我们的分析者为自己确立了任务:扩展并依赖语义资源,并把它们从他的评注中运用到文本的开头,只有这样才可能会有条理地描绘分析者本人目前仍模糊不清的化学计量学书信的某些特点。

让我们跟随他进入未知领域吧。

事实,观点,道歉

作者 组织本章的其中一个方法就是对主要的社会学结论现

在作一下总结,这些结论是从涉及化学计量学的辩论中获取的,对科学家往来书信的选录所进行的描述又系统地阐释了这些结论。这种做法可让我构建一个相对简洁、清晰、而又朴素的自己的文本。但是,我想,它会把我的分析结构很不恰当地强加到最初的科学辩论之上。尽管我对该辩论作的说明不可避免地涉及对我自己部分的解释,但是我想尽可能贴近参与者的实际话语。所以,我选择了按照年月顺序一封一封地来详细地考察这些书信。我将会依次对每封信的文本组织进行描述,并作出评论,从而以一种与通信者自身经历相类似的方式建立起完整的对话发展的渐进图表。这意味着,目前的这一章,篇幅将会非同一般地长而复杂。可是,假如最终我成功了,你将有机会多瞥几眼处于辩论中的科学家们的文本世界。我的目的是使我们两个人都进入某种话语中,并且帮助你我二人更准确地理解其特征与局限性。

书信 S1　彼得·斯宾塞博士写给艾伯特·马克斯教授,1975 年
9 月 30 日(共八段)

在第一封信中,马克斯教授被称为"亲爱的艾尔",这封信的署名为"致以最热情的问候,您的诚挚的朋友,彼得"。这种个人的口气出现在这封信的大部分正文中,其第一段如下:

我想说的是再次见到您,我有多么高兴。自从我们在法萨诺 23
(Fasano)会议上见过面后,时间过去了这么久。您因我说的话而受到伤害,我越发感到抱歉。因为就呼吸链系统的 $\rightarrow H^+/O$ 或 $\rightarrow H^+/2e^-$ 化学计量学方面,以及腺苷三磷酸酶系统的 $\rightarrow H^+/P$ 化学计量学而论,我认为需要区别事实与观点。当然,我绝没有冒犯您

的意思,特别是在大量地涉猎理论问题后,其实我本人更易遇到把观点误以为事实的麻烦!

开头这段采用一种直接的个人对话形式,该对话是在彼得·斯宾塞和艾尔·马克斯之间进行的。斯宾塞表达的感情只对马克斯一个人:"我很高兴见到您","我很抱歉伤害了您",从这个意义上讲,这一段是对话形式。这种个人形式的称呼非常恰当,因为斯宾塞正在谈到涉及他们俩的一件具体的小事;这还因为,类似高兴这样的个人感情得以表达,涉及他们两人的一件个人事情,即冒犯与道歉,正在得到解释。

第一段的话语是围绕着几个简单的两分法组织的,其中最明显的就是高兴/歉疚,事实/观点。这些对立词提供了主要的资源,斯宾塞以此来完成包含在第一段中的道歉,并用来详细说明使道歉很有必要的假设的"冒犯"。本段的作者,或更确切地说,是文中"我"的声音,把这看做是双方都已知晓:斯宾塞在法萨诺会议上所说的"需要区别事实与观点……"的话使马克斯受到了伤害。虽然这些被看做伤害的话的确切性质永远也不会搞清楚,但该段最后一句表明,因为明显地暗示在化学计量学问题上"错把观点当成事实",马克斯已经受到了伤害。对于在 S1 中的斯宾塞而言,以及假设对马克斯而言,这一切表明"事实"属于喜欢的范畴。把实际上仅仅是"观点"的东西看做是"事实"是错误的;若被指责为犯了这类错误就可以理解为被冒犯。第一段的整体框架是基于这一假设:事实优于观点。

由于斯宾塞使自己的话语变成了自指,该段最后一句取得了预期效果。他认为,在法萨诺说的那番话同样也适用于他,因为他

特别倾向于"涉猎理论问题"(此处文本似乎把"理论问题"和"观 24
点"看做或多或少地等同于"偏离事实")。这表明,在法萨诺会议
上讲的话不能真正地成为对马克斯行为的谴责,因为这种谴责将
会自动地包括某些/许多发言人自己的行动。因此,斯宾塞认为没
有冒犯的意思,这一主张的力量依赖于这一假定:科学家们发言从
不(或者很少)是为了谴责他们自己的科学观点或行动。斯宾塞的
主张似乎是:"关于事实与观点,我说的话不可能有冒犯的意思,因
为这些话语适用于你,至少也同样适用于我。很明显,我不会对我
自己的科学观点说些冒犯的话。"这在别的地方也可发现,科学家
们固执地把他们自己行动的属性和他们自己的(科学)主张的正确
性认为是理所当然的(Gilbert and Mulkay, 1984)。在第一段,斯宾
塞把这种解释模式的存在视为理所当然,并且用它来否定马克斯
对他在法萨诺上说的话所做出的反应。

因此,第一段的作用是为了消除在马克斯与斯宾塞之间可能
出现的解释的不平等。这表明无论在法萨诺发生过什么事情,斯
宾塞现在并没有声称对化学计量学的"事实性话语"享有特权,并
以此与马克斯的"纯观点"相对立。这样,开头一段讨论的个人问
题便为后面的技术对话铺平了道路。第一段中对个人事情的关注
不仅使斯宾塞能够以一种直接的、对话的方式来称呼马克斯,这样
才有可能承认在科学观点上存在个人差异,而且也使得他能够在
转向技术问题的细节前,证实他与马克斯在随后的对话中是平等
的伙伴。

这种对话的平等在书信 S1 的第二段中得到了证实,在这里斯
宾塞系统地阐述了这封信的"两层目的":"首先,对于我造成的伤
害我再次表示真诚的歉意;其次,我想找出是什么东西造成了我们

之间观点的分歧,有没有可能解决这一分歧"。平等的解释地位体现在该句子的后半部分。斯宾塞和马克斯都被描述成对化学计量学问题有"观点",而他们两人都没有接近事实。这封信的目的除了道歉之外,首先是找出这些观点。这大概意味着,斯宾塞和马克斯应该用这些信来使自己的观点更清楚地传递给对方,并确保准确地理解了对方的观点。其次,这封信还试图来解决明显的观点
25 分歧。假设这"明显的"分歧证明是真实的,认为参与者对事实与观点的区别是理所当然的,这似乎就等同于决定哪些观点是事实的,哪些是纯粹的观点。这样,第二段设想,斯宾塞和马克斯将作为平等者,参加一项联合试验,通过直接的个人对个人的辩论,来决定他们有哪些不同的观点应当被看做是事实性的,因而将被赋予科学的优越性。

　　第三段着手阐明明显的观点分歧问题。它简明而系统地阐述了斯宾塞把马克斯的主张看做与化学计量学问题有关。为了向非生物化学家阐明这次辩论的特征,我将针对研究中的科学问题,作一简要介绍。

科学问题

　　斯宾塞和马克斯正在研究的整个生物化学过程被称为"氧化磷酸化"。在氧化磷酸化的过程中,能量是从碳水化合物和脂肪所衍生出的分子的氧化反应中取得的。这种能量被用来合成生物学上重要的分子 ATP(adenosine triphosphate,腺苷三磷酸)。氧化磷酸化发生在称为"线粒体"的单位中,该线粒体是些微小的,形态如花生的粒子,它们就存在于活的有机体的细胞中。氧化磷酸化的基

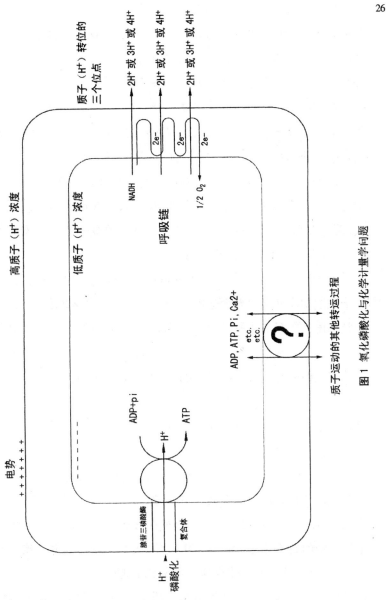

图 1 氧化磷酸化与化学计量学问题

本过程被认为是在线粒体的内膜附近发生。穿过线粒体内膜的各种不同运动被看做是这些过程必不可少的,在这些过程中所产生的能量用于制造腺苷三磷酸。线粒体内膜及氧化磷酸化的基本过程在图 1 中以示意图的形式表示出来。

在该图中,我们看到,来自碳水化合物和脂肪的氢原子(由质子与电子组成)由还原型烟酰胺腺嘌呤二核苷酸(NADH)的分子运送到膜中的酶系统中。这些酶连在一起组成了"呼吸链"(在图 1 的右边)。在通过呼吸链进行的呼吸过程中,氢原子中的质子和电子分离了。人们认为,电子是成对地运动,每对电子要穿过膜三次,而每次都在呼吸链的不同的"位点"上。在每一次电子对穿越膜时,许多质子由膜内被转运到了膜外。

由于这些"转位"过程,在膜外造成高质子浓度并产生电势差。质子浓度梯度和电势差会迫使膜外的质子跨越膜返回膜内。这种跨膜梯度的能量成为驱动腺苷三磷酸合成过程的动力。质子通过腺苷三磷酸合成酶(ATPase,此处应为 ATP synthase,译注)(用来制造腺苷三磷酸)复合体穿过膜又返回膜内(在图 1 的左边)。当质子在做往返运动时,它们提供了把 ADP(腺苷二磷酸)和无机磷酸(Pi)结合起来,共同组成腺苷三磷酸所必需的能量。

斯宾塞与马克斯在这些信中关心的问题是:每形成一个腺苷三磷酸的分子需要有多少个质子穿过膜。这个问题的答案以各种比率或商的形式出现。例如,→H⁺/2e⁻ 之比指的是通过膜(以→表示)的质子的数目(以 H⁺ 表示)和在呼吸链的三个位点里的每个位点中的每对电子(用 2e⁻ 表示)的比率。经过往返三次穿过膜,这对电子就与线粒体介质中的氧结合起来,组成了水。因此,衡量质子运动的第二种办法就是看质子与所消耗的氧气的比率。

这个$\rightarrow H^+/O$比率应当与$\rightarrow H^+/2e^-$比率相同。最后，从膜外返回的质子通过腺苷三磷酸酶复合体形成了腺苷三磷酸，其数目也可以测量，这一点正是我们的目的。因为腺苷三磷酸是由腺苷二磷酸与磷酸结合而形成的，所以这种测量方法以H^+/P比率的形式表示。这种比率不一定与前两个比率相同。对化学反应中这种比率的研究被称为化学计量学。

在写这些信之前的大约十年间，斯宾塞就已经系统地阐述了氧化磷酸化的化学渗透理论。上面描述的氧化磷酸化过程就采用了该理论的术语及基本假设。斯宾塞在几篇实验论文中提到过，上面描述的三种化学计量等于2.0，他在假设2.0是正确数字的前提下，展开了他的理论的各个细节。2.0的化学计量随后已为其他的研究人员所证实。在20世纪70年代早期，马克斯就已写了许多与质子化学计量学有某种联系的论文，在1975年的法萨诺会议上，他出示实验结果，声称这些结果表明$\rightarrow H^+/2e^-$化学计量不是2.0，而是4.0。正是在讨论这些结果时，他们"观点的分歧"清晰地浮现出来，而斯宾塞则试图在他们来往的书信中强调这些只是不同的观点。测量质子化学计量学的核心问题之一就在于这个事实：有许许多多其他的穿过膜的运动，这些运动被认为与参与腺苷三磷酸合成的质子的"最初"运动有关联。大多数的技术讨论都集中在如何顾及这些其他的运动问题上(参阅图1)。

为对话做准备

在书信S1的第三段，斯宾塞系统地阐述了马克斯对化学计量学问题的见解。在该阐述中，他继续沿用前面几段采用的对话形式。

　　根据你提交给法萨诺会议的关于 $Ca^{2+}/\sim$ 和 $\to H^+/2e^-$ 化学计量的论文,我认为你把你目前的研究(连同你早些时候的研究)解释为 $\to H^+/2e^-$ 比率……达到的平均数非常接近 4.0……你与巴恩斯一起,暗示从你们的研究中得到 $H^+/2e^-$ 值与由其他的研究人员得到的近于 2.0 的 $\to H^+/2e^-$ 比率不一致,并且认为后者的值之所以被低估,归因于离子【离子＝带电粒子,比如 H^+,Ca^{2+},e^-】运动的复杂性所导致的技术困难,而与此同时由呼吸链引起 H^+ 离子转位。

　　当论及这些技术问题时,"我"(彼得·斯宾塞)继续直接向"你"(艾尔·马克斯)陈述我的观点。斯宾塞采用这种个人称呼方式来强调双方都涉及复杂的解释工作。这种工作有可能会出差错,这是不言而喻的。"我认为",斯宾塞写道,"根据你说的",你的观点如下。这种阐述承认作者可能误解了表述的内容,马克斯在前面同样被描述成误解了在法萨诺会议上的发言。马克斯对 $\to H^+/2e^-$ 化学计量提出了类似的假设观点,该观点强调,它是对实验所蕴涵含义所做的个人解释,这种实验在原则上可能会被赋予不同的含义:"我认为你把你的研究解释为,其比率非常接近 4.0。"

　　人们也注意到可能存在着其他的解释,因为提到了"由其他的研究人员得出的接近 2.0 的比率"。因此,在本段中这种个人对话形式的继续使用使得作者把技术阐述看成是对话中他的潜在的伙伴,并且摆出如下事实:这样的技术观点(在这种情况下指的是接受者的观点),所依赖的解释性工作可能会引起争议。

因此,第三段末尾已为解释的平等者进行直接的技术对话做好了铺垫,这一对话是围绕关于解释性工作的正确性展开的,而这正是在对 $H^+/2e^-$ 化学计量得出明确的结论时所需要的。在这点上,斯宾塞第一次明确地提出了对话请求,新的一段是这样开始的:"假如你准备通过书信和我私下讨论这个问题,我将会非常感激……"紧接着的是三个段落,在这三段中作者认为,他的请求将会得到一个肯定的答复,因此,他已着手准备即将到来的对话了。再说得具体点的话,这些段落是用来确保会话双方以同样的方式使用这些化学计量学比率。可斯宾塞又承认,尽管"把事情搞清楚是极为重要的",但是对于他们是否正在使用同样的定义,"几乎没有怀疑的余地"。因此,他断定真正的观点分歧确实存在,并且毫无疑问需要解决。最后他又补充了一个技术提示:比率(商)"是派生出来的系数,从实验中得到解释。它们不是实验数据未经处理的实际值,这些实验数据可能包括系统的效果,而不是上面考虑的那些。因此,比率是有独特性的。"

在前面一段中斯宾塞提出的关于 $\rightarrow H^+/2e^-$ 比率的定义与这种方法论的解释措辞之间存在着一种很重要的对比。比率最初被定义为穿过膜的"质子的实际数目"。但接着,我们又被告知,比率"不是未经处理的实际值"。另外,虽然需要解决的问题似乎是有多少质子实际上穿过膜,但是,质子的实际数目与实际上观察的质子的数目并不相同。因此,比率被说成既是质子的实际数目,又是依赖于科学家的解释派生出来的系数。在质子化学计量学的最初定义与这些比率在方法论上的概念之间,似乎存在着一种潜在的分裂。质子化学计量学把比率看做是生产 ATP 的生物化学系统中的实际元素,而比率的方法论概念把比率看做是描绘该系统中派生的/解释的必要元素。

而且,这种方法论概念似乎把 ATP 系统本身看做是从实验上构建的人工系统。正如斯宾塞指出,在线粒体中,ATP 的合成被认为与这些过程密切联系在一起的,如穿过膜的 ATP 的转运,ADP 及磷酸的转运。因此,他似乎在说,线粒体中可以观察到的质子传递的意义,必须依赖于人们如何去解释其他有关系统的效果。换句话说,斯宾塞在假设的对话中专注于证实质子的实际数目,这些事实被斯宾塞本人看做是对从实验中构建的理想系统诸多方面所做的复杂解释。

斯宾塞的目的似乎是从复杂的、多功能的、相互依赖的质子运动,以及穿过线粒体膜的其他离子的运动中选取质子的运动,该运动驱动 ATP 的合成。有时也称之为"ATP 合成的最初系统",这个系统绝不会在生物化学家的实验室以外被"观察到"。然而斯宾塞在 S1 中,马克斯在后面的信中,都用这种取自理想实验系统的测量方法来界定"质子的实际数目"。在关于→$H^+/2e^-$ 化学计量的事实/解释的话语特征中,似乎存在着一种隐含的悖论,我们将看到这一悖论会逐渐成为后面对话的焦点问题。

斯宾塞第一封信的结尾,正如其开头一样,也是使用一种个人的口气:"如果这封信很冗长,那么请原谅。可我很想为进行成功的、令人愉快的对话做些准备。"在讨论中,我也把 S1 当作为对话所做的准备工作。我又尝试在其参考框架之内弄懂其文本结构。当然,这并不意味着上面的评论为 S1 提供了唯一可能或唯一合法的解释。这样组织我的观点,是为了在非正式的科学交流中对成功与失败的结果有一种认识。围绕着不同的关注,出现许多其他的解释显然是可能的。我很可能会提出其他的分析,这些分析对

S1 的内容作了稍微的改变。只要这些分析与本章不同,赋予 S1 的含义就必然会改变。另一种可能就是,某些参与者可能把 S1 当作"斯宾塞对证明他的理论不成立的实验证据进行顽强抵制的又一例证"。然而,这种解释与我的观点在以下几个方面有所不同:在科学争论中这种解释会支持一方;为了解释文本它把某种动机与活动看成是参与者的;它对文本真正含义有特殊认识;它把文本中的某些部分斥之为虚假的或修辞性;它暗示通过参考其他相关文本(即文件及言论)的明确解释,S1 的真正含义可以得到证实。

对比之下,我的阅读尽可能地密切关注作为文本的 S1 的内部特点。按照符号学,它涉及文本内的能指的运用。我所关心的是来描述在 S1 的文本中,证实了什么及怎样证实的。除了我自己的阅读可能还会有其他的解释,但是我认为,它们必须考虑我已注意到的种种文本特征。比如,某位读者或许否认斯宾塞真的在 S1 中道过歉,然而,他不得不承认,S1 包含着对传达道歉的话语的安排。这样,可能存在的其他解释并没有在暗中破坏我对这些文本的分析性的阅读。相反地,这些其他的阅读与我的关注毫不相干;但它们提供的可从内部解构的附加文本除外。

按照 S1 自身的措辞,我把 S1 看做是为技术对话所做的准备。我试图描绘用来组织科学话语及日常话语资源的某些方法,以便完成这种准备。我认为,为了准备进一步的话语讨论,S1 重点应确立一种讨论的框架,更深层次的技术争论可能就会在这个框架内发生。我特别提议,S1 在其自身文本的范围之内,做如下的事情:

(1)自始至终地采用一种适于直接的、个人辩论的称呼方式;

(2)提议在解释的平等者之间展开个人辩论；

(3)消除解释的不对称现象，这种现象可能是以前产生的，可能会对计划中的对话结果作先入为主的判断；

(4)假设在事实话语与观点之间存在着差别；

(5)假设事实话语在科学上优于观点，对话的目的是为了证实关于化学计量学的竞争性的见解，哪一种是基于事实的；

(6)认为如果这些书信是"成功的"，那么它们将会证实这种解释的不平等在 S1 中是可以避免的；

(7)采用这种假定：科学家们把他们自己的科学观点的正确性看成是理所当然的；

(8)系统地阐述了作者对接受者的科学主张的理解；

(9)通过强调接受者主张的解释性特征来完成这种阐述；

(10)对化学计量比率的含义提出了两种看法，要想协调这两种看法似乎很难，因为一种观点是坚定地把化学计量看成属于事实范围内，而另一种似乎把化学计量当作必定是解释性的，更接近"观点"这一范畴。

S1 是进行话语分析的一个内容特别丰富的文本，因为它没有积极地加入到化学计量学辩论本身中，而是更多地关注如何为实现对话做好铺垫。当我们在审视 S1 以何种方式设计非正式对话的框架时，我们可能已经看到了必然存在的某些困难：要想保持解释的平等，又要表明另一方的科学主张不充分，这种可能性到底还有多大？既要采用一种个人的称呼方式，同时又主张描述生物化学现象的事实，这种可能性还有多大？如果他人的话语是以假设这些系统阐述是正确的为前提，能够使他人技术的阐述发生重大变化,这种可能性到了何种程度? 当所有各方的主张可能被看做关于人工构建系统的种种解释时,究竟有无可能明确地证实有多少质子"实际上穿过了膜"?

让我们来看一看在其余几封信中斯宾塞与马克斯是如何在实践中处理这些问题的。

对话被拒绝

信 M1。马克斯教授写给斯宾塞博士,1975 年 11 月 12 日(共六段)

在给 S1 的答复中,马克斯一开始继续沿用由斯宾塞首创的直接的个人的称呼方式。马克斯也从斯宾塞书信的结构与内容中吸取了某些元素,当然对此也做了某些更改。比如,他也是以道歉开始的,而这一次道歉是因为未能及时答复。他也提及他们在法萨诺会面时的快乐,他还对他们已出现"明显的分歧,尤其是因为在线粒体的电子传递中,涉及 H^+ 排出的化学计量学的问题时,我们也想'把事实与虚构分开'"表示了难过。

马克斯把斯宾塞对"事实与观点"的区分改为"事实与虚构",这种更改在 M1 的文本组织中起到很重要的作用。首先,它清楚地强调了两个范畴之间的对立;观点有时是正确的,但是虚构与事实截然不同。随着 M1 的展开,我们看到,这封信是围绕着这种区分来组织的,即斯宾塞认为把科学的意义赋予实验是基于虚构的概念,而马克斯认为科学的含义是合乎事实要求的,这成为这封信中的一个主要的文本结论。随着文本的展开,作为代言人出现在信中的马克斯本人,指代他的人称代词渐趋消失,取而代之的是假设的实验事实,它们成为主要的文本代言人(Latour and Woolgar,1979;Knorr-Cetina,1981;Gilbert and Mulkay,1984)。

在 M1 的第二段中,紧接在双方都想把事实与虚构分开的陈述后,马克斯在修改斯宾塞 S1 中的某个陈述时,坚持要与斯宾塞展开直接的对话。斯宾塞曾这样写道:"从你(马克斯)的研究中得到的→H^+/$2e^-$ 值与由其他的研究人员得出的近于 2.0 的→H^+/$2e^-$ 比率不一致。"马克斯显然否定了斯宾塞想系统地阐述他(马克斯)的见解的做法:

> 一开始时我可能会说,我们已经很容易地重复了你在 1965—1967 年间做的基础的氧脉冲实验,并得到了同样的结果,即→H^+ 与位点的比率(顺便提一下,我们也可以把它们定义为每一能量守恒位点每对电子排出 H^+ 离子的数目)得出接近你所描述的 2.0 值。因此,对于这一事实,我们之间并没有区别。但是我们的区别在于,在你使用的条件下得到 2.0 值的含义。

在这种直接的交流中,马克斯把自己说成纠正了斯宾塞的错误阐述,把斯宾塞描绘为把他们的观点分歧看成观察层次上的分歧。马克斯说当他在同样的实验条件下进行观察时,他得到与斯宾塞同样的观察结果,在这个意义上不存在观察上的不一致。斯宾塞的实验条件产生了(明显的)2.0 的化学计量结果,这被认为是双方都认可的事实。但是,马克斯强调,对于→H^+/$2e^-$ 化学计量的"真实值",这种实验事实没有确定性的含义。这个"事实"被马克斯阐述为某实验方案所遵循的生物化学观察。然而,根据人

们对那个实验方案中实际发生事情的理解程度,这种观察规律的
科学含义自然会引起各种不同的解释。

这一点上,马克斯在 M1 中把事实与科学含义区分开来,强调
实验事实的科学含义包括根据该实验所采用的实验条件所作的解 34
释。通过把"事实"与"含义"分开,把"观察值"与"真实值"分开,马
克斯认为斯宾塞与他本人有必要做进一步的解释。从上面最后的
引言看出,在该辩论中参与者的主要任务不是来证实事实,而是来
识别赋予事实的含义或正确的解释。在这段中,马克斯似乎偏离
了以前想要区分事实与虚构的陈述。因为现在他正把自己描绘成
试图证实事实的正确含义,这些事实是得到认可的,因而是没有问
题的。

马克斯在 M1 中对观察规律的不同含义作了陈述,这些陈述
对他与斯宾塞的对话有重大影响。原则上实验事实会产生不同的
解释,一旦从文本上得到证实,马克斯就能够揭示斯宾塞是如何逐
渐采用了一种错误的解释的。马克斯用尽可能简单的话来暗示,
斯宾塞没能适当地考虑穿过线粒体膜的钙的运动,而这种失败导
致他低估了实际被转运的质子的数目:

> 简言之,我们想问一问:你观察到的 2.0 值是否代表与电
> 子传递偶联的最初 H^+ 泵出过程的真实值,或者是否它部分
> 地反映其他离子运动(尤其是钙的运动)的出现,而这些运动
> 在你早期的实验中并没有被测量过。

为了详细而正确地评价马克斯如何把他对事实与科学含义及
事实与虚构的区别用作技术辩论中的资源,有必要密切地关注一

下科学辩论的性质。让我来对马克斯批评斯宾塞的实验作一描述,这是为非生物化学家设计的。

双方都承认,在线粒体膜内沿着呼吸链进行的电子传递会把阳性带电元素(即正离子)从膜内移向膜外。他们的目的是为了证实有多少阳性的带电氢离子(即 H^+,质子)被每对电子移出膜,但是他们都承认,观察质子运动非常困难,因为其他离子的运动以各种方式与电子传递过程联系在一起。在法萨诺的论文中,马克斯阐述了钙离子(即 Ca^{2+})是从膜外移向膜内的。当试图测量→
35 $H^+/2e^-$ 化学计量时,必须考虑 Ca^{2+} 转运,因为它使正电荷穿过膜返了回来。因此,在测量由于电子传递有多少正电荷实际上穿过膜时,必须考虑在 Ca^{2+} 转运过程那些穿过膜可能已经回来的正电荷。马克斯在法萨诺的论文中及在 M1 中提出,斯宾塞已低估了由 Ca^{2+} 转运而带回来的正电荷的数目,因此,他也正在低估由电子传递而转运的 H^+ 的数目。马克斯认为当人们对 Ca^{2+} 转运的性质有了适当理解时,他们就会逐渐地明白,在斯宾塞的实验中每测量到两个 H^+,就有另外两个 H^+ 穿过膜返回来,但没有被观察到。因此每个位点的→ $H^+/2e^-$ 比率的"真实值"不是 2.0 而是 4.0。

> 我和你一样也曾一度接受过这个假说:Ca^{2+} 穿过线粒体膜的转运是通过一个 H^+ 的生电反向转运实现的,亦即只有 1 个正电荷的净运动。这样一种机制似乎是使 2 个 Ca^{2+} 向内转运合理化的最简单的方式,这个过程所消耗的是当 2 个 H^+ 被排出时产生的电化学电势。然而,这种关于 Ca^{2+} 转运过程的看法是"虚构"的,假如我可以使用这个词的话;在任何情况下,这种观点从来没有任何的实验证据支持。正如由斯利姆

与伯杰(Slim and Berger)报告的一些其他实验一样,我们已能够重复,并且进一步推敲过伍德(Wood)的实验,该实验清楚地表明了 Ca^{2+} 转运的生电单向转运过程。因此,我们觉得,我们必须在生电的单向转运模式基础上来解释我们的结果,这涉及以 Ca^{2+} 形式的两个正电荷的净转运。因此,我们关于每个位点积累两个 $Ca(BOH)_2$ 的数据表明,每个位点传递每对电子使得 4 个 H^+ 被排出,或在从 NADH 到氧气的整个呼吸链上总共排出 12 个 H^+。

在这段中,马克斯使用了他以前对事实与虚构的区分。关于钙转运的假说似乎透露出斯宾塞对他的实验做出过解释,这个假说被说成是虚构的,并且也没有实验根据。在这点上,马克斯在文中放弃了对"事实"与"含义"的对比,"事实"缺乏清楚的科学含义,"含义"必然包括不确定的解释。事实与含义的区分使得马克斯承认斯宾塞的实验事实,而没有接受他的解释。可是,在坚持他自己解释的正确性时,马克斯选择了一个不同的术语来比较这两种观点,即他对没有描绘真实世界的"虚构"与通过含义确实描绘了真实世界的"事实"作了区别。马克斯利用对实验"事实"的描述把斯宾塞的解释基础描绘为虚构的;同时通过对比,暗示他自己的解释得到了实验上的证实,反映了钙转运的现实。

于是,我要指出的是,马克斯在 M1 中使用了两种不同的"事实"概念。这是通过把"事实"一词放到两个有区别的两分法中产生的。这两个两分法与"事实"的两个概念以不同的方式从文本上破坏斯宾塞的化学计量学比率理论。事实与科学含义两分法被马克斯看做等同于他对观察值与真实值的区别。他坚持认为,尽管斯宾塞已经识别出事实或观察的规律性,但该事实的真实的科学含义还有待证实。马克斯在证实了所有的事实需要得到适当地理解之后,就有了解释的余地来表明尽管斯宾塞得到的事实是正确的,但在科学上无论如何也是不正确。

从理论上讲,这似乎是可能的。马克斯在 M1 中已经重新把化学计量学对话的中心目的定义为不是对化学计量学的"事实"的证实,而是对一个可接受的解释的系统阐述。假如他继续采用最初在法萨诺会议上对事实与观点的区分,那么他或许有可能把斯宾塞在 S1 中所提出的平等的解释者之间的对话进行得更长久一些。他也就有可能把斯宾塞和他自己看做是平等者来加入这一复杂的解释过程,而这一过程原则上是不可能沦落到只探讨毫无疑问的事实的地步。

然而,马克斯并没有采用这个明显的选择。相反,正如我们看到的那样,他转向了事实/虚构这个两分法。在上面引用的长段中,马克斯受无可争议的生物化学事实的限制而不得不采用的主张与斯宾塞的虚构形成鲜明的对比。随着马克斯从否定虚构的钙转运转移到阐述正确的观点,马克斯直接与斯宾塞讲话所使用的代词"我"越来越让位于非人称的语言形式:"伍德的实验……清楚地证明了……";"因此我们觉得,我们必须解释……";"我们的数据……表明……";"这些观察有力地表明……";"而且,(其他的)离子转运腺苷三磷酸酶的事实……转运 3 个或 4 个正电荷……对于一个大于 2.0 的 H^+/位点值形成了一个很重要的总的论点。"

在这些短语中,代言人以权威的语气把自己表述为不是马克斯或其他解释的代言人,而是实验、数据、观察及事实。马克斯在这里采用了被称为科学话语的"经验主义条目"(Gilbert and Mulkay,

1984);由于采用了语言学形式,马克斯变成了他自己文本读者中的一员,所以文本用实验、数据、观察与事实来与马克斯进行争论。马克斯在他自己的文本中认为读者已知晓生物化学世界本身的论述,并把自己看成是读者中的一员。由于文本采用了仅仅陈述事实的非人称的独白形式,作者本人不可避免地从文本中隐退,因此也就不能再继续与斯宾塞进行直接的、个人的对话。现在这样的对话在形式上是不可能了,因为马克斯已由其他的文本代言人取而代之。而且,在 M1 中,由于马克斯与斯宾塞在文本中已不再是平等的解释者,对话已不可能再进一步继续下去了。斯宾塞被认为是在解释两分法的否定一方实施作战,因此,即使他的观察可靠,也由于它们定位于虚构的话语领域,而被看做毫无意义;对比之下,当马克斯在文中出现时,他是从事实性话语的优势领域内部来写信的。在平等者之间进行的个人对话与马克斯已毫不相干,因为他的事情已不再是一件个人的事情,而是等同于实验、数据、观察及事实的问题。

马克斯已从与斯宾塞的对话中隐退出来,这从他对 M1 核心部分的论述中可隐约看出,在最后的两段中表述得更清楚。

你提议,我们或许可以就这些问题进行书信交流,并将我们的来往书信公之于众,对此我当然百分之百同意。可是,我不希望信件往来中加入许多人传阅的过程。据我观察,佩里和沃森的书信交流并不完全令人满意。我不想写长信来描绘实验细节,我更愿与你以发表论文的草稿或复印件的形式来交流我们的研究结果。

在倒数第二段,马克斯拒绝了斯宾塞提出进行非正式地交换个人观点的请求,其理由是以前的书信交流"不完全令人满意"。他似乎在暗示,他并没期望这种交流对有关各方有多大价值。接着,他表示愿意继续"以发表论文的草稿或复印件的形式"进行交流。换句话说,此处表达的观点似乎是,就化学计量学进行的直接的、个人的对话很可能不如通过非人称的经验主义独白形式进行的交流令人满意,而这种独白形式是研究文献的特点,正如我们已经看到的,随着 M1 的展开它实际上逐渐取代了个人对话。

这些关于 M1 的评论似乎表明我对马克斯有点不满意,但是事实不是这样。如果斯宾塞关于平等的解释者之间直接的、个人对话的观念被当作科学话语的理想形式,那么我的讨论将会显得很苛刻。备受马克斯推崇的经验主义独白在实践中比个人对话可能更具优势。毕竟,随着时间的推移前者已渐渐取代后者,成为科学话语的支配形式,情况为什么会这样,这里或许有重要的原因。而且,虽然斯宾塞在 S1 中已为对话做好了铺垫,但我们还不知道他本人是否能把对话继续下去。如果我们转向斯宾塞的第二封信,或许我们将会更多地了解从事科学辩论的种种困难,在第二封信里,他所做的不仅仅是为化学计量学辩论做准备。

文本评论者　亲爱的读者,请原谅我再次插嘴,可是我不得不用几乎同样的方式把你的注意力吸引到目前文本的结构上来。我们的分析者正在对亲爱的彼得和亲爱的艾尔的文本进行分析。我们的分析者提出,艾尔·马克斯不仅违反了在 S1 中系统阐述的对话的某些基本根据,有时在文本中,他的技术阐述只不过把生物化学现象的事实重新表达了一番,而且在 M1 中的某个地方马克斯同自己的认识——科学的含义是一个复杂的、解释性的成就——

相矛盾。虽然我们的分析者否认他正在批评马克斯的文本实践，但他确实在建议，这两位生物化学家正在使用的话语形式中存在着内在的矛盾或悖论。

可是，我们分析者的文本似乎在用例子清楚地说明这些矛盾，就像在清楚地说明他的生物化学家的矛盾一样。他坚持认为，"事实性"是由参与者通过文本结构的某些形式完成的。他认为，话语的这些经验主义形式包括隐藏起来的解释的偶然性与术语的采用，而术语的采用似乎允许研究中的现象通过作者的文本直接讲话。可是，在识别这些话语形式时，比如在马克斯的信中，我们的分析者采用了完全相同的形式，并且通过对他自己文本的系统的组织，获得了他对 M1 的解释的"事实性"。

比如，他在上文写道："在这段中，马克斯使用了他以前对事实与虚构的区分。"分析者引用马克斯的原话："Ca^{2+} 转运过程的观点是'虚构'的，假如我可以使用这个词的话；在任何情况下，它绝不会有任何的实验支持。"显然，我们的分析者已经阐释了马克斯的话，目的是为了证实从对它的分析中得出的含义。虽然马克斯事实上在这儿并没有使用"事实"这个词，但他被分析者描绘成"使用了以前对事实与虚构的区分"。分析者组织自己文本的目的是显而易见的。

我们的分析者在对生物化学家的书信做出解释时，精心地组织文本是非常关键的。通过特有的方式选择措辞，他能把马克斯把 Ca^{2+} 假说看成"虚构"的描述与所有的解释工作联系起来，这种解释工作表现在马克斯对 M1 的表述，也表现在分析者在该文本中对事实/虚构以及事实/科学进行的分析中。然而，我们的分析者主张采用的形式否认了这种含蓄的解释，否认了它对分析文本结构的依赖。因为"在这段中,马克斯使用了他以前对事实与虚构的区分",这一点通过简单的非人称的描述方式把问题的真相以及文本无可争辩的内容隐含起来。因此,只有通过体现在目前文本结构中的解释性工作,分析者所描述的 M1 的文本特点才能为了分析者、为了我们而存在。在他自己的文本实践中,我们的分析者似乎不断地采用与他自己的观点相悖的话语形式,即不论是实验结果的事实性,还是书面文本的内容,含义本身必定是文本组织的一个产物。

亲爱的读者,难道这还不足以使你对他分析立场的可靠性产生怀疑吗?

分析者 亲爱的评论者,虽然这些话名义上是说给一位假定的读者听的,我想我作为作者兼分析者,也可以说就是那位读者。答复你最后的问题很轻松,我觉得你的评论非但没有使人对我的分析产生怀疑,相反却足以证实了它。因为如果我能够写一篇文章,而其含义没有依赖于微妙的结构特点,那它将完完全全与我关于含义的文本结构的主张不相容。当然,本章通过其文本内部能指的相互作用达到了目的。它的某些特色是经验主义的,并且与生物化学家用来获得事实性的东西相类似,这些同样是人们所期望的。回避使用经验主义条目并没有使某人的分析较少地依赖文本;利用经验主义形式不一定会阻止人们承认其话语的解释性质。

你选择对目前正在形成中的文本做出评论。你的介入使得该文本变得更加具有反思性。你展示了文本依存的解释性工作,把注意力引向文本与生物化学家的书信之间的相似之处上。但是不断的文本反思性并非必不可少。文本的反思性并没有使某一文本比其他的话语形式较少地依赖于符号的有次序的相互作用。其他的话语分析也不一定就意味着是对某人自己文本的否定。因此，请不要再打断。让我们回到我们的生物化学家那里吧。

对话的文本表达

信 S2。斯宾塞写给马克斯，1975 年 11 月 17 日（主要有十六个长段，包括两则附言）

这是一封长信，在这里要想和前两封信那样详细地探讨是不可能的。值得注意的第一件事是，两位作者随后提到 M1 与 S2 一定在邮寄途中互相错过了。这样看来，S2 似乎是在斯宾塞并不知道马克斯对这系列书信的第一封信的答复的情况下写的。S2 并不是对 M1 的答复，而是斯宾塞试图启动对话的继续。然而在 S2 中，斯宾塞并没有为可能的辩论做准备，而是开始探讨辩论，并且对马克斯关于化学计量学的解释性工作的某些方面做了详细评价。

斯宾塞以询问马克斯是否收到了 S1 作为书信的开头，接着他继续说，马克斯很可能想知道巴恩斯（在 S1 中马克斯被说成是与巴恩斯的观点"有联系"），他正在参观斯宾塞的实验室，"满心希望解决线粒体呼吸链中的 $\rightarrow H^+/2e^-$ 或 $\rightarrow H^+/O$ 化学计量观点的冲突问题……"于是斯宾塞把这些即将到来的讨论当作一种机会，来请求马克斯寄给巴恩斯及他本人评论，这些评论或许能帮助他们"对有关事实与观点做出准确的评价"。

在重新修改了让马克斯参加非正式辩论的邀请信，重申了在事实与观点之间区别的意义之后，斯宾塞继续提醒马克斯关注化学计量学问题的理论意义。他采用一种独特的方式，再现了他们二人在法萨诺都参加的某个对话。

41　　　　赫胥黎在法萨诺主持了关于→$H^+/2e^-$问题的晚间讨论。确定你的论点是否正确成为极其重要的问题,你认为 Ca^{2+} 摄入实验表明在呼吸链中每个能量的转导"位点"→$H^+/2e^-$ 比率是 4.0。假如你的观点是正确的,那么在我的实验室发现的,并且目前用作化学渗透假说阐述基础的 2.0 值就一定是错的。你可能还记得赫胥黎曾在法萨诺问过我,假如在呼吸链中关于→$H^+/\sim$ 的比率我们得到的 2.0 值被发现是错误的,我是否认为化学渗透假说就被推翻了。如果我很轻率,我会回答"不",可是,因为我非常认真地想发展一种有用的化学渗透原理,所以我的回答是"是的"。当我继续与赫胥黎保持一致,同意化学渗透的偶联概念在抽象的理论上并没有与任何特殊的→$H^+/2e^-$ 值相结合时,比尔·芬内尔表达了他的关切,假如我们的→$H^+/2e^-$ 值被发现确实与事实相反,人们似乎乐意考虑摆脱紧随而来的严重后果。

尽管目前在我看来,这有点像学术问题,我必须说明,我同情的大多是比尔的观点……

在这段中,斯宾塞为我们提供了一幅在法萨诺会议上非正式的、个人对个人的对话画面。不仅不同的科学家被描绘成在化学计量学问题上,在各种观察的科学含义上采取根本不同的主张,而且具体到某个人也会提出截然不同的观点。因为斯宾塞把自己描绘为对化学计量结果的含义能够采用不同的主张,他对于这个问题的明确答复被描绘为依赖于基本因素,比如他的决定是"认真的"而不是"轻率的"，依赖于他想阐述"一种有用的化学渗透原理"而不是仅仅在"抽象理论"的层面上维护化学渗透理论，依赖于他对参与者"观点"的"同情"。

在这段中，科学含义的主张在相当大的程度上被认为是依赖于各种各样的个人选择。斯宾塞在此使用了科学对话语言。他考虑到了科学话语的偶发性；顾及它最终依赖于人们的判断及意志力。实验观察的含义似乎并没有屈服于那些观察本身，而是要求做进一步的解释，这种解释以一种复杂的方式与各种无形的因素 42 联系在一起。在本段中化学计量学辩论的阐述在很大程度上依赖于自由解释代言人的无限制的解释活动。

然而，在 S2 中对科学含义进行对话的表达与另一种概念结合在一起。试想一下这种主张："假如我们的→$H^+/2e^-$ 值确实被发现与事实相反"，随之而来将发生严重的后果，对此斯宾塞表示了他的"同情"。在这种表达中，对话语言消失了。关于参与者得出的比率可以最终得到评估的事实，似乎指的是终究存有某种特殊的潜在可用的阐述，这种阐述找到了线粒体不依赖于科学家的活动和解释的运行方法。此时，"事实"并不是对证据的另一种有说服力的解释，它们体现了事情的性质，用来驳斥与之不相容的所有主张。当某位科学家的比率与其最终的证实不相符时，它似乎应当连同它所依存的任何理论解释一道被摒弃。显然，就在上面引用的段落中，以及在 M1 与 S1 中，作者在两种概念之间摇摆不定，一种是这种体现科学含义的"经验主义"的观点，另一种是斯宾塞用来描绘直接的解释性的个人对话的概念。然而，尽管这两种概念都得到使用，但在陈述他们自己的观点时，作者更倾向于使用前者，随着 S2 的展开，"事实"的非人称的经验主义的声音逐渐取得支配地位,这同前一封信中对马克斯从文本上进行反驳的做法如出一辙。

批评与预设条件

在 M1 中,我们看到,马克斯如何关注斯宾塞化学计量学主张背后的某些解释性工作,并且在他自己的文本中通过表明那些工作与"客观事实"前后矛盾而对其进行暗中破坏。在 S2 中,斯宾塞采取了相似的做法,但是他不像马克斯那样,他没有把他的评论与对新实验结果的表述联系起来。

> 对于我们提出的→$H^+/2e^-$ 的 2.0 值,我在法萨诺会议上的辩护是:我们用来测量→$H^+/2e^-$ 值的呼吸脉冲实验相对来说很简单,而且如果有些变量是当时未知的、未被控制的,这些可能导致实验结果无效的变量也比较容易识别和控制……正如巴恩斯在法萨诺会议上提交的论文中所表明的那样,有一些复杂的因素可能会影响→$H^+/2e^-$ 的表面值……由我的实验室发表的关于→$H^+/2e^-$ 的化学计量的主要论文中,我们讨论了这些复杂的因素,并指出了如何来避免被它们误导。
>
> 在我看来,Ca^{2+} 转运实验比我们的质子脉冲实验更为复杂得多,而且肯定地更易受不确定变量,或者一般实验原理中的缺陷的影响而产生误差,而你对→$H^+/2e^-$ 比率估计出的 4.0 值恰是基于 Ca^{2+} 转运实验。

这一段选自 S2 的第四段和第五段。文本仍然按直接对话的形式进行组织。然而,在该对话中,斯宾塞与马克斯在文本上并不是平等的伙伴。因为只有马克斯的观点被刻意地描绘为依赖内在的不可靠的解释。马克斯的主张与测量总是用这样的措辞来描绘,比如,"表面值"、"估计"以及"争论"。于是,在这封书信中,也就是与 M1 相对应的书信中,马克斯对解释性工作的依赖引人注目;而斯宾塞对解释的依赖被描绘得微不足道。确实,正如我们在上面的引文中看到的那样,斯宾塞对他的 2.0 值的"辩护"就是:它是从实验中得到的,而这些实验是如此简单,所以它们的科学含义是明确的;而马克斯的实验则复杂得多,因此很容易受解释性错误的影响。S2 的其余部分主要是致力于论证马克斯使用的"实验的类型"是多么复杂而又难以解释。

两位作者使用的方法似乎与在每封信中都出现的科学事实的双重概念相联系。"事实"的阐释性概念用来批评某人的对手。当作者在阐述他的对手所说的自相矛盾的言论、做的存有疑问的事以及所犯的种种错误时,后者观点的解释性的根据既显而易见,又十分醒目。因为作者对事实与科学含义采用不同概念,对手的主张不可避免地得到评价,所以作者要想找出这样的错误总是可能的。

对比之下,当阐述自己的观点时,每位作者都极力将自己文本中明显的解释部分说成是微不足道、占篇幅很少。结果就是在每封独立的信中每位作者的主张都显得与生物学世界中观察到的现实难以区分。这种策略不断出现在化学计量学的辩论中,参与者可能并没有故意选用这种策略甚至并没有觉察到使用了这种策略,但这却是他们采用批评话语的共同形式导致的结果。

因为斯宾塞总体上对马克斯的典型实验从文本上进行破坏,

所以我们只需看一下他论点的重要轮廓即可。他一开始就提出，假如最初的实验条件和最后的实验条件不完全一样，那么对 $\rightarrow H^+/2e^-$ 比率的估计就令人怀疑。假如最后的实验状态与最初的状态不相同，把观察到的任何变化归结为实验的变量将变得相当困难。在马克斯的实验中，最后的实验条件"一定不同于"最初的条件，而在斯宾塞的实验中，情况就不是这样。"因此，重要的问题是，最后的状态四的条件与最初的状态四的条件将有怎样的不同？这对 Ca^{2+} 的转运会起什么样的作用？是积极的，还是消极的？"

这个问题是说给两位参加辩论的科学家听的。然而，答复的声音是一种权威的、非人称的声音，它似乎知道所有的答案。这一段以一个集合代词"我们"开始，这似乎把两位参与者都当作可能赞同下面所作的明显中立的描述。这种非人称的声音继而控制了局面，并对马克斯实验中真正发生的事情作了描述，它在文本上不依赖任何一位参与者。

我们可以在下文中对上述问题作定性地回答。在增加 Ca^{2+} 脉冲之前，线粒体的悬浮液的呼吸状态应当处于状态四，并具有某一特定的质子膜电势 $\Delta p = \Delta\psi - Z\Delta pH$，该质子膜电势使呼吸处于抑制状态。当增加（小量的）Ca^{2+} 脉冲时，Ca^{2+} 将顺着电梯度进入，并且使膜电势 $\Delta\psi$ 瓦解。但是与 $\Delta\psi$ 不同，ΔpH 不会由于 Ca^{2+} 的进入而直接受到影响。然而，$\Delta\psi$ 瓦解的直接效果将会是使 Δp 降低，并且解除呼吸抑制，因此呼吸及向外的质子转位将会一直加速到状态三速率。呼吸链的质子转位增加速度，结果是 $\Delta\psi$ 和 $-Z\Delta pH$ 二者将会增加，直到 Δp 被还原回其初始值为止。可是，因为只有 $\Delta\psi$ 最初受

Ca^{2+}进入的抑制，$\Delta\psi$ 的最终值将会少于初始值，而 $-Z\Delta pH$ 的最终值将会相应地比初始值大。在通常得到很好地缓冲的线粒体的悬浮液中，由于 Ca^{2+} 脉冲的进入而引起内部 pH 的升高，与此相对应的是 $-Z\Delta pH$ 的增值，这将会使在 $\Delta\psi$ 恢复中存在着的缺陷被确定，这一点是至关重要的。因为正是电梯度(而非 pH 梯度)使得 Ca^{2+} 进入了线粒体中，显然在 Ca^{2+} 脉冲进入之后，在 $\Delta\psi$ 恢复中存在的不足代表着 Ca^{2+} 摄入中使用了电能。这种电能并未由呼吸脉冲得到恢复，而在 $\Delta\psi$ 中的这种不足一定对应着在额外使用的氧气中存在不足。换句话说，你的 $\rightarrow Ca^{2+}/O$ 比率应该表示一种不同种类的超化学计量，而不是迄今为止你们所认定的化学计量。

人们不需要完全理解这些技术细节，也能够观察出斯宾塞的声音在本段中是如何被一种截然不同的、明显独立的声音替代的。这个声音不间断地持续了二十四行(按照最初书稿的行数)，听起来像是对实验事实提供了一种简单的描述。然而，在上文最后一句中，我们发现，这个身份未明的文本代言人一直在说话，不是对斯宾塞，而是只对马克斯:"换句话说，你的 $\rightarrow Ca^{2+}/O$ 比率应该……""换句话说"这个短语表明，最后一句包含着是对前面二十四行的总结;我们发现该总结是说给马克斯的。这位非人称的、客观的文本代言人向马克斯指出，他犯了一个解释性的错误。这位代言人虽然在文本上不同于斯宾塞，但还是很清楚地为斯宾塞总的论点提供了详细的支持。然而恰恰是斯宾塞用他的概括性的解释来说明马克斯类型的实验可能很难解释，斯宾塞用这种非人称的声音明确地告诉我们这样的实验是如何进行的，是如何准确揭示了马克斯在何处曲解了事实。

于是，从文本上来看，两种声音或两位文本代言人的分离限制了斯宾塞与马克斯在解释上的冲突程度，这种冲突多半由斯宾塞引起。从文本上看并不是斯宾塞揭示了马克斯的错误。按照 S2 的说法，马克斯的错误似乎是由于生物化学世界的事实与他错误的解释造成的。斯宾塞这样组织文本是想向我们表明虽然他写的信中指出了马克斯的错误所在，但这却不是由于斯宾塞所做的解释工作。S2 想向我们传达的信息是不论斯宾塞是否碰巧写出了马克斯的错误，这些错误是客观存在的。

在我得到的 S2 的复印本中，马克斯或者他的某位同事对上面引用的段落及随后两页的详细分析作了评论。所引段落的最后一部分被注明"不合逻辑的"，斯宾塞随后的陈述及等式遭到了批驳，或在页边上标上问号或标上感叹号。从文本的注释来看，S2 中显而易见的事实部分似乎可以被解读成具有高度的解释性，用他们的措辞来说，可被解读为包括许多明显的错误。事实性文本并不缺乏解释，实际它们的解释性工作部分地被文本的形式掩盖了。在 S2 中及其他往来书信中，文本经验主义部分暗含的解释产生了结论，该结论必定会支持由该文本的作者提出的化学计量学的核心主张。

这些书信的作者之所以在每封信中采用这样的结构目的是便于证明他们的主张。他们都把自己的核心结论理所当然认作事实，并用自己的书信来构建论点以支持这些结论。让我举一个 S2 中的例子。其中的第五段就告诉我们，在马克斯开始他的化学计量学实验之前，斯宾塞和他的同事们已经找出了使这些实验很难解释的因素，并"指出了如何来避免被它们误导"。我们看到，在声称知道这些复杂的因素是什么,及它们怎样会"误导"的情况下,斯宾塞在此处推测在这些书信中究竟是什么造成观点分歧,也就是他对这些实验操作的实际情况的理解,及他对"真实的化学计量学"的认识。通过书信往来,每位作者都设法以某种方式描绘所有相关的因素,这些因素似乎都要求作者忠实于自己的核心主张。我感觉似乎每位作者的基本观点都已暗含在了他所有的解释文本中。

S2 的最后一段说斯宾塞承认他的书信结构有点不对称,这点引起了我的关注。在这段中,作者以一种个人的口气说给马克斯听,并且试图来阻止对前面文本可能产生的"误读":

> 我确实希望这封信没有引起你的反感,没有造成破坏。我的目的仅仅是想在我们的领域里达成相互可以接受的对事实与概念的理解。在这里我详细地阐明我的观点,想请你来说明我在哪里把事实给弄错了,或者我的推理或判断可能会在什么地方出错。就像法萨诺会议上的主席介绍的那样,你可能会在这些字里行间里发现某种"激情",但假如是这样的 47 话,请相信其本意是好的。

开头一句从马克斯的角度含蓄地承认,S2 几乎完全是否定的;马克斯关于 Ca^{2+} 转运的研究从科学角度来说似乎变得毫无价值;S2 的结论同斯宾塞自己的主张完全一致。这时斯宾塞决定重新提起在 S1 中提出的"对事实与概念达成相互可以接受的理解"的目的,这似乎表明,甚至对斯宾塞本人来说,目前的文本已背离了在平等的解释者之间进行公平辩论的原则。因此斯宾塞在这段中反过来请马克斯指出他在哪里"把事实给弄错了"或者可能会在什么地方出错，从而纠正他自己文本中解释的不平等地位。在强调目前文本的"本意是好的"时，作者在文本中的声音又一次响起，它说这可能会造成伤害，这种伤害可能是由于把自己对事实的鉴别与另一个人的有缺陷的观点比较而引起的。这一段也可以这样来诠释："就像我在法萨诺会议上做的那样，这看上去好像是我一直在试图把我的事实与你的观点区分开，但是事情并不是那样。事实上，我尽可能彻底地陈述我的情况，目的是给你机会来揭示出我的阐述中的不足之处。通过这种激烈的批评辩论，我们能够期望达成一种正确的、相互可以接受的理解。"

然而，即使斯宾塞所说的产生相互理解的过程是通过有选择性的一系列批评的、不对称的和经验主义的文本交流而实现的，他并且把这个过程说给马克斯听，以此来减弱他文本前几段的片面性，我们也应该认识到他说的这个过程与开头提议的在文本的平等者之间进行个人辩论的方式大大不同。认识到这一点是十分重要的。

文本的不对称性

信 M2。马克斯写给斯宾塞，1975 年 12 月 17 日（共六段）

斯宾塞写了封长信批评马克斯的实验步骤及推理上的步骤，他收到的 M2 是一个相对比较简短的答复，回答之所以短，是因为跟在 M1 中一样，马克斯避免牵涉到由斯宾塞发起的关于技术辩论的任何细节。

48　　　照例在经过开头的道歉之后，马克斯在第二段中这样写道：

我和我的同事都对你的辛苦非常感激,你在分析用 Ca^{2+} 的摄入来测量 H^+/位点比率的问题时做了大量的工作。我认为你的这些工作是对几年前的论点所做出的更为具体的陈述,那时候你来我们这儿访问,我们还讨论了这个问题。今天我们对 Ca^{2+} 转运的过程以及它对线粒体状态的效果已有了更多的了解,我相信我们现在能够回答这种批评。然而,对于这个问题我在这封信里并不打算详细回答,我更想再一次指出在缬氨霉素存在的情况下,我们利用 K^+,而不是 Ca^{2+} 作为活动阳离子,并按照氧气脉冲方法已对 H^+/位点比率进行了重新评价。我们也研发了第三种方法,按照这种方法 H^+ 排出的稳态速率可以与电子流进行比较。按照这种方法,我们也已得到了远远超出 2.0,接近 4.0 的 H^+/位点值。这些结果确认了我们从使用 Ca^{2+} 摄入和 BOH 的化学计量学实验中得出的结论。

马克斯在这里强调,虽然他和他的同事非常感激斯宾塞在 S2 中所做出的努力,但是他拒绝详细回应斯宾塞的争论。同时,马克斯又清楚地表明,他的不回应不应当被看成是无法回答斯宾塞的批评。他把 S2 的内容描绘成是斯宾塞"几年前"提出论点的又一种描述。由于人们对 Ca^{2+} 转运认识的不断深化,斯宾塞反复批评的力量就受到了削弱,也使"我们"现在看清了他批评的局限性。因此,在这段中,单枪匹马的科学家斯宾塞被看做是在和"我们"进行对话,这个"我们"现在对尚有疑问的论题已经有了"更多地了解"。这里的"我们"是仅仅指"我和我的同事",还是指广义上的科学家群体尚不清楚。但无论是指哪一类人,从文本上来说,他们都

了解 Ca^{2+} 转运的过程,并且似乎不包括斯宾塞。

M2 中用非人称的形式表示的一群渊博的研究者不可避免地包括马克斯,他是文本中的第一人称。接着,第二段提供了进一步的例证,如文本的结构就是以作者主张的正确性为前提展开的,再如非人称的文本代言人代表作者拥有一种不平等的解释权。第二段中的不平等解释权使马克斯避免了不得不详细地研究斯宾塞的批评。他只是轻描淡写地说斯宾塞关注的问题在理论上是可以答复的,他认为他的这个回应就足够了。随后,简短地表达了这一点后,他采用了惯用的更肯定的方法来重新陈述他自己实验的结果。

该段的第二部分强调了同样的 H^+/位点值是用三种不同的实验方法取得的,这就使得斯宾塞对 Ca^{2+} 实验的批评显得毫无意义。因而,S2 的论点不仅过时,而且它只关注三种实验中的一种,这些论据都支持了马克斯的中心主张,同时对斯宾塞的主张极为不利。在这种情况下,文本偏离了在 S2 中提出的批评,而没有涉及作为 S2 中心论题的实验解释的类型。M2 证明了马克斯的主张,驳回了斯宾塞对不当的解释复杂性的批评,而没有把马克斯假设的解释性工作带回到他自己的文本中重新考虑。在这些信中,每位作者都避免在自己的文本中明确地提及他的对手试图"公之于众",试图纠正的潜在解释。

第二段继续使用个人对话形式。这段大部分都使用了人称代词"我"和"我们",这似乎指的是"我和我的同事"。而且,从这段开始直接用代词"你"称呼斯宾塞。但第三段却又重新提起马克斯对少用个人的和对话的交流形式的偏爱:"我们非常愿意寄给你发表前的手稿的复印本,现附上这两本预印本。"第三段的其余部分及整个第四段都用来概括这些论文的结论,这些文本形式上写给整个研究团队的，实际上是给斯宾塞看的。

第四段集中在一个技术性的问题上，这个问题在目前的书信体辩论中还没提及，但在下面的一篇论文中这个问题被认为是至关重要的："呈送给《国家科学院院刊》(PNAS)的手稿表明，早期与氧脉冲及还原剂脉冲方法一起进行的对 H^+/位点比率的测量并没有考虑该系统，尤其是磷酸盐中其他相关离子的运动。"在 PNAS 论文中提到的关于磷酸盐的论点与以前关于 Ca^{2+} 转运的论点恰好类似。马克斯认为穿过线粒体膜存在着磷酸盐的一种未被控制（即没有对照）的运动，这种运动是由斯宾塞实验中使用的氧脉冲方法所引起的。他主张穿过膜的每个磷酸盐离子的回归"引起某个被排出质子的重新摄入"，斯宾塞应当对此进行测量，"你叙述的对 H^+/位点比率的测量低估了 H^+/位点比率"。马克斯指出，当用试剂 N—乙基马来酰亚胺(NEM)来抑制磷酸盐的运动时，"H^+/位点比率则极大地超出 2.0"。所以，由于这些关于 NEM 及磷酸盐的新实验，"在 PNAS 论文中，又因这三种不同的方法之间存在着一致性，我们推断最初的质子泵出机制的真正 H^+/位点比率肯定至少是 3.0，或许会高达 4.0"。

第四段延续了与斯宾塞的对话，但是非人称的阐述越来越多地取代了马克斯自己的声音，比如"手稿"指出了以前实验中的某些错误。马克斯的实验步骤在进行描绘时使用一种中性的形式，好像这些描绘是简单的表面的说明，从实验者这方面而言，没有涉及阐释性的工作。而且，正是这三种截然不同的实验方法之间存在的一致性最终使马克斯及他的同事们得出这样的结论："真正的 H^+/位点比率"不只是 2.0。

在这里，关于实验三方测量的论点并没有讲清楚。假如三种不同类型的测量给出的值大于 2.0,那么真实值一定大于 2.0。三种不同的测量方法之间的一致性证明,观察值是生物化学现象本身的真正特点,并且独立于任何特殊的测量步骤。这样,三方测量成了使作者的话语具体化的一种方法,成了使该话语独立于作者的解释性工作的一种途径。在 M2 中,马克斯在转移了斯宾塞对他某一方面研究的批评之后,重申了该研究的结论,把那些结论表述为就像生物化学世界的现象所要求的那样纯粹是不可避免的。

尽管对话在第四段中继续进行,但是显然并不平等。因为斯宾塞面对的是文本代言人千方百计获取某种程度的解释特权,然而在下一段以及倒数第二段中,斯宾塞被邀请来对最初描绘为较为平等的观点交流发表意见:"我和我的同事们请你对我们的实验及其解释做出评论,我们对此非常感兴趣。"在这里,实验与其解释是有区别的,这似乎表明,马克斯知道斯宾塞对他的(马克斯的)实验的科学含义所做的评价可能与他自己的不同,该评价或许会指出他的(马克斯的)的错误。换句话说,随着对话形式的采用,文本在形式上似乎考虑了实验观察与某些科学家难免错误的解释之间的分离。正如在这些信中反复出现的事实,采用语言学形式来表达在阐释上平等的对话必定会伴随着观察与解释的分离,事实与观点的分离,也会伴随着接受这样一种观念,即对话能够解决的分歧主要还是集中在解释层次上的问题。

然而,在这段中,正如在书信的其他地方一样,由于作者认为自己有解释的特权,而且含蓄的否认他会依赖于偶然性的解释,所以这类对话能否实现还是个未知数。第五段在引用了邀请之后,继续写道:

　　我们还希望你会发现在你的实验室中重复这些实验很有用处。按照你设定的精确条件，我们用同样的推知步骤重复了你的经典的氧脉冲实验，结果很容易就得到了非常接近于2.0的值。因此，我们有理由相信你将会很乐意确认我们的测量结果。

　　这里有两句话尤其难理解："你会发现重复很有用处"和"你将会确认我们的测量结果。"对于这两句话，一种解读可以是认为马克斯仅仅在说，假如斯宾塞严格地重复马克斯的实验步骤，他将会得到同样的结果。这似乎等于认为某人已经仔细地做了某人自己的实验。关于这种观点，马克斯只不过想说，在实验的仔细认真上，他同斯宾塞一样。从这个意义上，他近来的实验观察正如斯宾塞早期的观察一样是可以重复的。但是从何种意义上，斯宾塞发现这很"有用处"？

　　斯宾塞已经在 S1 中强调了从他们的实验中产生的原始观察本身不能决定化学计量学的问题。此外，马克斯声称已重复了斯宾塞的观察，但没有接受斯宾塞的解释。然而，马克斯似乎在这儿暗示从他的（马克斯的）测量中受益的将是斯宾塞。这似乎意味着这种实验重复将对斯宾塞理解 H^+/位点比率有某种后果。因此对这两句话的第二种可能的解读就是：马克斯认为如果斯宾塞确实重复了他的（马克斯的）实验，他会更愿意接受与之对应的解释；哪怕马克斯重复斯宾塞的研究恰好产生了相反的结果。关于第一种解读，解释的困难在于理解斯宾塞如何发现仅仅重复马克斯的数据就很有用，而第二种解读，其困难是如何来理解仅仅作观察性的重复就会改变斯宾塞的解释。 52

然而,无论采用这两种解读中的哪一种或者采用其他别的解读,M2 最后一段总的意义是很清楚的;那就是斯宾塞做的进一步的实验只能会把他引向马克斯目前的主张。因此,紧接在邀请加入一种公开的、平等的对话之后,文本再一次强调了马克斯就 $H^+/2e^-$ 比率真实性的话语所拥有的特权。

观察与解释的融合

信 S3。斯宾塞写给马克斯,1975 年 12 月 30 日(共十一段)

S3 是这系列书信中自始至终使用对话最多的书信之一。斯宾塞不仅直接对马克斯发表许多言论,而且斯宾塞本人也不断地以文本代言人的身份出现在信中。"你的信及你在 PNAS 上的论文给我留下了这样的印象","我和我的同事承认","我们发现 NEM","根据我们的观察","我不理解你的还原剂脉冲实验","我顺便指出"等等。

通过使用对话形式,文本强调了两位参与者的分歧在本质上是解释性的,而非事实性的。在某个关键处,文本把他们相对立的主张看做在解释上是平等的。然而,即使是在这篇多采用对话的文本中,话语的组织仍倾向于尽量减弱作者的解释性工作,而突出强调收信人解释中的可疑之处。无论在 S3 还是在其他的任何一封信中,作者都没有强调也没有承认某个"自己的错误"。尽管双方都把对方看做是有能力的科学家,并以此暗示他是不会轻易出错的;尽管两位作者都强调化学计量学实验很复杂,并以此暗示他们本人也可能忽视某些重要的东西;尽管某位作者会偶尔邀请另一位"指出我的错误",就像斯宾塞在 S2 中做得那样,但每每在文本中出现的作者却总是设法以无辜的代言人的身份出现,且对探讨中的话题没有出过一丝一毫的错误。因此偶尔能够出现的直接的、平等的、解释性的对话文本很快就被不对称的文本优势及隐含 53 的作者永远正确的前提给淹没了。

S3 的主要科学论题是关于磷酸盐运动及由 NEM 引起的抑制,这些论题在 M2 的辩论中都已介绍过了。马克斯在那封信中认为穿过膜的磷酸盐运动伴随着质子的运动。他强调这种运动在以前的实验中是自由的,它降低了能够测量到的质子数目,并在呼吸的最初过程中导致低估了穿过膜的质子数目。对此,斯宾塞的答复是"磷酸盐转运的结果"在他早期的两篇论文中已经认识到了,而且"通过降低温度,能够很容易地缩小"这种结果。斯宾塞这样讲的意思是,磷酸盐运动在高温条件下与在它遭抑制的低温条件下得出了同样的结果。因此,他的结论是磷酸盐运动并没有影响这些结果。

这些话表述得信心十足,且不带附加条件。"我们已经认识到这些结果","我们证明它们能够被缩小"。紧接着这个最初完全否定的答复开始了新的一段,这段先是对阐释性差异作了平衡的、形式上中立的描述。

> 你对利用 NEM 所做的观察进行的解释与我们对在 5° 时所做的观察进行的解释不一致,似乎有必要对此做出某种解释。

这是一种对话意味很浓的阐述。它着重强调了存在解释的差异,参与讨论的双方也被认为拥有平等的解释权。单独从这句话来看,它似乎给任一方或双方可能出现的错误留下了余地。然而,在这段中隐含的全面对话机会并没有得以延续。虽然斯宾塞本人继续以主要文本代言人的面目出现在后文中,但是他这样做仅仅是为了找出在马克斯的实验步骤和解释性工作中哪些是确定的或可能的缺陷。同时,作者却一点没有考虑自己的工作可能也会存在缺陷。

例如,斯宾塞立刻对他们就磷酸盐运动及由 NEM 引起抑制的观点分歧做出了解释,虽然这种解释只是尝试性的,但它却把斯宾塞的结论当成出发点,同时把马克斯的结论看做是由于没能完全理解 NEM 作用而引起的。

54 　　　从我们自己利用 NEM 的经验看,我认为 NEM 不仅仅抑制了磷酸搬运。

文中提到了斯宾塞发表的几篇论文,同时斯宾塞个人的声音渐渐地从文本中隐退了。起先是由"我们"来代替的,继而是一种描述性的非人称的声音,这个声音只是告诉马克斯 NEM 是如何实际起作用的,又不自觉地让人关注马克斯在解释自己的实验结果时可能会出现否定的含义。

　　　我们发现,在 0.3mM 的浓度下,NEM 抑制大约 80% 的琥珀酸脱氢酶活性,并抑制几乎 100% 的 β-羟丁酸脱氢酶活性。在正常的实验条件下(就如你采用的),NEM 与线粒体成分的反应并没有完成,且这种情况很可能会使 NEM 对明显的→H^+/O 比率产生额外的轻微影响。

在下面的五段中,斯宾塞继续在马克斯的文本中寻找一系列假定的实验错误,他自称对马克斯的这部分文本非常了解,但同时他又声称有些实验他并不理解,或者是对某些实验,他没有足够的资料来做出适当的评价。每一段都用一个人称代词开始,但是每次文本很快就由描述性的非人称的声音所替代,这种声音从上面引文的第二个句子中就能找到例证。这样,在这些段落的末尾,对马克斯如何在他的 NEM 实验中得出错误的结论我们不仅找到了一个貌似说得过去的解释,而且我们也得到了马克斯可能会犯的程序性的错误一览表,这些错误从文本上破坏了马克斯就这个论题的表述。

当 S3 接近尾声时,斯宾塞引入了各种各样的总结性的话语。他从几个不同方面不断重复的一点就是,他们在试图解决的差异不是观察上的差异,而是解释的不同。

从这些评论中你将会看到……我不是在质疑你的实验观察,而只是质疑你对它们的解释……你说如果我们在极为相似的条件下重复你的实验,我们将与你一样得到同样的结果,总的来说,我不想和你争论你的这个提议……我们的分歧不 55 在原始的实验数据上,而是在我们对它们所做的解释上。

在这些陈述中,斯宾塞清楚地区分开了观察与解释的不同含义。观察在这里被看做处于科学上的中性地位。只有通过积极主动的解释,观察才会获得科学的意义。通过把观察与解释分离开来,斯宾塞能够在不否定马克斯实验结果的可靠性及准确性的前提下,得以强调马克斯解释的复杂性、不确定性和不完整性。就像这个例子所表现出来的那样,斯宾塞在这些书信中所采用的策略就是从理论上把观察与科学的解释区分开来,强调对话应当首先涉及后者,进而从文本上驳倒马克斯的解释性工作。

对待自己的主张斯宾塞采用了截然不同的方式。当论及他自己的主张时,观察与正确的解释却总是一致。也就是说,斯宾塞"观察到"一个 2.0 的 $\rightarrow H^+/2e^-$ 的比率,就被看做是正确的比率。对斯宾塞实验结果的解释总是被压缩到最低限度,这样观察与解释看起来就越发地一致。斯宾塞在书信中把他的实验描绘的很简单,很容易保持程序上的正确性,并且很容易解释。由于斯宾塞认为自己的观察几乎独立于解释性的工作之外,因此直接把它们当作正确的值,这一点似乎没有解释的必要。尽管理论上观察与解释是不同的,但在斯宾塞的文本中他观察到的值与正确的值是不可分割的,任何针对不同的 $\rightarrow H^+/2e^-$ 比率的解释都被认为是错误的。

> ……我们在实验中得到的 $2H^+$ 与某一变量或位点的比例的观察值还没有受到其他更为可靠的,或相对更为广泛的实验数据的严重削弱。
> ……你发表在生物化学杂志(J. Biol. Chem.)上带有脚注的论文,以及 PNAS 的附录只会证实我的观点,即你从"超级的超级化学计量学"中开始,经过了"超级化学计量学",正在接近每"位点"$2H^+$ 的真实的化学计量,这是呼吸链的特征。

斯宾塞观察到的 $2H^+$ 值不断为他的话语提供佐证。他在论证完马克斯解释的不确定性及缺陷之后,总是不断地回到他自己

的"简单的观察"上来。因此,在斯宾塞的文本中,对事实与观点 56
(观察与解释)的最初区分不断地按照他自己的喜好来分解。他利
用这种区分在文本中表明,马克斯的解释有错误,因此只能是纯粹
的观点,至于他自己,观察与解释、观点与事实恰好一致,因此代表
了"呼吸链的真实的化学计量学"。在这种强硬而又清楚的阐述
中,斯宾塞的科学主张从文本角度来看就与生物化学世界本身的
话语难以区分。但真实的生物化学世界的阐述却与此不同,作者
在阐述过程中仅仅以一个中立的媒介身份出现,生物化学现象是
通过这个媒介实现自我表达的。

话语策略与反语

信 M3。马克斯写给斯宾塞,1976 年 2 月 26 日(共十四段)

这封信是马克斯写的最长的信,对这场辩论也最有价值。我
没有弄到这封信的最后签名的版本,只有一个用打字机打的草稿。
该草稿采取逐条列明一系列反证的形式来反驳斯宾塞以前的批
评。第 1—6 条论及了 S3 中提出的观点,紧接着是对斯宾塞在 S2
中论点的否定。

M3 的防御性的特征是由于两位作者在这些信中采用了截然
不同的话语方法而引起的。一方面,马克斯以前的研究论文采用
近似经验主义的形式。他在每封信中都附上了这种论文的复印材
料,让斯宾塞直接去查他们的实验结果,在这些信中他把大部分的
精力放在总结这些论文的要点上了。他的策略是以他自己的经验
主义证据的力量来说服或征服斯宾塞。他并没有选择使用书信
对他的对手的解释性工作发表评论。马克斯对斯宾塞实验的评判

暗含在他对自己研究结果的表述中,或者与此有密切关系。迄今为止,马克斯选择的策略是强调他自己结论的事实特点,而不是去关注他的对手在解释上的失误。

另一方面,正如我们看到的那样,斯宾塞强调了辩论的解释性特征,详细地谈论了马克斯的假定的解释性缺陷。在辩论中,斯宾塞的主张在文本上很强硬,因为他既破坏了马克斯的主张,又重申了他自己观察的事实性,而马克斯却不得不面临着一个长长的、未答复的批评清单。在 M3 中,他通过对斯宾塞的观点逐一进行驳斥,从而来调整这种批评的不平衡状态。

对 M3 我们不可能进行详细地研究。它的逐条列明的形式意味着,它包括一系列个别的技术上的评论,而不是一个统一的全面的论点。当然,每一条技术性的评论都用来"表明"斯宾塞的批评是无的放矢。结果马克斯的反驳与以前相比在形式上有了进步,他能够详细地揭示与质疑斯宾塞解释性工作的各个部分,而这种解释性工作正是围绕着斯宾塞所说的简单而又明确的实验展开的。

比如,看一看斯宾塞的论点。他认为早在马克斯研究磷酸盐对 H^+ 比率的影响之前,他(斯宾塞)通过变更温度已经对磷酸盐转运的效果实现了控制,并表明磷酸盐的运动无足轻重。马克斯作了如下回答:

> 你做了一些实验,并从中得出结论认为磷酸盐的流入并没有引起重大的干涉,但仅凭这些实验并不能证明这一点。你做的那些实验采用了 2mM β-羟丁酸脱氢酶作为呼吸底物。这种 β-羟丁酸脱氢酶的浓度已经足以在 25°时将观察

到的 $H^+/\sim$ 比率降到 2.0，甚至在 NEM 存在的情况下，因为酸的进入，也会出现这个结果。

马克斯在这里声称，当斯宾塞通过他自己的实验观察磷酸盐运动的效果时，他采用了底物（增加这种试剂是为了使呼吸过程处于运动状态），这种底物人为地降低了对质子传递的读数。换句话说，书信中的这一部分认为，斯宾塞在他的实验中采用 NEM 方法本来已经抑制了磷酸盐运动，并且也能够产生一个（在马克斯看来的）正确的 3.0 或更高的比率，但是由于在这种浓度下将这种特殊的底物用于同一实验中，结果是人为地把比率又降回到了 2.0。因此，马克斯一方面在维护他自己的实验结果，同时又以其人之道还治其人之身，也对斯宾塞的文本施行了同样的破坏。两位作者显然都采用了同样的策略。他们都从对手的实验中找出了某些特征，这些特征看上去还没有在他们的实验论文中仔细地考虑过，于是，他们就借机指出这种特征对对手的实验有着重要而不利的解释性后果。

在 M3 中，马克斯继续以这种方式来反驳此前斯宾塞的批评，也就是他用另外的视角来解释斯宾塞文本中提到的那些论点，然后用这些新的解释来推翻斯宾塞关键性的结论。他没有放过斯宾塞的每个要点，而且他还代表他的同事及他自己，从总体上反驳了 斯宾塞对他们实验程序上可能存在的疏忽所做出的种种提示。

我们已经仔细地检查了你提到的类型的所有技术细节。但是如果按照当今关于线粒体离子运动的知识，我们的数据没有经过我们的方法和假设的严格检测，那么我们就不敢公布这些数据，毕竟这些数据是对十多年来已发表在文献中的观察和结论的质疑，而且有些观察和结论也得到了其他研究人员的支持。我们觉得你可能会提出关于方法和假设方面的问题，然而，你大部分的评论涉及的却是些微不足道的论点。我们本来期望的是你能就我们的主要结论做出更为实质性的答复。

这段是 M3 中对斯宾塞以前的信所作的唯一的总的评论。首先，它十分有趣，因为在这些信中它使用了我们视之为典型的解释的不对称策略。马克斯在这里把自己描绘成是在公布数据，而这些数据与其他科学家已经发表的观察和结论相对立。透过这种精炼的形式，我们就能看出这些作者的倾向性，他们总是想法把自己的解释隐藏起来，而去强调他们对手的解释。

但是或许更有趣的是这段的后半部分，马克斯斥责斯宾塞没能就他的"主要的结论"提供"更为实质性的答复"。此时，马克斯本人被认为是正在论述结论，而非数据。可以看得出来，他遇到了解释性的对抗。而且，马克斯在提出他觉得斯宾塞可能会"提出关于方法和假设方面的问题"时，不仅承认他的数据的科学含义依赖于如何解释这些程序及假设，他还认识到了在非正式的科学辩论中，典型的策略就是集中在对方的假定的背景上，并从文本上对它进行破坏。

接着马克斯在这段中把解释性的对抗看做是非正式科学辩论的典型方式，并用这种典型化来谴责斯宾塞没能按照他期望的那样去做。当然，马克斯在说他期望对他的主要结论做出更为实质性的答复时有着某种反语的味道。首先因为斯宾塞以前的书信结构清晰，好像它们确实对马克斯的研究做出了重要评论。的的确确，它们声称能够证明马克斯从根本上是错误的。其次，相对较长 59 的 M3 完全是用于回答斯宾塞此前的批评的。这样，马克斯使尽浑身解数，做了大量的反解释工作，觉得这样就能说明斯宾塞此前的评论是缺乏实质性内容的。最后，马克斯"希望"对他的著作提出更为有力的批评。这种主张有点与事实不符，在辩论中，实际上哪一方都不愿接受对方提供的任何实质性的论点。在下一封信中，斯宾塞对马克斯希望得到更为实质性的批评中潜在的反语做出了答复。

信 S4。斯宾塞写给马克斯，1976 年 3 月 23 日（共两段）

在前一封信中，马克斯第一次主动地抓住了斯宾塞对他工作的批评。结果，M3 使斯宾塞不得不考虑一个全新层面上的解释，任何进一步的辩论都需要考虑这个新的解释。假如斯宾塞的策略是解构马克斯的主张，而不是提出他自己的新主张，那么 M3 呈献给他的主要就是一个重新评价的任务。S4 是一封短信，斯宾塞在信中请求给予时间来完成这项任务，并询问某些实验细节，他暗示这些细节在马克斯的研究论文中没找到，可是对它们进行适当的评价是很有必要的。

在我遵照你的请求"更加实质性地评论"你的研究结果之前，我必须先做大量的研究与思考，我的某些反应也将不得不等你近来所做实验的细节发表之后才能做出，你在上封信中提到过这些实验细节。但同时，我想我应该做某些"修改"……为帮助我研究你的实验方案，能否请你告诉我在那些实验中，在水溶液中的氧溶解度你用的是什么值……若能尽快回复，我将感激不尽，那样我就能尽快着手你给我布置的作业……

在这一系列的信中，这封信是实现真正对话的唯一例证，之所以采用对话的形式，是因为斯宾塞自己承认马克斯的论点，这使得他不得不再三思考。然而，值得注意的是，这种承认有悖于这些信常用的思路，它没有采用那种普普通通、实事求是的方式。相反，斯宾塞把两个批评性的短语放在了引号中，即"更加实质性地评论"和"修改"。第一个短语取自 M3，斯宾塞把它用在 S4 中是为了表明他在某种意义上对马克斯的请求是认真对待的。S4 的中心论点是假如他想满足马克斯的请求，斯宾塞需要更多的时间和更多的信息。

但是，"修改"一词并不是从马克斯那里引用的。在此情况下，引号的使用具有某些别的意味。引号的其中一个效果是为了标明这是一个非同寻常的词，尤其是在两位杰出的科学家之间进行技术辩论的文本中使用这个词，由此暗示这个词不能只按字面来理解。"修改"这个词使用的引号还使人注意到在 S4 中存在的"教师与学生"这个中心暗喻，S4 的内容就是围绕着这一比喻组织的。因为斯宾塞把自己描绘成为了完成马克斯给他布置的"作业"而不得不进行"大量的研究与思考"并做出"修改"。

这个词语不能从字面上理解。不能用该词通常的意义来形容斯宾塞是马克斯的学生，马克斯也没有给他布置作业。而且，这些短语以一种比喻的、幽默的或者并非完全严肃的方式体现了斯宾塞与马克斯的关系。因此斯宾塞在 S4 中把自己打扮成确实想满足马克斯对他的期望，让他提供某些实质性的，而非微不足道的评论。但通过采用一种玩世不恭的风格,他回避了承认马克斯似乎具有任何解释优势的问题。通过使用教师/学生的比喻来夸大 M3 提出的学术挑战,斯宾塞就能够在信中既承认马克斯论点的科学含义,与此同时又能造成一种马克斯所持的解释论点有些类似幻想的印象。在这里 S4 就具有了双重的讽刺意味,这场辩论本来给了斯宾塞一个绝好的时机来落实他在 S1 中建议的完全的解释性对话(通过一种坦率的方式承认马克斯的某些论点至少有一定的可能性,且尚需进行仔细的评价),但他自己的对话式答复却用了调侃的语气,从而刻意避开了履行他此前建议的进行正常的对话交流的要求(参阅 Woolglar, 1983)。

然而,我们不应该过分苛求斯宾塞。我们不应该忘记,马克斯从来没有承认过他会参与到对话中去,从来没有掩饰他对通过正式的研究文献来进行交流的偏爱,也从未停止过用明显的经验主义的术语提出他自己的主张。所以,斯宾塞所做的任何明显的解释让步几乎不可能会换取马克斯相应的答复。假如这种解释的不对称包含在马克斯的话语中,那么斯宾塞所做的任何清晰的对话式答复将很可能被看成是他终于意识到了"真正的"化学计量的值。

信 S5。斯宾塞写给马克斯,1976 年 6 月 4 日(共六个短段)　61

我没有 M4 的复印本。从斯宾塞在下一封信中做的评论来看,它只不过是一个便笺,提供了斯宾塞在 S4 中请求的关于氧溶解度数的实验细节,并附有一些马克斯就他的实验发表在刊物上的文章。S5 对这场技术辩论同样没有作什么贡献。它是在收到马克斯的氧溶解度数后所发的一则简短的收函通知,附带着一些泛泛的评论。

斯宾塞在第三段中又重新陈述了"就原始的实验数据来说,我们有一致的结论。这证明了我的观点,我们的主要分歧就是在解释的层面上。"斯宾塞在 S3 中实际上已经写过同样的话。这种断言似乎是他总体策略的一部分,关注解释的差异,而非事实上的不同。下一段是这样写得:

> 我从(一位生物化学家同辈)那里听说,你觉得我忽视了你的数据。我可以向你保证,完全不是这么回事——真的,它不可能是这样的,因为对我来说,你的数据和我们的数据并不冲突(可能除了几个小的方面)。

这段概括了两位作者在话语策略方面的基本分歧。马克斯的数据在这些信中不断地被总结,并被描述为相当于真正的化学计量的值。当然,这些数据需要解释。但是马克斯把自己的解释看做是考虑到了那些复杂的变量,并控制了这些变量的作用,否则这些变量会阻碍对真实值的直接观察。马克斯在这些信中使用的策略就是用研究论文以及论文的总结来攻击斯宾塞,他认为这些论文的数据清楚地揭示了真实值。因此,斯宾塞不承认马克斯对这些值的估计,就很自然地被认为是"忽视这些数据"。

与此相对的是,斯宾塞把马克斯的数据看做是复杂的、难以理解的实验方案的产物,这与他自己简单而又连贯的实验设计不同,因此马克斯的数据被认为存在解释的困难。更进一步说,斯宾塞从自己的实验中认识到马克斯的数据无法产生"呼吸链系统真正的特征"的值。斯宾塞从未对马克斯数据的可靠性或准确性提出过异议，他认为这与他的论点毫不相干。正如他在 S1 中所强调的，这场辩论并非关于"取自实验数据的实际上未经处理的值"，而 62 是关于"从实验中得到解释的派生系数。"斯宾塞在这些信中不断地把这种观点应用到马克斯的数据上。他承认那些数据是可靠的和准确的，但他在这些信中又否认那些数据具有科学含义。这样，斯宾塞的策略就是不停地质疑马克斯解释性的工作，并试图来证明马克斯得到的表面值并非真实值。

　　正如我们已看到的那样，两位科学家的实验步骤及解释如出一辙，他们的数据或观察到的值恰好与他们认为的真实值相一致。他们都把自己的实验看成是恰好消除了复杂因素的影响，因而揭示出了事情的真实状态，他们的解释性工作也正是基于自己的实验进行的。正是由于这个原因，研究人员总是想方设法让自己的结论看起来就像是些数据或是观察的结果；而与此同时，他们却总想把别人的数据看成是毫无科学意义的东西，看成只不过是表面的而非真实的值。

　　因此，在 S5 中，当我们看到斯宾塞不承认别人指责他"忽视了马克斯的数据"时，我们必须得承认，这一短语对两位作者来说有着截然不同的含义。对马克斯来说，他可能认为斯宾塞感到了内疚，因为斯宾塞没有按照他的数据改变自己不正确的解释。然而，斯宾塞可能用这句话来声称自己是无辜的，因为他承认马克斯公布的测量（数据）是可靠的和准确的，并且他一直在认真地试图理解这些测量是如何从马克斯的实验步骤产生的。尽管他们都使用同样的技术词汇，使用同样的语句来谈论他们的实验活动（如事实/观点，观察/解释，数据/科学含义等），但大部分情况下，这些科学家彼此之间都是答非所问。他们为不同的技术主张和话语策略而搭建各自的解释性框架,他们在框架内使用的语句表面上是一样的简单明了,而又经常出现,但他们每个人都赋予这些语句以完全不同的含义。

最后的反语

信 M5。马克斯写给斯宾塞,1976 年 6 月 22 日(共七段)

这是这系列信中的最后一封。和前面几封信中的反应一样,辩论仍在继续,毫无缓和的迹象。马克斯附上了另一个预印本,并用了两个段落来总结其内容。在谈论他的论文的技术细节前,马克斯采用了一种很明显的对话形式来回复斯宾塞此前做出的某些评论。

> 我和我的同事们很高兴地了解到你对我们的实验观察并无异议,我们的分歧主要在如何解释的问题上。然而,我们现在仍希望你能相信我们对这些实验的解释是有道理的,也希望你能相信在你最初描述的那些实验中,确实存在着一种内生磷酸盐的干扰活动,它导致了对 H^+/位点比率的严重低估。

这样,这一系列书信的第十封也是最后的一封信竟和第一封一样,其陈述的目的还是为了通过公开的对话消除解释(观点)与事实之间的区别。马克斯在此希望斯宾塞能够相信他的解释抓住了事情的真相。M5 就是为了达到说服斯宾塞的目的,但它不是通过质疑斯宾塞观察的准确性,也不是通过指出他的推理中有错误,而是再一次说明在斯宾塞的实验系统中存在着某个相关的过程,对此他在推理时却没有考虑到。在 M5 中,马克斯又回到斯宾塞企图通过改变温度来控制磷酸盐运动的话题上。他在下段引文的开头谈到了斯宾塞发表的某篇论文的某个段落。

> 你在第 1152 页指出,在 $5°$ 时的条件下做的氧脉冲实验,其结果与在 $25°$ 时观察到的结果是一致的,不同条件下的实验产生的 H^+/位点比率完全相同。因此,你觉得你有令人信服的理由将磷酸根离子的运动看做是与 H^+/位点比率的低估无关,你也就有了充分的理由认为在 $5°$ 时的条件下,穿过线粒体膜的磷酸盐转运明显地减缓了,由于这个缘故,你就觉得你所观察到的 H^+/位点比率是在消除了或者至少降低了磷酸盐转运的情况下得到的。然而,我们相信你的这个结论并没有得到充分证明……所以,你在 $5°$ 的条件下进行实验时似乎消除了磷酸根离子的运动,但你接着通过添加相对高浓度的弱酸 BOH 来替代磷酸盐所能起的作用,你知道这种弱酸 BOH 是可以携带进一个质子的。如果没有 BOH,且还是在 $5°$ 时的条件下,你用琥珀酸作为底物来重复这个实验,你肯定会证实我们的观察,这在我们论文的图 11 中已经标出了,即 H^+/位点比率是 3.0。

在这段的末尾,几乎也是这场辩论的最后,马克斯又一次成功地从文本上破坏了斯宾塞的解释性工作,并使自己的话语像是真正体现了生物化学世界的事实。马克斯很自信地声称斯宾塞可以通过重复他的实验“证实我们的观察,即 H^+/位点比率是 3.0”。

马克斯在表达他的自信时,似乎忘记了他在 M5 开头时对斯宾塞观点的认可,当时斯宾塞认为他们的分歧主要是解释方面。从斯宾塞的立场看,实验重复不可能"证实有比率为 3.0 的观察",它只能"证实表面上的实验值为 3.0"。用 S1 的话来说,无法观察到真实的值,它只能从观察到的东西中间接地推论出。然而,马克斯在 M5 末尾所说的也正是他们两位作者不断在信中所表明的,作者自己是不会犯解释性错误的。从文本上看不到他们的"正确的解释",取而代之的是"事情的真相"。每一位有能力的观察者都能看透他们这种表述的本质。

马克斯给这一系列书信的结束语很具有反讽的意味,他认为他的比率是可以观察到的,通过严格的实验重复也是可以证实的。但在 M1 中,马克斯最初对这场争论的观点是他坚持认为自己有能力重复斯宾塞得出 2.0 值的观察,却拒不接受 2.0 就是真实值。我们又一次看到了这个悖论,同样的观察在某人对手的眼里就只不过是无法解释的数据,然而用于某人自己的文本时,它就变得与生物化学现实难以区分。

我们已注意到在 M5 末尾表现出的这种文本上的自信经常从两位作者以前的书信中透露出来。这并不意味着辩论已接近尾声。我在导论中已提到过,再过几年以后,人们还会在正式文献中看到他们两位为 2.0 还是 4.0 的比率不断辩护。尽管马克斯在这封信中表现的信心百倍,但就是在 M5 的文本中他也未敢把他当前的实验当作是结论性的。因为就在信的末尾,马克斯用一句话反驳了斯宾塞先前的批评,他许诺他会用另一种新的方式测量 H^+/位点比率,并且不久就要将实验结果寄给斯宾塞。由此可见,尽管马克斯不断强调他的实例很有说服力,但他在结束 M5 时仍然假定他的对手并没有被说服。

人们本来希望通过这场对话能对事实真相达成一种共识,现在看来经过十封信的交流过程,这个公开的目的没有达到,甚至连在文本上假定会达到也未实现。从这个意义上说,对话似乎是失败了。

书写科学书信的某些规则　　　　　　　　65

在介绍本章时,我说过科学上的非正式辩论可能存在着一些有规律的特征,这些特征使得科学家们的辩论往往难以成功。在这一部分中,我打算从前面的讨论中找出我认为经常出现在这些信中的主要辩论特征。当科学家通过书信方式参与非正式的科学话语交流时,前面我们提到的这些特征就逐步揭示出了他们的解释方式中所固有的某些难题。

现在我想要做的是设计一套用于构建前面研究过的那类书信的规则。我并没有暗示马克斯或斯宾塞在写这些信时确实遵循了这些规则。我都是从是事后的材料中得出的这些规则。我承认这些规则有一定的反讽意味,参与者很可能不愿意承认他们的信是以这种方式写的。在这方面,它反映了参与者与分析者在描述上的典型对立(参阅 Woolgar, 1983; Gilbert and Abell, 1983)。因此,这些规则会被看做是某位分析者对他自己分析方法的总结与应用。然而,我认为这些规则能够对我们研究类似的书信体辩论问题有所裨益。

规则 1　避免在书信中争论技术问题,除非你想对另一研究人员

　　　　的实验主张的根据提出异议。

规则 2　假如你的实验主张正受到质疑,那就不断地让你的批评家去参阅你的研究论文。因为这些论文都采用了独白式的文本,并没有按照你的批评家提出的具体要点来组织,因此你可以按照自己的证据需要不受影响地得出你的结论。

规则 3　如果想在非正式的书信中宣称你自己的结论符合事实,那就让你的话语模仿研究文献中常采用的非人称形式的评注。当然,为了避免个人著作权问题,也为了符合书信交流所要求的直接的个人的对话方式,对这种非人称形式作某些修改是有必要的。

规则 4　写每封信的前提都是预先假定你自己的结论是符合事实的。把你自己的陈述看做是最终必定与所研究现象的真实情况相一致的。

66　规则 5　精心组织每一封信,使自己的中心论点得到清楚地证实,绝不要提你自己的某个实验错误或者解释上的疏漏。

规则 6　当质疑别人的主张时,集中在他们的解释性工作上,证明它是如何没能够适当地处理实际现象的复杂性。当发现了别人的错误时,把你自己对尚有疑问的现象的理解看做是理所当然的。

规则 7　在你自己的信中重新阐述别人的观点,这种阐述使你很容易解构、破坏那些观点。把你对手解释中隐含的文本意义都揭示出来,并且指出由于这些解释明显的不完整或表达错误,因此,他的观察所能体现的含义必须进行修改。

规则 8　当质疑别人的主张时,强调事实/观点、观察/解释、表面
　　　　值/真实值之间的区别。但务必要保证你自己对真实值
　　　　的结论要与你的观察相一致。用这个办法就能把你自己
　　　　解释工作的结果表述为事实,而把你对手的结果看成是
　　　　纯粹的观点。

规则 9　强调别人的观察所具有的可重复性并不能证实他们从这
　　　　些观察中得出的结论;但是,如果你自己的观察具有可重
　　　　复性,那就要毫不犹豫地坚持说你的观察的确揭示了自
　　　　然界的现实。

规则 10　注意你书信中的潜台词。在每封信的开头及结尾都要
　　　　用友好的语气,努力做到未雨绸缪,预防任何可能把你的
　　　　观点指责为个人对抗、缺乏合作或者全心全意地信奉自
　　　　己的观点等做法。

规则 11　利用书信的个人形式把注意力集中在收信人作为受者
　　　　的劣势地位上。在你信中不断地向他讲话,但是你自己
　　　　尽可能经常地从文本中退出,这样对方就会发现他自己
　　　　陷入了一场与实验、数据、观察及事实的不平等的对话。
　　　　你的反对者面对这些"非解释性的"文本代言人一定无还
　　　　手之力,至少当他在你的文本中遇到它们时会是这样。

规则 12　如果按照上述规则做了,你还是要不可避免地向对手的
　　　　主张做出某种让步,那么就尽可能使让步笼统些。把你 67
　　　　消极的承认用一种反讽的方式或玩笑的方式来表述,以
　　　　此暗示你并未做出真正的让步。

对话、文本实践及失败

在把我分析的结论概括成一套用以构建非正式科学辩论的文本规则时，我的目的是为了强有力地说明通过这样的文本来解释科学问题是多么困难的事。如果那些加入到科学辩论中的人采用了这些规则，那就会无限期地延长对任何最初的观点分歧的解决。只要这些规则左右化学计量学书信交流的文本实践，抑或左右其他相似的文本交流，它就为我们找出了为什么这种辩论总是经常性地无果而终。当解决观点分歧的表面目标落实到文本实践上时，如此的文本实践却使分歧变得事实上难以逾越，"失败"也就不可避免了。

这个结论在某种程度上仅仅是我自己在构建这些规则过程中的产物。因为这些规则刻画了一场辩论的文本实践，而在该辩论中涉及的科学问题并没有找到解决办法。这样，前面列出的规则就成了专门用来产生导致文本对抗和观点僵持的工具。我不知道这种形式的文本实践在多大程度上被广泛使用，假如我研究的是另外的一系列书信，我觉得我就不一定得出同样的一套规则，但也不可否认，这些规则中有许多与用以写作正式研究文献的传统的文本实践很相似，比如，第 3，4，5，8，9 和第 11 条规则。因此，科学家之间进行的其他的书信体辩论很可能会使用这些同样的经验主义文本传统。然而，关于这些规则及最初的化学计量学文本存在一个特别有趣的现象，那就是参与者没能解决他们之间分歧的原因似乎正好是由于他们在信中使用了这些经验主义的文本实践。假如事情真是这样的话，我们就有了一个令人迷惑不解的问题：为什么当文本实践采用与正式文献中使用的相似的规则时，产生的非正式文本还被认为是不成功的?

　　我想指出的是化学计量学辩论及其他相似辩论的"失败"早就隐含在这些书信的话语之中了。早些时候我们就已看到,特别是在斯宾塞的某些信中,那种在书信中可能会用到的,某种程度上也是书信体所要求的直接的、个人的称呼方总是与对科学问题进行的详细解释联系在一起。譬如,我们看到斯宾塞是如何在一开始就强调他正邀请马克斯以平等参与者的身份与他一起进行一项必要的解释性工作。在随后的信中,我们看到只要是采用了这种直接的个人对话形式,辩论的结果就会变得难以预料,变得必须依赖于开放式的解释性的活动,而这种活动的参与者又往往是那些所谓自由的、在理论上也是平等的解释代言人。

　　我还想指出的是,当科学家采用直接的个人对话形式时,与本章这种科学辩论类似的东西就会被拿来提供适当的话语规则。这一点可从书信中的几个方面得到验证,例如,两位作者都在信的开头与结尾处的段落中强调他本人尊重对方的观点;还譬如斯宾塞在 S2 中对他在法萨诺会议上非正式对话的描述。最能验证这一点的还是他在 S1 中对为什么马克斯不应该因为在法萨诺发生的事而生气的描述。斯宾塞在 S1 中的论点是无论马克斯想什么,他都没有为他自己在法萨诺的话语寻求特权的、事实的地位,因此,他并没有违反非正式话语的"规则"。也就是说,不论是在书信中还是在会议的讨论中,我认为非正式的科学话语的一个中心原则就是假如把某一位科学家的主张赋予事实的地位,那么就必须通过平等的解释者之间的辩论才能确认,任何一位科学家都不应该在话语中预先假定谁的主张拥有事实的地位。当然,我不是在主张或暗示科学家们一般地都要遵守这一规则。我只是想表明参与者可以利用类似的规则来判断在直接的、个人的交流中,哪些行为是恰当的,哪些是令人厌烦的。

在面对面的交流中,参与者似乎能够对他们所认为的有悖于解释平等权的行为做出直接的反应。然而,在书面文本中,这样的直接反应是不可能的。结果就是虽然我们在上述信中不时会遇到这种情形,它主张追求事实的理想途径是维护平等的解释权,但文本实践却因为没受到直接反应的约束,而经常朝着根本不同的方向发展。我们在这些信中所期望看到的平等解释权和个人对话的理想状态却往往因为太过依赖于近似研究文献中的文本实践而无法实现。换句话说,尽管这些信理论上被当作是发生在平等的解释者之间的个人讨论,但文本实践随着参与者宣称他们自己比别人更有优势接近事实话语的领域而明显地变成了非人称的、不对称的。似乎正是这种对解释的理想状态的断言与信中显著的经验主义文本实践结合在一起,才使得科学家把这样的信描绘为"无法令人满意的"及"不成功的"。这样在关于化学计量学的信中,文本代言人承认他们遵循了一种明显地与他们的文本实践不相符的做法。

假如所有作者的信在结构上都很不对称,当他们把这种书信交流描绘为"无法令人满意"与"不成功"时,情况往往就是参与者都将过错归咎于另一方可能背离了对称对话的理想状态,而与此相对照的是他们总以为自己彻底遵循了理想对话的要求。因此,如果每位作者都预先假设他自己的立场是正确的,那么抱怨这些信"没能解决科学问题"也许就会变得等同于责怪"对方没能像我一样识别事情的真相"。比如,我们发现马克斯显然向一位同事抱怨过斯宾塞太过于坚持他自己的观点,而不给马克斯经过实验论证的事实适当的认可。因此,科学家抱怨书信交流的失败多半是由于他们发现达不到理想交流的状态而引起的,这一系列书信想实现的也正是这种平等解释权与对称对话实践完美结合的理想状态。没有这种共同认可的理想状态,也就谈不上抱怨别的科学家失之偏颇。但要是在某人自己的话语及相关的不对称解释中不使用这种经验主义的模式,那么要想在对方的话语上牢牢贴上"失败"的标签是不可能的。而且,正是因为他们不断地使用经验主义的模式来提出反对的主张才使他们无法完成任何持久的解释性的对话,也无法达成解释上的一致,这一结果与参与者把辩论的失败归咎于谁关系不大。

经验主义的话语及技术上的一致性

现在我们对书信体辩论为什么往往难以成功这个问题有了一种尝试性的解释。但是我们或许会问,难道不能由此推断正式的研究文献同样受这些问题的困扰?尤其是,难道我们没有料到在正式文献中使用的经验主义话语模式会导致在化学计量学的信中出现的这种知识分子之间的对峙?当然,研究文献的这种传统无疑会常常成为科学家评头论足、诙谐地调侃或者讽刺挖苦的对象(Gilbert and Mulkay, 1984)。从这个意义上看,正式文献就很难让人满意,但我看来,正式文献在其自己的话语框架内不会造成持久的解释困难。就是说它不像上面研究的那些信,而是提供了一种前后一致的文本实践形式。我这样说是因为在研究文献中技术上的一致是通过文本完成的,书信则恰恰与此相反,它要实现技术上一致的目标就得通过文本之间的交互作用来完成。让我来解释一下我这样说的含义。

非正式书信交流采用的对话形式使得参与者之间的辩论，只有通过各方私下都认可的技术阐述方式才能得到满意地解决。根据对话的个人特征，根据各方平等享有解释权的原则，以及根据文本在信中要充当的解决技术争端的角色，得出上述结论似乎是顺理成章的。在这个意义上，技术上的一致必须通过把个人独立创作的文本进行汇总才能构建起来。这就是我说的在书信中实现技术上的一致须通过文本之间的交互作用来完成的意思。正如我们已看到的那样，由于科学家太过于依赖话语的经验主义模式，所以技术上的一致就很难达到。因此，我们或许可以说通过非正式书信进行的技术辩论的话语有其内在的缺陷，由于这个原因，它很难得到令人满意的结果。

对比之下，在研究文献中占主导地位的非人称独白形式根本不需要参与者私下就技术阐述达成共识。首先，这些正式文本的传统使得作者个人无法以重要的文本代言人的面目出现。在正式的文献中，主要的文本代言人是非人称的东西，比如，实验方案、数据、证据、测量、推论的技术等等。正是这些非人称的代言人形成了文本上的关于自然世界的种种主张（Knorr-Cetina, 1981）。在研究文献中，尽管个别的作者换了，但文本的声音基本保持不变。这种声音代表的就是实验结果或真实世界的声音。文本声音的这种连续性会掩盖作者之间潜在的不同。他们每个人的文本创作经过进一步阐释变得符合那种共同的非人称的话语形式。比较而言，在个人书信中保持一种声音的连续性就非常困难了。

这些研究文献的个别作者考虑到自己完成了准确的观察，发现了自然的规律等等，而期望获得某种承认。但他们关于自然世界的报告并没有被描述为个人的观点，而是看做独立事实领域的一部分。而且,研究报告的结论也不是针对任何特定的个人。所以,与非正式的书信不同,它们不需要得到其他科学家的承认、赞同或接受。正是由于这个意义,在正式的文献中实现技术上的一致就被认为是通过文本,而非文本之间的交互作用来达成的。在组织每个文本时,其目的都是为了向任何感兴趣的人传递关于自然世界的某些事实。对每个特定的文本来说,技术上的一致一般被看做是理所当然的。其他人的任何反应都被看做在文本上与其研究结果毫不相干。

当然,这并不意味着科学家完全接受研究文献中提出的所有主张。但这确实意味着他们没必要对文本做出赞同或批评的表态。虽然公开的、个人化的辩论偶尔会进入正式文献,但这都是例外。对某个科学家的实验步骤所作的强烈批评一般不会发表在研究文献上,主要通过口头进行非正式地传播。科学家的主要做法是根据他们自己文本整体的要求来重新解释他人的正式文本,在此过程中,他们也无暇在正式的文献中去廓清什么地方他们同意,什么地方他们反对。对他人实验论文的个别解读和评价纳入了某人自己的正式文本,但同时,这种解读和评价也就被转化成符合某人实验方案的非人称描述形式,或者转化成符合研究报告的非人称的传统描述形式。因此,在正式文献中并非没有对他人解释性工作所做的批评,只不过是总体上用一种含蓄的方式表达罢了。同样,通过逐步修改自己的正式文本,对他人的主张做出些让步也就成为可能,同时还不用就自己的解释向某科学家表示臣服,也没有必要在文本上放弃作者自认为正确的前提条件。

因此,这种既非一个人能左右,亦非写出来后单独针对某一个人的非人称独白形式,似乎特别适合于经验主义的话语模式。当个人对话与经验主义的话语相结合时,它直接导致的结果就是观点的对立,然后通过明确的文本屈服或征服的较量也可能会达成一致;与此不同的是,当非人称的独白与经验主义的话语相结合的时候,它允许对文本进行逐步的修改,这样每个文本似乎都含蓄地表现出了文本的一致性。这种从正式文献中隐去作者与读者的个人因素的方式使得他们都能够保持住自己的解释权,而不需要说服持有相反意见的那些人放弃他们的主张,在不用要求不同文本的作者清楚明白地表示赞同的情况下,每个文本都有可能表现出真正反映了事实的印象。

72 　　如果我们对于如何组织正式与非正式科学话语所作的这些思考符合了正确的方向,那么我们不但开始理解为什么科学家会因为一种非正式辩论而遇到这么多困难(Yearley, 1982a),而且或许也开始理解为什么研究文献要采取那样的形式。

最后的对话

　　文本评论者　亲爱的分析者,我看到你打算收拾起你的笔和纸。由于我们早些时候观点有分歧,眼看着好多页过去了,我都忍住了不对你的文本进行干涉。但是我发现,假如我现在不行动的话,我将会错失解决这个分歧并达成友好协议的所有机会。我对早些时候批评过你而向你道歉,我并不是说在这篇论文中你的分析站不住脚,我只是想了解你的文本特征以及它与马克斯和斯宾塞的话语的关系。例如,我最初的印象是你仅仅想描述这些科学家文本中标志性的论点之间有组织的相互作用。然而,你似乎在你的分析中采纳了某些标志性的东西,并把它们作为资料用在你自己的解释性工作中。这在你评述这些书信的"成功"与"失败"以及讨论研究文献的有效性时尤其明显。很显然，"成功"与"失败"是参与者的概念，作为一位分析者，你的工作是把它们看做调查研究的论题，而不是作为资料用来对科学的社会世界提出种种断言。

分析者　说我采用了参与者的成功/失败的概念，并认为我没有把它仅仅当作分析的论题，我承认你说得对。这其中的一个原因是我想研究一下能否有办法完成一种分析，使得这种分析能引起参与者的某些实际兴趣。实际情况也表明，有些科学家的确对此很感兴趣，他们试图了解类似化学计量学这样的辩论所涉及的成功/失败的问题。所以，我的一个目的是构建一种分析，它以努力描绘这些信如何起作用为开端，而以书信的结论来谈对科学家可能产生的实际意义来收尾。为了做到这一切，从一开始我就意识到有必要在某一点上修改某人的分析性话语，这样它就会与参与者的实际话语相融合。在这一过程中，我在使用像"成功/失败"这类标志性的题目时就相对显得考虑欠周到，使它们出现的太突兀。

文本评论者　但是你自我断言导致的突兀并非仅限于你采用 73 参与者的日常用语时，正如我早些时候指出的那样，这是你分析实践的一个显著特点。在我看来，你常常在你自己的文本中否认你自己主张的文本性。你不断地告诉我们在你的生物化学家的书信中出现什么情况，而在你的文本中，"事件"却常常被看做与你自己对语言的刻意选择和取巧关系不大。难道说即使在你纯粹分析性的工作中，你也没有遇到过类似化学计量学书信中的这种两难境地？也就是说，难道你的分析没有遇到过这样一种情况？你认为对文本创作来说是很普遍的一种解释性观点却往往不得不与一种经常性地否认或掩盖它自己的文本性的实践联系在一起？

分析者　是的,我接受你所说的。但是我想强调就我所理解的"文本性",它一定内含了对文本性在分析上有承认,同时在实践上有否定的特点。我们通过有组织地使用词语和其他有象征意义的手段,来构建这个世界的意义,来构建我们所期望的世界的样子,这就是我对文本性的理解。于是我刚刚提出的"文本性"的阐述依赖于两个对立的概念,即"世界"(world)与"词语"(word)。不借助文本性(词语)与文本性之外(世界)之间的基本的语义对比,甚至连开始谈论文本性都是不可能的。如果我们把自己局限在这个两分法的某一部分,我们所说的也就索然无味。譬如,我们只能说,我们用这个"词语"来阐述"词语"。

我的看法是所有的话语依赖于这些基本的两分法,并且有了这些两分法,才有了所有的话语。我们已在科学家的文本中,也在我自己的文本中找到了许多例证。这些两分法中目前最符合我们目的的是词语与世界之间的两分法,以及语言与通过语言而组成的世界之间的两分法。除非我们按照这个区别来行动,否则我们无法产生进一步的话语。在使用词语来谈论世界时,我们必然赋予词语超出其自身含义以外的意义,除非我们以某种方式来使这个词具体化,否则我们无话可说。

同样,假如将文本性的概念用作分析实践的一部分,那么它就不可能只是局限于文本性自身。如果把"文本性"仅仅看做是对一些标志性论点的排列,那在文本之外也就了无新意,对分析实践也没有意义。这样,亲爱的评论者,你口口声声要坚持的文本分析的自我描述应该到此打住了。实际上,在对我的文本提出这些问题时,你必然把你自己的话语用到该文本上,例如,指出它否认了对其自身的假定。这样,在谈论时你也不得不忽视了你自己的文本性。

文本评论者 我接受你的观点。但是对你自己的分析实践, 74
它意味着什么呢? 在我看来,你似乎一直在主张要毫不犹豫地采
用这种一成不变的经验主义话语。你在前面已指出自然科学家在
他们的研究文献中已经成功地采用了这种经验主义的话语。假如
分析性的话语必定使我们在某个地方陷入对文本性的否认中,假
如承认我们自己的文本性却使得分析很难成功地完成,那为何不
索性只采用一种不会对其自身文本产生其他理解的分析话语形
式?

分析者 唉,当然啦,大多数的社会科学家都这么想,甚至是
那些关心语言的人也这么想。但事实上,由于以下原因我并没有
附和这种解决办法。我在第一章已说过,经验主义的话语暗含了
一种对你的研究课题有解释上的支配权。当撰写关于线粒体的论
文时,这一点很容易做到。我们的前提是线粒体本身并非文本的
创造者;甚至当它们作为具有支配权的文本代言人出现在研究论
文中时也一样。这样,它们在文本世界中无法发出自己的声音,在
这个意义上,我们的文本牢牢控制了线粒体本身。它们没有,也不
可能对我们的解释特权提出质疑。但是很显然,这种假定前提在
我们以人类为研究对象时,尤其是在研究人类如何赋予意义时,就
显得不合适。我们不得不承认,我们对于参与者的语言使用的分
析恰恰是又一种文本产物;而且,它还是第二层次或第三层次上的
文本产物,它可能依赖于或充分利用了对参与者文本所做的解释
性工作,或者这一文本产物与对参与者文本所做的解释性工作有
重叠交叉的部分,或有互相之间针锋相对的地方。因此,一旦参与
进这种分析,那么否认自己的文本性实际上就是否认了自己的解

释对这些文本的依赖,也就是想从一开始就宣称自己比其他参与者的文本享有更多的解释权,也就是想让人承认有一种文本,即他自己的文本应该被看做是超出文本的。这样,如果我们计划研究所有形式的文本产物,那依照这一分析的原则,我们几乎无法拒绝把我们自己的文本也纳入这一计划研究的范畴之内。[3]

文本评论者 虽然我认为我理解你说的话,但我不得不坦白地承认,我完全被搞糊涂了。一方面,你鼓吹为了想怎么说就怎么说,我们不得不否认文本性。而另一方面你又说,在分析文本产物时,我们必须承认文本性。这似乎有点自相矛盾。也许是我理解错了。

分析者 你没有理解错。你已经理解了我的意思。我想说的就是在研究文本产物时,我们不得不设计新的话语形式,它能允许我们在同一个文本中既能坚持文本性,又能否认它。换言之,我们必须抛弃那种认为分析必须采用一种具有单一意义的独白形式的观念,这种观念对自然科学中常用的分析概念来说是最为根本的。我建议我们来构建包含多个文本代言人的分析性文本,这些代言人在某种程度上可以独立地进行操作,并处理文本的不同方面。如果我们做到了这一点,我们或许能够使用某一文本便可处理其自身以及其他文本的文本性。在分析别的文本时,一种声音或一个文本代言人不得不忽视他自己的文本性,但是另一种声音在某种意义上却能够处理分析的文本性。

文本评论者 啊,现在我明白你为何请我参与你的文本,并且允许我评论你的文本实践了。我也认为我开始明白你为什么对科学家所做的解释性对话的成功与失败感兴趣了。

分析者 是的,我想随着我们交谈的深入,事情可能就变得更清楚了。作为文本产物的分析者,我们必然对我们自己话语形式的效果做出实际的评价,这些评价跟马克斯、斯宾塞及他们的同事所做的相似。我为何对他们尝试的对话感兴趣,其中一个原因是我想在我自己的文本中探究作为一种分析技巧的直接的、个人对话的效果。对斯宾塞 – 马克斯辩论的研究对我帮助最大,它使我联想到作为一种话语形式的个人对话特别适合于明确的解释性工作,但当它过多地依赖经验主义方法时,也特别难维持。因此,在同一分析性文本中,独白式分析与对话式评论相结合成为产生文本新形式的第一步,这种新形式能适合于文本分析的双重特点。通过引入对话成分,人们或许能够把典型的分析性独白置于一个新的解释性的框架之中。人们或许能够利用对话来使某些解释性的工作公开化,它们原本暗含在经验主义的方方面面之中,这在人们的分析中会不可避免地涉及。

　　文本评论者　好吧,当然,我认识到分析文本的对话形式在以前使用过。我认为,柏拉图式的对话是最为有名的。但是,在朝着这个方向前进时,难道你不是在纯粹复活过时的形式,并隐退到过去的年代?

　　分析者　我认为不是这样。我并没打算重新书写柏拉图。在重新介绍对话形式时,人们绝不会满足于重复旧的论点。我认为使用此种形式会鼓励你,或许能使你说一些采用其他形式不能表达的东西。而且,只要你一想到使用对话的形式,大脑中立即就会出现几种新的可能性。譬如,为什么不创造一种对话形式的分析,使这种对话形式能够有一个或多个真正的参与者?据我所知,这种分析以前没人尝试过。把原始文本呈现给有鉴别能力的人进行仔细地研究和评论,这对一个人的分析将会是个严峻的考验,特别

76

是在面对像科学家这样技艺娴熟的符号操纵者时尤其如此。在进行这种分析过程中，人们不能总是关注他自己的文本性，应把自己的主张设想成所有参与者的文本产物，除此之外别无选择。然而，他的分析到那时将成为一种文本，所有的参与者都可拿它来进行解构或文本分析。这样，通过抛弃分析者通常占有的优先解释权，人们可以谋取参与者的帮助来揭示他自己的文本性，而与此同时，更深入地挖掘他们的和你自己的解释能力。

文本评论者　假如你能找到一位参与者有足够的热情和足够的时间来消磨的话，这听起来倒蛮有吸引力的。但是实际上它会在分析方面富有成效吗？比方说，如果因为你想就书信的失败发表点意见，而打算向斯宾塞提供一种关于化学计量学书信的分析，对此他仔细地进行了研究，并且作了详细的回答。那么除了最初的那一批信，难道你不会还有另外一批？如果你为了看一看能从它们那里发现些什么，你就分析了第二批信，重复了这个过程，那你就会越来越倒退，同时也使得斯宾塞难以忍受。除了这些实际的问题，你将如何来说："该文本说明了在化学计量学书信中使用的这些话语形式"？

分析者　我认为你对知识的构成有一种错误的概念。你把它看做是概括事实真相的最终文本，看做一成不变的完整陈述。但是事实上并没有最终文本这样的东西。所有的文本都可以作为某种新文本产物的起点，甚至欧氏几何的一连串符号在过去就屡经诠释，至今在新的上下文关系中以及在话语的种种场合中仍被不断赋予新的意义（Bloor，1976）。

我们常把知识体系看做是一种恒定的陈述，但我希望我们能用对知识的新理念来取而代之。这种理念鼓励文本产物的不断出现。当读者遇到每一个新出现的文本时，他的每一次阅读都在对其进行重新解释，然后将更新的文本解释看做自己不同文本产物中又一个新资源。所以，只要斯宾塞对我的分析性书信中的主张做出反应，并且与其他的科学家谈论非正式的交流时也使用了那些主张，那么这些分析性书信就可以说是为他提供了新的知识资源。即使斯宾塞断言拒绝我的所有主张，这一点是无法否认的。因为斯宾塞正是通过我的文本和他自己对文本的重新陈述，才使得他知道了有些主张是不正确的。假如斯宾塞以赞成、评论、批评及对文本的解构等等方式来直接回答我，我们就会把这一系列书信看成是一种共同参与的对话式分析；既然是对话，那就会有两个声音，通过这种对话性分析一定程度上会有助于满足你对文本反思性的更高要求。我们认为分析就来自于两位作者之间通过个人的书信进行的一次或多次交流中，这一事实绝不会阻碍读者把那些书信的文本看做是对最初的化学计量学书信提供了新的知识来源，也不会阻止他们从这些分析性的书信中摘取他们需要的任何资料来构建他们自己口头的或书面的文本。

文本评论者　好吧，我不敢说我被你的论点说服了。如果一种分析本身是通过与研究对象之间的书信交流形式来实现的，对我来说，这已经够新奇的了。但我能看得出你的确对与文本分析有关的自指问题提出了某种有益的想法，你的方法也确实能鼓励我们探究分析性文本的新形式。谁知道结果会是什么？下一步你将要撰写戏剧和神话故事了（参阅 Latour，1980）。

分析者　从这种调侃的话语中，我看得出你筋疲力尽了，但并未被说服，仅仅是因为太疲倦了无法再继续下去了。我想或许是我们，也包括读者，该稍作休息，喝点茶的时候了。来点小松糕怎么样?

    文本评论者　好极了![4]

第一章注释

1. 此前相关的分析材料可在吉尔伯特与马尔凯的一书(1984)中找到。
2. 采用文本评论者的想法来源于安娜·温的一篇论文(1983)。温通过改变印刷格式区分了评论与原始文本,我在前面的"导论"中也是那样做的。
3. 分析者与评论者似乎都没意识到这个讨论既适用于自然科学家的话语,也适用于社会科学家的话语。分析者在这里分别强调了社会科学家对文本代言人的关注和自然科学家对非文本代言人的关注,并通过这两者之间的对比,从而构建他的论点。然而,分析者要想如此区分这两者之间的差异,他就必然得承认自然科学家的文本表面上具备的非人称的正式的形式。在这样的文本中,科学家表面上看来似乎只是在论述非人称的、客观的、非文本的自然世界。但是不仅我们,而且包括分析者,都知道这仅仅是一种传统的形式。看看本章的内容,再看看其他的许多研究(参阅Latour and Woolgar, 1979),人们就能很自然地得出结论,自然科学家并没有像他们所标榜的那样只是关注自然世界本身,他们所关注的自然世界是按照他们自己的话语或按照其他的科学家的话语描绘的。这应该是对马克斯 – 斯宾塞辩论的更为准确的描绘。如果我们认可自然科学家话语所具有的这种解释性的观点,那么分析者一直辩护的"话语形式自身具有的文本性"似乎就能够适用于更广阔的范畴,而不仅仅是适用于社会科学领域。自然世界的含义以及社会世界的含义都是通过人的文本性强加上去的,文本中它们的含义是需要再三捉摸的。在我看来,恰好是这种对自己文本的否认,从另一个侧面说明了为什么马克斯与斯宾塞会遇到这么多解释的困难。【超作者】
4. 我决定暂时不需要文本评论者的帮助。在第二章,我将使用一种传统的分析性独白来进一步证实对话的必要性(这具有反讽意味)。随后的几章将探究对话的其他形式及文本评论。

第二章 会话与文本：
对话失败的结构根源

在前一章中，我略微提了一下理解相似性与差异性的重要性，此二者都是科学家在书信以及在口头的对话中习惯使用的解释特点。在这一章里，我打算更为详尽地探讨这些相似性与差异性。从理想的方式来说，人们可能会希望把前面研究过的化学计量学的书信与作者就同一技术问题所做的会话录音进行简单的比较，然后问题就迎刃而解了，但是这样的方法是行不通的。原因有多种，最明显的一个恰恰是由于两位作者无法面对面地坐下来谈论化学计量学的问题，所以才不得不写出了这些书信。

因此，有必要采用另外的方法，而随手可及的针对自然对话的大量分析为我的这个方法提供了条件。这些大量的分析总结了自然发生的口头对话中包含的某些基本特征。我的方法是从会话分析的文献中选出一些这样的特征，然后研究如何利用这些特征来描绘化学计量学书信的结构，如何给它们补充额外的分析性概念。这种方法与阿特金森近来的建议不谋而合，他说："如果我们不将文本拿来与当时的讲话仔细比较，还想彻底了解文本是如何产生的，又是如何得到反应的，这似乎不太现实。"（1983，p.230；参阅Levinson，1983，第6章）

80   **自然会话与交替**

让我来先列出自然发生的会话的五个基本特征(Sacks, Schegloff and Jefferson, 1974; Schegloff and Sacks, 1974):

(1)一次至少一方并且也只有一方讲话。

(2)讲话人不断交替,即参与者轮换讲话。

(3)每位讲话人都以能在会话中获得优先发言为目的。

(4)需要特殊的机制来开始会话与结束会话。

(5)文稿相对简短,不同讲话人的发言衔接是通过微小的细节来实现的。

施格洛甫和萨克斯认为交替机制(上面第1—3点)是"生成会话的最基本特征"(1974, p.237)。也就是说,会话是从紧密而又有序的交替中产生的,又是围绕着交替有序组织的。讲话人强调交替的顺序,这样每次发言似乎"很自然地衔接"前边的内容(出处同上, p.243)。因此,自然会话的一个重要的特点就是会话结构的细节体现的是双方在解释上的共同成果。对任何试图了解会话组织的想法,其第一步都必须落在对不同参与者之间相互缠结的观点的详细描述上。

上述第1—4个特征"描绘的是会话者在创造恰当的会话时的指导原则"(同上, p.236),认识到这一点很重要。这意味着不仅是我们这些分析者应该观察到这些特点在普通的会话中俯拾皆是,而且这些特点也少不了参与者本人的作用。因此,如果会话中找不到这些特点,会话者就会注意到这一点,并赶紧想办法来弥补。

譬如,我们有时会发现讲话人的话语短暂地重合了,这明显"违背"了第1个特点。但是双方在同时继续讲话的情况却很少见。一般来说,一方或另一方会迅速让出路。同样,缄默在会话当中确实存在(第1点和第2点)。然而言语的缺乏往往是一件引人注目的事情,也就会有各种方式来应付一方的缄默(Sacks, Schegloff and Jefferson, 1974, p.715)。最后再举一个例子,有些情况下会话并没有以施格洛甫与萨克斯指定的方式来结束(第4点),而是正如这些作者所指出的那样,无法按照通常的步骤来结束会话就"变成了一种独特的活动,用以表达愤怒、唐突等等,并以此来对照"习惯性的做法(Schegloff and Sacks, 1974, p.241)。

那么,会话分析者提炼出的这些特征到底有多重要? 这可以从以下两种方式中得到反映:一种是观察话语的有规律的模式;另一种是观察反复出现的模式遭到破坏或更改时会发生什么。牢记这点,我们就可以再回到化学计量学的书信上来,看一下那些书面文本究竟在多大程度上符合会话的基本特征。我会首先关注会话中存在的次序交替,以及如何紧密地衔接这些交替。

相似与差异

在会话与化学计量学书信之间有一个显著的相似之处,即二者都是由一系列独特而又有序的位置交替组成的。在书信中,斯宾塞—马克斯—斯宾塞—马克斯的这种顺序贯穿始终。从这个基本的方面来说,会话与前面研究过的这种书信体的顺序都是围绕着交替这一机制来组织的。当然,无论是在会话中,还是在书信中,这种有序的交替并不总是平稳地进行而没有例外。例如,在化学计量学的书信中,斯宾塞在马克斯对他的第一封信的答复还没发出前,就迅速地发出了他的第二封信。然而,这种偶尔的破坏尤其发人深省,因为当它们出现在书信中或会话里时,参与者会很典型地把它们看做是背离了事件正常的、适当的进程,他们就会对它们为何背离预定的模式提供某种解释和/或者判断。这一点可以从后面引用的 S2 的开头几行看出来。斯宾塞在 S2 开头首先提到马克斯有可能还没有收到他的前一封信。这其中潜在的意思似乎是即便 S1 可能永远无法收到,也不能说 S2"破坏了交替次序",也不能说斯宾塞想重新开始新的交替是无礼的表现。S2 开头的话似乎间接地让马克斯来注意这种含义。斯宾塞接下来是这样写的:"无论如何,我想你很乐意知道……"这样写的目的无非是斯宾塞想说他写 S2 有正当的理由,即使 S1 实际上已经发走了也是这样。因为它们传达的含义是不论马克斯是否已收到斯宾塞前面的信,也不管斯宾塞现在怎么说,那是马克斯"无论如何"都会感兴趣的。因此,S2 的开头关注的就是这种可能被认为是"破坏了交替次序"的指责,并且有计划地转移马克斯对他不恰当地背离了适当的交替次序的指责。

因此,化学计量学书信的这种按次序组织的结构,可以部分地从以下两点事实中看出来,一个是这些书信倾向于以很明显的顺序出现,二是参与者本人已注意到破坏顺序的行为,并且给出了理由。书信与会话之间在这些方面有很明显的相似之处,但也存在着差异。尤其是书信的往来不可能像会话那样连续不断地交替。在会话过程中,一秒钟左右的缄默都会被看做是明显违反了正常的角色交替的潜规则,但是对两位需要跨越大西洋才能进行书信往来的作者来说,他们之间的言语也就不可能这样紧凑的衔接。

这样在角色交替之间注定会存在相对较长时间的间隔。但即便是书面文稿交换的速度很慢,作者显然也都认为有义务在"合理的时间间隔"内对另一位的书信做出回复。看看作者在信中不断提及的对"拖延"的表述,也就是对书信交流应该遵循的规则的表述,就能明白这种义务是有根据的。

M1 非常感谢你的令人愉快的来信。可是,我感到很抱歉,因为我的回答是如此的拖延;因为自九月份以来,有几件事使我不得不出差在外。(间隔六周)

S2 我想知道你是否收到了我 9 月 30 日的信。无论如何,我想你会乐意知道……(间隔七周)

M2 非常感谢你 11 月 17 日的信。这么晚答复你,我感到十分抱歉。但这是因为从那时开始,我大部分时间都在外面。(间隔一个月)

S3 感谢你 12 月 17 日附有手稿的信。对你 11 月 12 日的书信我没有立即答复,因为这封信与我 11 月 17 日的信在邮寄过程中错过了。(间隔两周)

S5 现在轮到我来道歉了,因为这么晚才回答你 5 月 3 日的那封颇有帮助的信。我一直为其他的一些事情忙得喘不过气来,到了现在才有时间给它应有的关注。(间隔一个月)

M5 非常感谢你的来信。它来时,我正打算给你写信,并寄给你一份手稿……(间隔十八天)

从这些"开头语"我们可以看到,引用的九封信中有六封(可以 83
用的)一开始都直接谈到拖延或交替的问题。另外的三封信中,一封是这一系列书信中的第一封,一封是集中讨论技术问题的草稿,一封则完全是为了事先解释为什么在辩论继续进行之前会有某种延迟(S4)。这样,我们就看到了这些信中的绝大部分都按照有序的书信交流的规则出现在适当的位置上。对前一封信例行表达的"感谢"本身就确认了参与者之间的解释交流是符合传统实践的。这是作者回复时对此前书信"次序"的正式确认。此外,谈到拖延,尤其是证明拖延有充分理由时,两位作者似乎都注意到了一种含蓄的期望,那就是每位收信人应该在"太久"之前做出答复。

在这方面,作者文本涉及的拖延与讲话人倾向于沉默相吻合。这两者表明参与者都把他们的文稿或言语看做是一个序列的一部分,在该序列中每次交替"直接"紧跟着上一个。当然,"直接的"答复一封信不可能像面对面"直接"答复另一个人的发言那样及时。但是,作者一般都会表明,为什么他们的答复比预想的要晚。谈论"出差在外"或"被其他事压得喘不过气来",都是作者用来从文本上表述身不由己而不得不"拖延"的借口。这就像是说虽然按约定的实践答复似乎显得有些拖延,但是在这种情况下理由倒还算直截了当,因此也就不会被看成是对人们期望的有规律的次序交替造成了实质性的破坏。

拖延与交替的另一个显著特点就是它们总出现在书信的开头部分。我们的两位作者都以此来清楚地表明他们遵循了有序的交替,并把这看做是启动文本按顺序交流的保证。然而,值得注意的是,我们的作者只评论他们自己的拖延,从不评论对方的拖延。这样,承认拖延也好,认为拖延有充分理由也罢,二者都没产生相互作用的后果,至少在书面的文本中是这样。"拖延"从未被当作一个论题需进行共同的讨论。相反,每位作者都把它当作重新进入文本探讨的一种正式的手段。

于是，个人书信就像对话一样，似乎都是围绕着与交替相似的基本原则进行组织，并形成文本的。然而，与对话中的"缄默"相反，参与者在信中对"拖延"的关注揭示了所涉及的交替次序在时间段上的一个关键性的不同。对话是在微妙的层次上靠微小的细 84 节来组织的，而化学计量学书信的往来往往需数周甚至数月。这种相对拖延较长时间的次序交替就导致一个明显的后果，那就是在每次交替中需要做更多的解释性的工作。在对话过程中，每位参与者的一系列答复都是紧紧围绕另一位（几位）参与者的疑问有针对性地做出的。每位发言人做出的反应与其他参与者的言语一一对应。在这个意义上，次序交替就是对话结构的那个生成机制。然而在书信交流中，相对于作者较长的文本描述来说，次序交替对组织文本的作用就没那么直接了。因为假如参与者逐字逐句地组织他们的书信，那么书信的交流就会变得太过于缓慢和拖沓，每封信的内容就会变得相对较长，就会变得与另一位作者上次书信的本质特征关系不大。因此在更大的程度上，信的文本是内部生成的。所以，我们的下一个问题一定是：除了组织书信文本中显著的次序交替机制之外，是否还有另外一种关键性的生成机制？如果有的话，它是什么呢？它是如何起作用的？它又是如何与交替的步骤结合在一起的？在寻求这些答案时，我们必须寻找一种机制，它能体现话语的扩展性段落的特点，又可以像对次序交替的分析那样对其结构方式进行分析。

对照结构

化学计量学书信的作者为了生成和组织他们的扩展性文本而采用的最明显的解释方式就是语义对立结构,或者是两部分的对照结构(参照 Yearley, 1982b and Potter, 1983)。通过这些两分法之间的对比,书信就能像对话所体现出来的有组织的活动那样,保持一种有的放矢、富有创造力的形式。在没有对话回复与评论的情况下,作者能够依次创造扩展性的文本,凭借的一种方式就是围绕基本的语义对比构建文本,要做到这一点就只能通过共同努力做进一步的解释性的工作。

下面列出的二元对立或对照结构不是分析者用来总结参与者85 的话语片断时所使用的成组的短语,而是参与者本人实际使用的词汇。下面按顺序列出的表是斯宾塞与马克斯在化学计量学的书信中使用的各种对比,也同时说明这样的对比在书信中的出现是多么的频繁。

S1	高兴的	抱歉的
	事实	观点
	派生系数	未经处理的值
M1	高兴的	抱歉的
	事实	虚构
	事实	含义
	观察值	真实值
	最初的 H^+ 泵出过程	其他离子的运动
	生电反向转运	生电单向转运
	观察值	真实值

	$2H^+$	多于 $2H^+$
	书信	论文
S2	事实	观点
	正确的	错误的
	轻率的	严肃的
	不	是
	未被控制的	容易控制的
	简单的	复杂的
	脉冲前	脉冲后
	最终值	初始值
	激情	好意
M2	几年前	今天
	简短的报告	长篇大论
S3	解释	观察
	超化学计量	事实的化学计量
	解释	观察
	塑料容器	玻璃容器
	原始数据	解释
M3	玻璃容器	塑料容器
	数据	观察与结论
	微不足道的论点	实质性的答复
S4	无	
M4	缺失	
S5	原始数据	解释
M5	观察	解释

86 该表中列出的条目都是那些在文本中对比明显的术语或短语。此外,有许多场合只用了前面提到的由两部分组成的对比中的一个术语,比如,"观察值"、"事实"或者"解释"。一旦在某一封信中对一组对比做了很清楚地表述,那么这个对照结构中的每一部分在这封信随后的内容中都可以单独使用,或者在采用对照结构中的一部分时,没有必要对另一部分做全面的重述。上表列出的条目并不包括这些"部分的对比"或者"暗含的对比"。这就是为什么在顺序上越往后的书信,信中列出的对照结构看起来却越来越少的原因之一。因此,马克斯在 M2 中以这样的话结束了他书信的技术部分:"我们已经得出结论,对最初的质子泵出机制,其真实的 H^+/位点比率肯定至少是 3.0,或许可高达 4.0。"该陈述总结了其核心的科学结论,但并未明显地使用对照结构。然而,它采用了 M1 中已清楚表述过的三组对比,即"观察值/真实值"、"最初的 H^+ 泵出过程/其他离子的运动"以及"$2H^+$/多于 $2H^+$"。

为了搞清这样的对照结构是如何起作用的,值得问一下,如果这三组对比在此前没有被详细地表述过,那么马克斯是否还能完全采用上面引用的句子作为结语。在我看来,他事实上还能够采用同样的阐述,因为阐述本身已经隐含了未作明确说明的条目是可以进行解释的。首先,提出某一数字是"真实的"比率,这似乎必定意味着可能还会有其他的数字,但这些数字落入了非"真实的"的某个范畴里。在书信中对这个范畴有各种各样的描述,如"观察值"、"表面值"或者"事实上未经处理的值"。同样,有必要特别提一下,如果说某人的值来自于最初的泵出机制,那么就应该存在着可能会引起混淆的第二位的泵出机制(或离子运动)。最后,强调真实值"至少是 3.0"只会招致更多的猜疑,有人会想如果真实值少于 3.0 是否会有某种特别的意义。

如果上述观点是正确的,那么就可以说,对照结构在研究的话语中没有得到清楚表述的情况下,仍可以暗示出来。换句话说,暗含的对比可以从较广范围的交互文本中获取(参阅 Culler,1981 年关于交互文本与文体文本的讨论)。比如,我在前一章提到过,斯宾塞一般把马克斯关于核心技术问题的主张看做"争论"。很显然,这个词语是从若干可能的替换词中选出来的,这些词包括"主张"、"提议"、"研究结果"等等。选用"争论"这个词也就暗示了其他的几个词不是十分合适,没有抓住"争论"这个词隐含的某些意义。这样,对某一词语的重复使用似乎意味着它与其余未被选中的一类词语形成了对比,而且在一系列的书信中,该对比也一直没有变得明朗化。

当然,这种推理方法让我们想到了索绪尔关于"语言中只有差别"(1974,p.120)的主张。如果语言是由一个元素系统组成的,其功能依赖于那些元素之间的区别,那么参与者对某一词语的重复使用相对于那些未采用的不同词语来说,对未采用词语有肯定的意味,更是一种否定。就化学计量学的信来说,斯宾塞用"争论"来描绘对方的主张,或许就是意味着对其科学正确性的一种否定。换句话说,这种暗含的对比或许就是"争论/正确的主张"。

然而,这种分析性推论存在着一个困难,那就是很难以任何直接的方式来定义。虽然暗含的对比在化学计量学的信中或许是一种很重要的解释资源,但是分析者要想找到明确的证据证明它们的用处却有着无法回避的困难。在研究对话时,分析者通过引证对话一方的直接回复,经常能够支持他关于特殊语言阐述的主张,但在书信中,这常常是不可能的,而且找出参与者使用的隐含的对比也没有什么用处。结果就是,我现在不想去理会什么暗含的对比,而是想集中精力去关注明显的对照结构。

生成与完成

在这一部分,先让我介绍一种分析上的对照结构,即在生成与完成之间的对照结构,或者更完整地说是在开始解释与结束解释之间的对照结构。在前一部分我已经说过,对照结构可以用来生成或者推动解释性工作的进一步扩展。然而,此前对非对话话语中对比的研究所得出的结论却显得与此正好相反,也就是说这种研究显示的结果表明,对照结构用在文本中往往使话语的扩展段落趋向完成。在我们作任何深入研究之前,我们必须先看一下对比是如何造成了解释性工作的完成的。我们将会发现以前针对对照结构和解释的完成所做的研究对我们很有帮助,它将使我们更准确地理解对比是如何生成话语的。

88　　阿特金森(1983)已经实践了我在上一段谈到的研究,他主要是集中在对政治演讲的探讨上。一方面,政治演讲与化学计量学的书信很相像,二者都需要自我生成的话语的扩展性段落。另一方面,讲话人与听众的关系与两位书信的作者之间的关系大不相同。在适当的时候我会回头再分析这种不同的意义。目前,我们还是权且接受它们相似的一方面,承认政治演讲者所面临的解释性工作与书信交流的科学家所面临的有某些相似之处。

首先,阿特金森的研究显示,两部分的对比无疑是政治家在结束演讲或者结束演讲中某些特定的片段时最常使用的解释形式(1983,p.211)。第二,他还指出听众很可能透过讲话人使用的对照结构,就能够估计到完成的时刻何时会到来。让我们简单地来看两个例子,看看这两点是如何作用的。

例 A

卡拉汉:主席先生,我可以对您说,在本次选举中,我并不打算许下最多的诺言,我只是想下一届工党政府将会信守最多的诺言。

听众:鼓掌

例 B

希思:现在工党的首相及他的同僚们在本次竞选活动中夸下海口,说他们已经把通货膨胀率从灾难性的 26% 上降了下来。但是我们有权问一下,是谁使它上升到 26% 的?

观众:鼓掌

这两个例子说明了政治话语的段落是如何利用明显的对照结构达到其目的的,在上述例子中暂时的目的完成是通过观众的掌声作为标志的。阿特金森对完成与掌声是这样评论的:"在自指的褒扬与吹嘘的陈述之后,以及在指向对手的批评或侮辱的陈述之后,通常就会出现完成与掌声"(1983,p.205)。这是一个很重要的观察。但是,为了正确评价其分析的含义,我们需要用概括性的词语对它进行重新阐述。阿特金森陈述中的一个含义,可能是指他谈到的每一个对照结构都是由一种喜欢的范畴与一种不喜欢的范畴组成的,这样的称呼方式来自于波梅兰茨(1984)。我觉得实际情况就是这样,不仅在阿特金森的数据中,而且在我关于科学家的 89

材料中也是这样(稍后,我将回到如何识别喜欢的与不喜欢的对比范畴上。目前,我先把它们看做是显而易见的。)因此,当讲话人用自指的口吻来强调成对的对比中那种喜欢的范畴时,也就是阿特金森所描述的那种"吹嘘"发生了。或者,通过强调把不喜欢的范畴放到其他的某个活动者或文本代言人(比如某个政治派别)身上,也就使得对照结构能用来构建他称为"批评"或者"侮辱"的东西。

如果我们回顾一下那两个例子,我们就可以看到每种类型的对比我们各有一个。在例 A 中,我们有这组对比"许下最多的诺言/信守最多的诺言"。如果我们承认第二个范畴就是所说的那种喜欢的范畴,那么通过分析这种"在对照结构中将喜欢的范畴用于自指"的手法,我们就有了一个解释得以完成的例子。在例 B 中,我们有另一组对比"通货膨胀率从 26% 上降了下来/使它上升到 26%"。在这种情况下,对照结构强调的是不喜欢的第二个短句,这听上去只能是指该段中提到的唯一的文本代言人,也就是"工党首相与他的同僚们"。因此,通过这种"在对照结构中将不喜欢的范畴用于他指"的方式,我们在这里似乎又有了一个完成的例子。在阿特金森的论文中,每一个解释得以完成的例子都是由这两类对照结构中这种或那种范畴所引起的。

迄今为止,我所做的就是用概括性的词语重新陈述阿特金森关于对比与完成的结论。但我们现在可以问一些此前一直隐藏着的问题,那就是:不喜欢的自指对比或喜欢的他指对比曾存在过吗? 如果它存在过,那它们有什么样的解释用途? 考虑到前面的内容,我指的当然是这后面所述的对照结构是被用来生成解释性的工作,而不是结束解释性的工作。阿特金森对完成发挥作用的方式进行了讨论,这有助于我们来理解为什么事情会是这样。

　　他指出在完成过程中使用的对照结构的第一部分通常都是为了设定一个解释难题,然后这个对照结构的第二部分给出解决难题的答案。用我的话来说,这个难题完全依赖于把喜欢的范畴与不喜欢的范畴运用到自己和他人身上。因此,在例 A 中,对照结构的第一部分,即"我并不打算许下最多的诺言",在第二部分出现前这听上去像是令人费解的一种自我贬低。换句话说,单独看第一部分就好像是一种自指的不喜欢的范畴,因此这需要解答。正 90 如阿特金森说的那样,如此令人费解的阐述目的就是营造一种期待,似乎令人满意的解答方案马上就要出现了,这样,当对照结构的第二部分仍在构建之中时,就能通过这种方式使得听众鼓掌欢呼。换一种说法,参与者一般期望的阐述方式都是在对照结构的第一部分采用不喜欢的自指范畴,然后在趋于完成时不喜欢的自指就会转变成某种喜欢的自指(或者不喜欢的他指)。换句话说,听众在响应不喜欢的自指对比时而提早鼓掌,原因是他们知道这样的对比是不稳定的结构,通常会立即转化成对自己有利的自指对比。这样,听众在完成之前,在尚未确切地知道下面将要说的内容之前,就给出了掌声,因为他们这时响应的不是讲话人讲话的详细内容,而是他话语的结构。

　　因此在例 A 中,讲话人最初做出的不打算许下最多诺言的表态看似是消极的承认,转眼就变成了信守最多诺言的承诺。在这种艺术性的转化过程中,对比所隐藏的那种消极的内涵,即许下的诺言超出了你能履行的能力,就被置换给了另一方。对照结构的第一部分引起的困惑或导致的解释问题就很快地且带有预见性地被消除了。同样的论点也适用于例 B,只是因为形式的不同稍微作了调整。这种解释难题来自于把看起来是喜欢的范畴用到了另一文本代言人的身上。在该结构的第一部分,讲话人把明显是喜欢的范畴用于另一方。在政党竞选的集会上,如果在这点上停下来绝对是不可思议的。它必然要求进一步的解释性工作,而且这种解释性工作往往是以一种可以预见的形式来实现的,也就是通过对照结构的方式把某种肯定的他指转化成否定的他指。在例 B 的情况下,当降低通货膨胀率的功劳被拿来与"是谁先把它推上去的"问题相比照时,其评价含义从根本上就被改变了。

根据这个讨论,我认为不喜欢的自指和不喜欢的自指对照结构两者都会生成解释性工作,而非使之停止,因此,我打算继续研究这种现象。在例 A 中我们已看到否定的自指可产生一种解释难题。当否定的自指不是成对的对比中的第一部分,也不会在对照结构的第二部分立即得到转化与解决,而否定自指本身就是对照结构的主要的解释结果,那么在这样的情况下,这种对照结构就极有可能会为进一步的解释性工作创造一个机会。让我们来看一看它是如何适用于化学计量学的书信的。

展开辩论

在关于化学计量学的一系列书面交流中,再考虑一下第一封信的开头两段。

我想说的是再次见到您,我有多么高兴。自从我们在法萨诺会议上见过面后,时间过去了这么久。您因我说的话而受到伤害,我越发感到抱歉。因为就呼吸链系统的→H^+/O

或→$H^+/2e^-$化学计量学方面,以及腺苷三磷酸酶系统的→H^+/P化学计量学而论,我认为需要区别事实与观点。当然,我绝没有冒犯您的意思,特别是在大量地涉猎理论问题后,我本人对错把观点当成事实的麻烦特别敏感!

这封信有两个目的:一是对于我造成的伤害再次表示真诚的歉意;二是我想找出是什么东西造成了我们之间的观点分歧,有没有可能解决这一分歧。

正如我们上面注意到的那样,斯宾塞随后在信中继续请求对方加入关于化学计量学问题的辩论。尽管马克斯最初显然有些勉强,但这个辩论还是持续了十个月,并且产生了十封信。因此,开头的几个段落成功地启动了一系列的文本创作,这些"交替"出现的文本,其篇幅短则一页,多则是用单倍行距打印的七页。这个开头启动了这样一种持续的解释过程,可这段开头是关于什么的?这一过程是如何维持下去的?

这些段落显然是围绕着两个对照结构来进行组织的,即高兴/抱歉、事实/观点。第一个对照结构很明显是自指的,如"我很高兴","我越发感到抱歉"。"高兴"与"抱歉"之间的对比在此处是用来强调法萨诺会议上的事件发生之后,他们之间面临的这种不幸局面。这个对照结构是为了让人注意作者抱歉的程度,同时也是为了强调作者的抱歉程度。

看起来"高兴"应该属于喜欢的范畴,而"抱歉"则属于不喜欢的范畴。但是事实不一定就是这样,一切都依赖于这样的词语在文中是如何使用的。而在上面所述的情况中,"抱歉"是以一种直截了当的方式表现作者打算补救的一种心态。这样,斯宾塞的歉意就被看成只是由于他在法萨诺会议上冒犯了马克斯,所以他立即着手为这种冒犯而道歉,这也就意味着他想申明他并没有冒犯的意思,而且他有充分的理由来解释为什么他本来就没有冒犯的意思。换句话说,斯宾塞首先表达了自己的歉意,紧接着就通过文本使得表达歉意的不喜欢的范畴无法适用于他自身。斯宾塞把S1开头两段的大部分内容用于消除冒犯的印象,从而恢复"高兴"这种喜欢的范畴在文本中的优势地位。正是通过这种补救工作,我们可以明确地看出"抱歉"在这里被认为属于不喜欢的范畴。同时,正是斯宾塞把语义上不喜欢的范畴以及在文本上也是不喜欢的范畴用于他自身,才使他把能够生成进一步的解释工作当成是他开头所做陈述的"自然结果"。这样,在S1的开头两段,由于斯宾塞把不喜欢的范畴的对照结构用于自己,也由于斯宾塞的这种做法使得进一步的文本交流成为可能,从而启动了化学计量学的辩论。(在通过文本工作识别喜欢的与不喜欢的范畴方面存在着明显的同义重复。但在我看来,这并不是一种分析上的恶意的同义重复。)

但是很显然,这种特定对比能够生成解释文本的数量是有限的。的确,开头的这种对照结构似乎首先作为一种方法,用来把斯宾塞的信"自然"地与前面的话语连接起来(参阅 Schegloff and Sacks,1974,p.243)。在这个意义上,最初的对照结构是作为扩展的次序交替的一部分而起作用的。使用高兴/抱歉这组对比产生了一种效果,那就是把以前在法萨诺会议上的讨论描绘成是不完整的。这就使得斯宾塞有了理由去说以前的对话存在着一个误解,要消除这个误解现在只能通过通信才能得以解决,对此马克斯却浑然不知。然而,如果斯宾塞的信仅仅计划用来消除这种不一致，那么它不过就是对以前对话的一个"适当的完成"。因此，一旦第一个自指的对照结构得到解决，即在第二段的中间得到解决，那么对话就得结束，要想让对话继续下去，条件只能是段落中"自然地"生成了某个新的解释论题。

在 S1 中，通过在第一个对照结构中置入第二个对照结构，这种新的论题便以一种优雅的方式出现了，具体来说，高兴/抱歉这组对比原本是为了解释斯宾塞所说的冒犯话题，但在其本身的阐述过程中，追究冒犯的缘由就涉及一个更为基本的误解，即在化学计量学问题上关于事实与观点之间的区别。结果就是在第二段中，斯宾塞关于"冒犯"的话题刚刚由明确的道歉而宣告结束，文章马上就转向了尚未明了的关于事实与观点之间的区分问题。

假如 S1 中"高兴"与"抱歉"这组对比一开始就被用作次序交替的手段，或者在文本上这组对比被当作来源于潜在的"事实"与"观点"之间的对比，那么我们就可以把后一组对比看做是首要的，看做是化学计量学书信的"第一个论题"，随后的文本扩展都起源于这一论题。组织最初论题的这种形式与对话过程开头时经常出现的情况很相似。

　　例如，对单独的对话来说，"第一个论题"一般都有一个出场的时机。我们说的第一个论题并不是简单的按顺序出现的第一个事实，比如某个论题暂时比其他的问题先进行了讨论，这一类先进行讨论的题目可以是作为开场白来说的"首先，我只想说……"或者是对方在听到讲话者问候"你好吗"之类话题后作出的简短回应，这些题目对听到的人和讲话者来说，都不可能当作是"第一个论题"。能称得上是第一个论题的必然是在对话中具有某种特殊的地位。例如，类似"对话的原因"这样能够提供进一步分析机会（指对两位参与者来说共同的机会）的题目才能称得上是"第一个论题"。（Schegloff and Sacks, 1974, pp. 242—243）

事实/观点的对比在化学计量学的书信中确实占据一个特殊的地位，因为它为随后的解释性工作提供了一个不断出现的关键的焦点。我们从前面提供的一组组对比可以看出，对照结构似乎经常以对立词汇的形式出现的，例如，事实/虚构、事实/含义、观察/解释，而且这种对比在 9 封信中有 7 封是这样，并在某一封信中经常出现好几次。正如我们在第一章中所看到的，事实上每封信的内容都是以这种或那种方式围绕这组对比展开的。因此，它显然是一种非常富有成效的对照结构。下面让我们更仔细地研究一下。

同高兴/抱歉的例子一样，我们似乎又有了一组自己不喜欢的对比。首先，很显然"观点"这个范畴是不让人喜欢的。比如，在 S1 中就说了，把某个事实上是"观点"的东西看做是"事实"，这是不对的。就好像是说事实有某种积极的值得赞扬的方面，而观点就缺少这些。这似乎在暗示斯宾塞与其他人更愿意了解事实而非"仅仅"掌握观点。更有甚者，观点常常被描绘为麻烦的潜在之源；至少，当一个人错把观点当成事实时，事情是这样。相比之下，S1 中就没有说人们对事实的认识会导致某种麻烦的产生。最后，在双方计划要进行的通信过程中，他们之间观点的差异就被看做是某种可以消除的东西。这似乎暗示着他们的观点中至少有一个是错的，要想证实哪一个更具有事实地位，进一步辩论就很有必要了。S1 在临近尾声时,对这些信的目的进行了重新的陈述,不过这次陈述不是为了解决他们关于化学计量的观点分歧的问题,而是单纯为了证实那些化学计量到底是何种东西:"我认为我们必须解决如下这个问题:什么是呼吸链系统上的质子传递化学计量?"换句话说,书信交流的目的是为了确立谁的观点仅仅是观点,谁的观点是真正的事实。

很明显在 S1 的文本中,"观点"这个不喜欢的范畴被拿来作了自指的用途。比如,作者在第一段中就把自己描绘成"涉猎理论问题",所以,尤其有可能错把观点当成事实。而且,从文本上看,他完全可能在化学计量学问题上犯这种错误。假如斯宾塞未被理解成做了这种专门的承认,那么他因为声称自己的观点享有事实的地位而向马克斯做的道歉就不再是一个道歉。斯宾塞的"冒犯"在于似乎他把马克斯的观点当作观点,而把他自己的观点当作事实。这样,该道歉必然使斯宾塞把贴有贬义标签的"观点"用作他自己关于化学计量学的看法。最终在第二段的最后一句,两位参与者关于化学计量学问题的看法都被描绘为观点。的确,要就这问题进行辩论必须在文本上以这种假设为前提,也就是没有哪些观点一开始就被赋予事实的地位。如果这些信的最终目的就像在 S1 中所表述的那样,完全是为了找出哪些看法是事实的,那么很自然,在书信交流之初就不可能预先假定哪一个具有事实的地位。

如果认为上述评论在广义上是正确的,我们似乎就有了这样一种情况,把事实/观点这一对照结构用于自指导致的结果就是生成了一系列的往来书信,并且这一自指的对照结构贯彻始终。S1 中所有其他的解释性工作以及在随后书信中的大部分解释性工作都是围绕着这个基本的对照结构。如果要理解这个对照结构并不仅仅是一种简单的观点交流,而是生成了一系列的扩展性的书信交流,那么就很有必要对斯宾塞不仅把它用于他本人,也用于他的话语伙伴的做法做出评价。

95   在这方面,化学计量学书信的结构与阿特金森研究的政治演讲的结构很不一样。在后一种情况中,主要的文本代言人,比如,首相与反对派领袖并不参加直接的解释性的交流。换言之,政治演讲非常接近于独白,而通过书信的科学辩论在形式上更接近于对话;至少在这个意义上,书信交流的双方都对实质性的解释性工作做出了主要的贡献。因此,政治发言人通过使用对照结构可以创造解释难题,然后立即予以解答,使其符合它们自己的文本优势,并获得听众的赞同。而对斯宾塞和马克斯来说,如果没有另一方对文本的认可,任何一方都不可能使他们的话语得以顺利完成。斯宾塞通过把"事实与观点"这一对照结构中不喜欢的部分用于自身以及用于马克斯,从而启动了化学计量学的辩论过程,给他们双方都提供了生成文本解释的机会,并试图使得这一对照结构顺利地完成。然而,每位参与者在随后的每封信中都把喜欢的"事实"范畴用于"自身",而把不喜欢的"观点"范畴用作"他人"身上,对最初的对照结构各自形成一套认识,最后的结果当然是对这一对照结构各执一词,互不相让。因此,由于无法就最初的对照结构达成一个双方都能接受的解释,要想解决围绕化学计量学的辩论就变得非常困难,也许根本就无法解决。

这些困难并非仅仅是由于对照结构而造成的,它们之所以存在是因为参与者的一系列交流。因此,让我们来研究一下辩论的这种自由扩展是如何由交替的步骤推动的,又是如何由次序交替的正常结束机制推动的。

力求结束

在下面这一部分,让我们先来看一下自然对话与关于化学计量学的书信之间存在的明显的相似之处。萨克斯、施格洛甫和杰斐逊对自然对话的那些特点都有过描述,以下就是关于对话的一段陈述:

> 交替的过程显示了对话按顺序依次展开的一般结构特征。它往往由三部分组成:一部分是用来提起与上一轮对话的关系,一部分涉及这一轮要表达的主题,另一部分则引向与后一轮对话的关系。这些部分一般都按上述顺序出现,这对结构来说显然是一种合理的顺序,它把每一次交替与任一方的交替紧密地联系在了一起。(1974,p.722)

所有化学计量学的书信也都显示了一个类似的三部分结构或者三明治结构。我们已经注意到每封信在开头往往都是先提起它在次序交替中的位置。如果我们现在来研究这个三明治结构的另外两层,我们就会看到交替与对照结构是如何携手工作,以此维持了书信交流的延续性。

正如上面的引文所提到的那样,每封信的中间部分涉及的都是"这一轮要表达的主题"。在这些信中,其中间部分都集中在技术问题的探讨上,当然,每封信中间部分的详细内容总会与另外的书信存在这样那样的差别。但是每一次就化学计量学的技术讨论都是紧紧围绕着最初的"事实与观点"之间的对照结构,或者是围绕着某种非常类似的对照结构展开的。这些中间部分都有一个核心的特征,那就是作者无一例外地想方设法把对方的观点归入不喜欢的范畴中,诸如"虚构"、"超化学计量学"、"解释"、"未被控制的"、"复杂的"及"错误的"一类的词语,而作者的观点却好像天生就是"事实"、"事实上的化学计量学"、"数据"、"得到控制的"、"简单的"和"正确的"。简而言之,每次交替的技术主题都是精心组织的,作者利用事实—观点的对比或者某种类似的对比把其中自己喜欢的范畴拿来用于自指。这一观察结果在前一章已经做了详细说明。

在每封信中,当作者将这个最初的容易派生的对照结构中喜欢的范畴用于自指后,他就希望解释的过程赶紧结束。然而,因为这些信在形式上采用的是对话而非独白,这就使得任一位作者都无法独自结束这个过程,他必须从对方那里获得解释观点上的首肯。只有达成一致才能实现最终的完成。但是,当每一位作者都想着把这个基本的对照结构为自己所用时,最终的完成也就不可能实现了。事实上也的确如此,在每封信结构上的第三部分,也就是三明治结构的最后一层,作者们似乎都想当然地认为对方不可能接受他们自己对这种基本对照结构的解释,双方都还需要做进一步的解释工作,单纯的书信交流是无法达到双方一致的完成的。换句话说,每封信中间部分的结构都是用来显示作者主张的事实性。正如在政治演讲中一样,这种基本的对比在这些中间部分总能得到自己喜欢的解释。但与政治发言人不同的是,书信的作者都必须参与到以此交替的程序中。因此,每位作者通过这种基本对比构建了自己的文本解释之后,他就会用第三部分来结束他的交替,然后将继续辩论还是结束辩论的责任交给了对方,对方又会按适当的方式把这个责任传回来。假如我们了解一下萨克斯与施格洛甫就对话是如何结束所做的分析,那么我们可能就会更全面地理解为什么交替总是这样来来回回,没有结束的时候。

萨克斯与施格洛甫认为对话的完成很典型地涉及两个独特的,然而又紧密联系的部分。最简单的例子如下:

A. 好吧。 } 结束前的交流
B. 好吧。

A. 再见。 } 结束时的交流
B. 再见。

在结束前的交流中,第一方得到交替机会,但他没有再引入新的话题,以此提示准备停止谈话,但同时他的表述仍给予第二方引入新话题的机会。因此,结束前交流可能经常由对话中的任一方提起,也只有当另一方又引入了此前未曾谈及的事情时,才能看做是拒绝对方想结束对话的建议。譬如,上述结束前的交流中的第一部分"好吧"只有在遇到"哎,我想……"或者某种类似的不对称回答时,才能认为是拒绝结束。于是,对话要想进入最后的结束时的交流,关键的一点就是对话者在正常情况下需要创造一个对称的结束前交流。

我认为书信往来很可能也具有这种组织形式的特征。假如事实就是这样的话,斯宾塞与马克斯要想顺利结束化学计量学的书信交流,就必须创造类似于对话式的结束前交流的某种东西,也就是他们双方需要达成对称的交流,都认为没有必要再作进一步的解释,每封信的第三层结构都要明确表现出这种结束前交流的形式才可以。正如萨克斯与施格洛甫指出的那样,言语与书面阐述只有在被置入某论题的末尾时,它们才可能起到结束前交流的作用(1974,p.247)。

我前面提到的那些书信中,每一封信在对技术主题的讨论与结束性的话语之间,无论在形式上,还是在内容上都存在着明显的中断。例如,请看一下 S2:

98　　中间层结构的末尾

在我看来,迄今你所确定的超级化学计量学简直可以称之为超级的超级化学计量学,我无法回避这个结论。你的每一"位点"的 $2.0{\rightarrow}Ca^{2+}/2e^-$ 比率仍然通过两种因素中的 $n/(n-1)$ 因素代表着一种超级化学计量学。无论如何,在缺少对 $n=B^1/(B^1+C^1)$ 准确估计的情况下,似乎很难从你的数据估计出准确的 ${\rightarrow}H^+/2e^-$ 比率。

第三层结构及可能的结束前交流

我确实希望这封信没有引起你的反感,没有造成破坏。我的目的仅仅是想在我们的领域里对事实与概念达成相互可以接受的理解……

这封信的结束部分非常具有典型性,它是从这两个相邻段落中的第二个段落开始的,从这里它不再对技术材料作进一步的表述,而是代之以对辩论本身的性质进行评论。通过表明技术讨论的结束及把进一步论述的责任传给对方,这些结束的部分有效地完成了每一封信。它们之中有几封在形式上也为这场辩论整体性的完成做了结束前的交流。比如,如果马克斯在他的下一封信中承认,斯宾塞对技术问题的阐述提供了"一种在我们的领域中对事实与概念相互可以接受的理解",那么这场辩论就会在前面引用的S2 之后马上结束。当然,假如马克斯真这样做了,那将是斯宾塞的话语获得了事实性的地位,而不是马克斯本人的话语。

然而,特定书信的结尾并没有带来完成,而是明确地认为需要作进一步的解释工作。甚至在上面选取的 S2 的段落中,就连斯宾塞也认为马克斯不会认可他的论点。换句话说,从结构上看,这些书信的结尾是进行结束前交流的好时候,但却最终成了需要进一步的次序交替和无限期的辩论的前奏。比如:

M2 你对从 Ca^{2+} – BOH 测量中得到的 H^+/位点比率进行了分析,我会在另一封信中对此做出答复。同时,在即将到来的假日之际,向你及你的家人致以良好的祝愿。(最后两句)

S3 我们从实验中发现 $2H^+$ 的观察值还未受到其他更为可靠或相 99 对更为详尽的数据的严重破坏。

　　　在我的实验室里,我们经常希望能有更多的生物化学家会对……感兴趣,因此很高兴看到你的工作……无疑会使得事情活跃起来……(最后两段)

S4 我特别感激你这么快就作了答复,这使得我能尽快着手你给我布置的作业……(最后一段)

M5 我希望这些评论或许可以进一步阐明手稿中描绘的实验。一旦这件事完成,我们就会寄出关于用动力学(kinetic)方法测定的 H^+/位点比率的另一手稿。

我们热切地期待着收到你的来信。(最后两段)

从这些段落中我们看出,每封信在结束时都预先假定并提起了更进一步的辩论。本来作者可以在每封信的结束部分做出某种对称的结束前的交流,但他们都放弃了这些机会。启动结束前交流的任务都传给了另一位作者。我这样认为是有事实依据的,因为在 S1 启动了这场辩论之后,两位作者在文本中就表现出了一种强烈的支配倾向,都想让对自己有利的对照结构占主导地位。S1之后,就再也找不到对作者本人不利的对照结构的例子了。每一篇文章都围绕着那个基本的对照结构,建立在自己喜欢的解释之上。只有当某位参与者确实把事实与观点的对照结构拿来做出对自己不利的解释时,这一对照结构才能得出有效的结论,这场辩论才能最终得以完成。

考虑到这种辩论的结构,有必要选用类似于下面高度简化的东西来作进一步的说明。

A. 我现在明白了,此前我认为是事实的东西实际上
　　仅仅是些观点。　　　　　　　　　　　　　　　结束前交流
B. 好极了,我很高兴你终于明白了真实值是什么。

A. 再见。
　　　　　结束时的交流
B. 再见。

然而,考虑到参与者很不情愿使用自己不喜欢的对比,这样的
100 结束方式很难实现。因此,我们现在就明白了书信的交流其实与对话中起作用的次序交替与话题结束的步骤很相似,再加上与辩

论的对照结构相结合,关于化学计量学的书信交流也就得以不断地延续下去了。

独白与不对称

日常对话的话语与科学家的书信中使用的话语到底有多大的相似程度,又在什么地方有差异,我在这一章里已做了初步的探究。通过引用萨克斯、施格洛甫和杰斐逊这些对话分析者的某些正式的结论,直接把他们就交替与对话结束机制的结论用于研究化学计量学的通信,我的这项任务有了良好的开端。毋庸置疑,这些信中体现了自然存在的对话中的某些基本特征。在对话和书信交流的特定次序中似乎存在着一种明确的交替模式,存在着一种独特的三部分交替结构,参与者的文本所包含的解释工作在这种交替结构中都能找到它们的位置。

尽管在化学计量学书信交流中很容易分辨出对话交替过程中的某些程序,但它们两者还是有着显著的不同。尤其是书面交替的过程似乎更长一些,更复杂一些,交替机制对书面交替的生成和控制也不是像对话交替那么直接。由于书面通信的这些区别性特征,很有必要来设计一种结构分析形式,使它既能够涵盖对话中的特征,又能够分析书面文本详尽的内容和自我生成能力。通过采用阿特金森在政治演讲中使用的两分法对比研究,这一点是可以做到的。

把阿特金森的资料和分析拿来与化学计量学书信的文本材料进行比较,结果表明某些种类的对照结构可使话语达到趋近完成的地步,而其他类型的对照结构却完全是用来生成话语的。还有一点也很清楚,那就是参与者在政治(或其他方面的)独白中使用对照结构时,往往与他们在书信交流中使用的对照结构很不相同。

与第一章所得出的结论相比,本章的这些结论为化学计量学书信的解释结构提供了更为正式的研究起点。如对自己不利的对照结构往往不稳定,并且倾向于生成更多的解释性工作,这种观念有助于理解该系列中第一封信的结构。因为这封信恰好使用了这样一种对比来启动辩论的。由于这种不讨人喜欢的对照结构对两位参与者都适用,所以双方都需要做进一步的解释工作。正像我们在政治发言中看到的,那种对自己不利的对比很快就被抛弃了。一旦辩论开始,双方都会根据对己有利的对照结构来组织或者重新组织他们的文本,就像在政治演讲中的情况一样。这一点每个参与者很容易就能做到。但是在化学计量学通信中,参与者的文本也形成了一个按序交替的结构。所以,对最初对比的解释分析并没有带来完成,因为每位作者的解答都被对方认为是不可接受的,结果就是生成了更多的交替及更进一步的辩论。用正式的术语来表述就是,参与者们坚持使用对自己有利的对照结构来组织他们单独的、有反对意味的文章,这阻碍了构建对称的结束前交流,使得争论根本不可能获得令人满意的结果。

对化学计量学辩论中暗含的某些基本结构特征所做的这一分析,证实并补充了第一章所提出的问题。它表明使用独白技巧的信与对话中必然要求的次序交替二者结合在一起时,就很容易出现在解释上的僵持局面。我们可以推知,当话语远离交替的基本生成机制时,它会更多地依赖于其他的技巧,比如对照结构与经验主义词语条目。凭借这些技巧,书面文本和口头独白的进一步展开才有了可能。但是这种做法造成了作者或发言人对解释的支配地位。它们把话语的制造者从对话的限制中解放出来,使他构建更多的话语、结果、他的事实、他的观点以及他的声音都成了高高在上的东西。换言之,独白的话语形式倾向于造就文本的不对称,倾向于使有效的对话变得无法实现。

文本的不对称不仅在科学家与政治家的话语中显而易见,它实际上也出现在所有的社会学分析中,也包括在这本书中。其含义指的是参与者的话语只不过被看做是社会学家解释工作的原材料。就像斯宾塞与马克斯做的那样,社会学家的工作一般都基于这样一个假定,那就是认为只有他们自己明白他们的伙伴(即参与者)提供的原始资料的真正含义。由于社会学家对这种解释不对称的偏爱,因此就导致了一个关键性的难题,好像对社会行动、文本和其他解释形式的表达完全被分析者的声音控制了,被赋予了固定的含义。

在我看来,这是站不住脚的。我觉得对社会世界应该有无限 102 多样的不同的解释,这么多的解读自然需要我们设计合适的分析形式,我把这看做是一个基本前提。我们否认对所谓的参与者可做分析,很可能更多的是与社会学家采用独白形式(如采用对照结构"分析者/参与者")有关,而不是与做社会学分析的特定类别的行动者的无能有关。这样,要纠正分析者与参与者之间的这种传统的不对称,一种可能的方式就是应该让参与者积极地加入到我们的分析中来。这样,我们可以逐步从对独白形式的过分依赖转移到凭借分析性对话的方式,借助这种方式就能实现真正的解释的双重性。在这样的分析中,分析者也就没有了完全代表参与者向非人称的听众讲话的权利。而且,这两位(或多位)"分析者—参与者"将会依次交替着互相向对方说明他们的分析,由此,以他们的话语形式确认社会世界的"多重实在"及该世界始终存在着其他解释的可能性(Schutz, 1972; Goffman, 1974)。同时,分析者—参与者的结构也可能会在一定程度上实际取得有效的对话。

第三章　交谈：一种分析性的对话

　1979 年,斯宾塞接受了吉尔伯特与马尔凯的采访,他们的研究成果后来以《打开潘多拉盒子》①(*Opening Pandora's Box*)(1984)为名发表了。1982 年后期,斯宾塞与马尔凯联系,问他是否有兴趣以观察者的身份参加一个小型的生物动能学家的会议。斯宾塞的想法是他们两人可以一起来研究科学家之间的技术交流过程,最后也许能对科学家的交流有所促进,但马尔凯拒绝了斯宾塞的邀请。然而,在 1983 年 12 月,他开始与斯宾塞就同一话题进行书信往来。在本章的第一部分,我们来看一看从 1983 年 12 月到 1984 年 3 月期间的四封信。到 3 月份的时候,他们两人已能够坐下来进行一个下午的会面了。会面的对话都已被录音,并且整理成了文字,这为本章的其余部分提供了素材。

　　人们乐于见到的理想的方式是把这些书信和对话的内容全部呈现出来,但这不可能。因此,下面引述的就只能是从原始文本中选取的片段,有省略号的地方就表明有些段落被删掉了。对话的文字也被"整理"过了,避开了那些与本章的目的无关紧要的材料,

---

　　① 潘多拉盒子——在希腊神话中,主神宙斯因普罗米修斯盗火给人类而恼怒,于是命火神 hephaestus 用黏土做成了地上的第一个女人——潘多拉。宙斯给她一个盒子,让她带给要她的男人。潘多拉私自打开盒子,于是里面的疾病、罪恶、疯狂等各种祸害全跑了出来散布到世上。——译者注

这使得文字相对易于阅读。这些信的开头及结尾都被省略了,出现在本章提示部分的文本也将不作分析。在目前的上下文中,分析就只围绕着"分析者—参与者"之间的对话进行。

书信

在这一系列的书信中,第一封信非常长,原稿有 17 页之多。但它的内容主要是基于前面第一章内容的初稿,所以,这里就没有必要来详细地重复。

马尔凯致斯宾塞,1983 年 12 月
……如果你赞成,我希望这封信能促成你我开诚布公地讨论一下化学计量学书信中的交流模式,以及普遍的科学交流形式……在写这封信时,我注意到在《英国化学》(*Chemistry in Britain*)杂志上有一篇简短的评论……其中有一段专门祝贺你荣获了诺贝尔奖。

斯宾塞相信,这种个人对个人形式的交流通常比在繁忙的会议上或者通过大量的科学文献进行的交流更为有效,因为听众或读者有明显的倾向,他们特别希望参与到竞争性的对抗中,而不是仅仅参与那些表达同情的对话中。的确,对话这个词语(这与独白不同)意味着个人对个人的交流,这在小型的私人会议上比在公共场所更容易做到。

我觉得《英国化学》杂志中的这一段较为准确地总结了你的某一个观点。我对"对话"与"独白"这两个术语的使用特别感兴趣，因为我也曾用这些术语对化学计量学书信进行过初步的研究。如果上面这段是准确无误的话，那么与研究文献的非人称独白相比，你的观点似乎认为个人对话原则上是科学辩论的一种更为有效的形式。要开始我们之间的对话，先让我来提出一个反论点：我试图证明个人对话与技术话语的某些基本特征是不一致的，至少在个人书信所带来的限制条件之内是这样，技术话语更适合于正式文献的非人称独白……

　　如果我们认为讨论进行到这个程度基本上是正确的，那么我们就会开始明白为何化学计量学辩论是不成功的。它的失败表现在没有一位作者能够确立一种对有效对话来说必要的文本形式。尽管我们在这些书信中偶尔会发现作者都希望能够有一种理想的对话形式，使得他们在寻求一致的阐述时拥有平等的解释权，但是文本实践却往往朝着截然不同的方向前进。由于书信太过分依赖于研究文献的那些文本实践，人们对解释上的平等性的观念和个人话语的理想模式也就很难实现了。换句话说，对话要求个人讨论应该是在平等的解释者之间展开的，而书信的文本实践却常常变成了非人称的、不对称的，作者都喜欢宣称他自己有得天独厚的条件更接近事实的话语领域，他们常常采用的独白形式直接导致了解释的不平等，并且使得个人无法涉足他们宣扬的科学主张中。

　　非人称独白显然是科学家描述自然世界时首选的形式，但是当个人对个人的交流过程也不断采用这种形式时，一个难以克服的解释问题就出现了。两位作者都在使用这种非人称的、经验主义的模式来向对方提出关于自然世界的主张，而他们的主张又互不相容，因此实际的解决方案也就无法实现了。每位作者都把自己看成是一位中立的代言人，他们大部分时间都在忙于描述，并把自己的描述认为是直接反映自然世界的,而不是来自于个人解释。在这种文本中,自然世界的事实似乎通过文中使用的非人称的声音直接讲话。然而,真正的对话当然不是这样的,它要求作者不断地在文本中认可个人对解释工作负有的责任,他们就自然世界所写的文本以及做出的主张都依赖于进一步的解释工作。只有做到了这一点,作者才有可能对他人的解释做出直接响应,并主动修改或者放弃自己的主张。我认为,只要那些涉及的人承认在他们的陈述形式中存在着这些陈述的个人特征,个人对个人的对话才能够持续下去。

于是,在化学计量学书信中坚持使用对话就面临着一个重要问题,即书信需要将直接的、个人的称呼方式与独白所依赖的大量非人称文本形式结合起来。因为这些信都是直接写给某些特定的人,所以辩论只有找到双方都认可的阐述技术才能得到适当地解决。但是技术上的一致很难完成,因为双方都把他们不相容的立场描绘为是对事情真相的非人称解释。因为两位作者在组织他们的信时,会预先假设他们自己的话语是正确的,所以任一方想调和他们的分歧已变得不可能了。每位作者用来"代表自然世界本身"讲话的这种不相容的、非人称的阐述无法被理解为一种更为个人化的用语,在这种个人用语中作者可以承认错误、承认不确定性、承认可能会出现不同的科学结论。

所以,在我看来研究文献作为科学辩论的一种媒介要比非正式书信有很大的优势。因为,在研究文献中,研究独白的非人称形式不需要参与者来创造私下赞同的阐述技术。科学家们在表述他们关于自然世界的主张时经常使用技术话语的这种非人称形式,这恰好与学术研究中所采用的独白的非人称形式相一致……我对

生物化学中对话与独白所做的这些评论,供你考虑与评价。你是
否认为我对化学计量学书信的评论是正确的,我很想听听你的看
法。我很想知道,你认为这种分析用作其他书信体辩论会怎
样……在依赖于书面文字的个人对个人的对话与面对面进行的那
种对话之间,你是否认为有重大区别,我也很想知道……

斯宾塞致马尔凯,1983 年 12 月

你认为我们应该交流思想,交换关于科学交流的经验,总的来
说,我很高兴对你的建议做出答复。虽然眼下我在试图接受你信
中的观点,但我并不相信详细研究马克斯/斯宾塞的信就会找到任
何有益的结论……

我不敢说赞同你描绘为"解释平等者"或"解释上的平等性"的
意义。当某些科学观察有两种不同的、互不相容的解释时——如
电子有确定的电荷(米利肯),或者电子能够带一部分电荷(阿伦哈
福特)——当证明一种解释观点是错误的时,难道不可以断定不同
科学家(米利肯与阿伦哈福特)的解释能力并不总是同样有效? 在
许多科学分歧中,分歧一方的解释立场不如在对话之初打算解决
这种分歧的另一方(而双方事实上达成了解释的一致),假定解释
上的平等就能否认这一切吗? 为了在讨论哪个是最好(正确的?)
的解释方面达成一致,双方或许需要开始承认最初的解释上的不
平等,你意下如何?

你提出在科学问题的书信中交替使用正式的科学陈述(或独
白)与非正式的陈述(或对话),我也认为在科学知识的传递中,这
种交替可能正符合对分析性交流及评价性交流的需要,尤其在把
"私人"科学转化为"大众"科学这一艰难过程中更是如此。我附上 107

一份正式讲稿的复印件,或许有助于解释我的意思。

斯宾塞的讲稿"科学与人文"的摘录

……正如霍尔顿(Holton 1973)指出的,有两种相互联系的,但又根本不同的活动或者话题,二者均由科学这个词语所描绘。一种是主观的或私人的活动,纯理论的、正在形成中的科学,或许主要是非言语的,具有自己的动机及自己的方法,或者在某些情况下,没有自觉的研究方法。另一种是客观的或大众的话题,作为一种制度的科学整理过的、统一的概念及事实信息继承的世界,它已成为可以传授的科学规则的一部分——不再表示个别科学家仅凭进化过程的这些小小的痕迹付出主观努力创造了这种话题。此处我的目的是关注个别科学家或不同的科学流派所追寻的主观科学创造性活动的理性及非理性方面,关注分析性交流的过程及评价性交流的过程,而这些可使主观科学活动转化成客观的科学……

这些迥然不同的观点——比如科尔比(Kolbe)与范托夫(van't Hoff)的那些观点,或者比如外来质子泵及矢量代谢学派的观点——在同样的实验根据下,不同的人或不同的流派竟然顽强地坚持了很长一段时间。这真是出人意料。这种值得注意的现象使得马克斯·普朗克(Max Planck)发表了著名的悲观主义的宣言,大意是一种新的科学观念不能通过说服其对手取胜,相反只有当其对手最终死去(才获胜)……

……虽然客观科学所依赖的现实观察系统从复杂异常到普普通通不等,但它在逻辑上却不得不依赖纯粹的推测根据,并借助于逻辑演绎的上指过程(Popper, 1963, 1972)。推测根据的改变、理论的变更,并不是该系统的一个逻辑步骤。它更像是冒险,只有经过了大量的分析实验测试,进行了概念熟悉及阐述之后,其后果才能得到适当地评价。当然,想象的思想实验对主观科学家寻求可能的新概念根据有很大的帮助,这些根据对旧的……或许有所改善。新旧概念大厦的居民们可能承认同样事实出现不同的观点,或许发现通过他们各自的分析性交流系统很难在彼此间建立适当的联 108系。他们必须做好准备来克服普朗克领会障碍(the Planck apprehension barrier)并纵身跃过,以便来评价彼此的观点。正如丘吉尔所说:"我们建造了我们的大厦;此后它们塑造了我们。"

　　显然有两种独特的方法来决定其他的假设或理论,这两种方法又各有其独立的标准。一种方法是分析性的,包括对假设的预言能力进行定量实验或观察性测试。它通过人类大脑(第二世界)的分析机制提供了第一世界(World I)与第三世界(World III)的定量比较。因为这种观察方法具有客观性,所以在证实某假设真或伪时威力无比。但是,由于实验或观察的不确定性,还由于选择实验的范围似乎表明人们应该遵守某假设所预测的东西,所以对某现象或本质的预测可能暂时产生了表面上的观察——比如,对行星祝融星(Vulcan)的观察。因此,可能要花些时间来解决哪怕是这么简单的科学问题,如细胞色素氧化酶中假设的质子泵存在还是不存在? 裁定各个假设的另一种方法(当然,它必须恰好满足分析性观察方法的标准)是评价性的。在这种情况下所面临的问题是:科学界同仁更喜欢用哪种理论? 哪个更具普遍性? 哪个最具吸引力,最方便? 除了科学界同仁并没有最终的仲裁人。借用爱因斯坦的话:"一切应该尽可能从简,当然不要过于简单。"正如范托夫(1878)指出,主观科学中想象与艺术才能的范围——及人文的范围——在霍尔顿(1973)描述为其主题之源的层次上,是非常伟大的。不幸的是,这一点并未得到更为广泛地承认……

马尔凯致斯宾塞,1984 年 1 月

……我认为只有当参与者能够坚持解释上的平等性时,科学对话才可能是有效的,你对我的建议提出疑问,现在让我来看看你提出的问题。你想知道假设存在着解释上的平等性,那么这种解释上的平等性是否试图"在许多科学分歧中,否认分歧一方的解释立场不如在对话之初打算解决这种分歧的另一方……"这个问题使我们注意到,在科学辩论中对于不同的观点,什么被认为是合法的,什么不能。在辩论得到解决之后,参与者对辩论各方的解释地位可以做出明确的评价,这是显而易见的。这些评价通常可追溯到以前:也就是一旦科学家知道"正确的"科学答案,他们就会合情合理地要求知道在辩论之初谁具有解释上的优越性。然而,就在开始的那一刹那,尽管参与者可以合理地假设,他们中有一人是正确的(或者比其他的人更正确一些);但他们不可能要求知道他们中哪一位是正确的。因为假如他们知道这一点,提议辩论将是多余的。正是在这个意义上,解释上的平等性可以看做是有效科学对话的一个必要特征。这一点几乎就暗含在"辩论"的含义中。参与者在同意参加直接的、个人的辩论时,就好像在承认解释上的优越性的问题还未决定。

尽管科学家以各种方式谈到在技术辩论过程中确实需要解释上的平等性,但是他们采用了一种慎重的方式,正如我在前一封信中提议的。而且,在实践中,他们采用与你第二段中所描绘的完全不同的步骤;就是说每一方很快宣称他自己的解释具有优越性,通过维护这种优越性,不断地对另一方的主张做出反应。我对你第二段的印象是,对于科学辩论实际进行了多少次我们的看法一致。我们可能还未达成共识的是我的建议,也就是参与者在辩论之初立即宣称解释的优越性,这使成功的结果变得不太可能。在我看来,只要个人对话的双方(各方)在实践中否认平等的解释,并且预先假设他们自己的解释具有优越性,在提出不相容的科学主张时,他们使得解释的一致已不可能达成了。这种辩论策略的后果可从佩里的信中(我已经重新读过),以及在马克斯与斯宾塞的信中看到,那就是出现一系列潜在地永无止境的矛盾主张及反主张。[1]

人们或许认为,科学家的不对称策略是不恰当的,因为在科学上解释优越性的问题由实验事实来决定的。按照这种观点,当所有低级的解释依照累积的实验根据被逐渐摒弃时,解释的一致将在适当的时候达到。这个论点偶尔在佩里的信中表述过,在马克斯与斯宾塞的信中也出现过。例如,你以前这样写道,有可能"根据实验真理的和平的观念,在实验中解决专门的科学问题"(第58封信)。这种概念似乎暗含在事实与观点的区分中,而这种区分在马克斯/斯宾塞信中贯穿始终。然而,自相矛盾的观点在这封信中也能找到。比如,佩里书信的其中一位撰稿人写道:"在我看来,每个人都认为实验证据对他的理论有利。我无法说服任何人相信证据有利于(我的理论),因此我会把这个问题放在一边"(第60封信)。同样,在马克斯/斯宾塞信中,你重读了好几次(S1,S3和S5),这一定程度上是为了回应马克斯对你的指责——说你忽视了他的数据,你们之间的区别不是由于你进行了或是承认了实验观察,而是由于你把不同的解释置于可利用的观察之上。

在马克斯/斯宾塞信中,你坚持认为$\rightarrow H^+/2e^-$比率的特征不能概括为"仅仅是观察"的问题,我认为你的说法是对的。这种推理方法在你的论文"科学与人文"中得到了进一步的阐述。在论文中某科学家赋予观察以特定的含义,该观察的过程被描绘为依赖科学家的观念的仪器,依赖逻辑及总的理论,最为根本的是依赖推测的根据。我对你的论点是这样理解的,这些解释策略的不同,尤其是推测根据的不同有助于解释"尽管有同样的实验根据,迥然不同的观点……如何能够被不同的人或流派顽固地坚持了很长一段时间"。这是一个很好的阐述。但是我在短语"顽固地坚持"中察觉到一种责备的口气,我这样想对吗?大概不对吧。如果没有暗示着不赞成,也就是如果人们逐渐承认"同样的实验根据"有着迥然不同的解释不但总是可能的,而且常常是合情合理的,那么人们就会问:对于科学辩论的处理方式这意味着什么?

在我看来重要的是,人们应该摒弃弥漫在众多科学辩论中对事实与观点所做的这种僵硬的区分。你在人类符号领域(第三世界)与自然世界的领域(第一世界)之间作了根本的划分,对此我全心全意地赞成。在我看来,这种划分意味着科学家对所有的符号的操纵是在观点领域内进行,在此种意义上,把它们看做与"现实世界"同形绝不会有确定的理由。用你的话来说"没有最终的仲裁者"。假如这一点在科学辩论的过程中得到承认的话,那么这似乎意味着参与者就不再要求他们自己的技术话语具有特权的"事实"地位,而是寻求理解解释的步骤,在这些步骤中的每一方,包括他们自己在内,在同样的事实或观察基础上会得出不同的解释性的结论。这近似于我说的"解释上的平等性"的含义,接近于我告诉你的"评价性交流"的意义。

虽然我在开始写这封信时并没有想到这个结论,但在我看来,在"解释上的平等性"观念与"评价性交流"观念之间可能存在着部分的相似之处。人们或许认为,平等的解释是科学辩论的一个潜在的特征,假如都这样主张的话,它可使那些有关人士来探究他们迥然不同立场的解释基础,来对他们的不同达成某种评价性的理解。在这样一种辩论中,参与者们不会从一开始就寻求论证他们自己的科学优势,相反,他们会关注以前的任务——理解他们是如何逐渐不同的。

你在最后一段暗示,在你的分析性及评价性的交流观念与我的独白式及对话式的交流概念之间可能存在着某种对应性。我赞同你在那段中提出的观点—正式的科学陈述(或独白)与非正式的陈述(或对话)之间的交替出现可能符合分析类型与评价类型之间交流的需要,所以我认为使用直接的个人称呼形式为评价性交流创造了一个机会。可在我看来,至少在马克斯/斯宾塞及佩里的信中,参与者们没能指望这种机会。尽管作者们在每封信的开头与结尾使用一种个人口气,但是其间主要的技术讨论偏离了各方对事实要求所依赖的解释性工作的平衡,所以偏离了对迥然不同的解释态度的评价性的理解。

我希望,这些评论能够阐明我说的"解释上的平等性"的含义,还能阐明为什么存在或不存在解释上的平等对于科学家之间进行直接的、个人的辩论至关重要。我还希望,把你的分析性的两分法与我自己的分析性的两分法进行比较,会使我们二人有更清楚的认识。最后,我想问几个问题,这些问题来自于迄今我们所进行的讨论,以及我对你论文的看法……

斯宾塞致马尔凯,1984 年 3 月
我对解释上下文中平等的含义心存疑惑,我的疑问有可能会转移我们的注意力，从而妨碍我们脚踏实地寻求更好的技巧来评价彼此的观点与论点。我想，你提出需要解释上的平等性的观点或许相当于这一观点：假如对话各方开始认为他们对话的伙伴能够被合情合理的论点说服，那么他们或许更能做到彼此理解，并且会达成一致的观点。这样理解对吗？每一方都不可避免地会重视对话开始时立场的优势。否则，他们将不会选择来拥护该立场或者对事实的解释，而会倡导对话中他们的伙伴所采用的立场或者对事实的解释。基于以上的历史事实，关于辩论各方所采用的你/我对事实的解释，你认为在辩论之初会自然地（又不可避免地）出现这种优势/劣势关系吗？我同意你在信的第一页快结束时所说的意思，就是每位参与者在辩论或对话开始时对这种优势的"坚持"不太可能获得成功的结果。但是以我的经验来看，假如参与者看重分歧立场的对称（或许与你称为平等的解释有关），事情可能不会到这一地步，事实上参与者不会被讨论中的他们的"对手"所烦扰。在文明的正式的私人对话或者文明的正式的公开辩论与人们亲眼目睹的这种吵闹之间或许存在着某种区别，比如在首相的问答时间，或者这种你可能正通过邮件来抱怨科学"交往"中的"沉默的傲慢"之间存在着某种区别。

大量的"软"数据为人们试图解释某种现象提供了"事实"（比如，你测量的质子是从膜内泵出来的吗？或者它们只能从膜外部表面分离出来？），对该数据做出解释从技术上来说是很困难的，因为人们认为每个（可能是错的）"软"数据上的价值很大程度上依赖于"相关的"经验的积累。它可能依赖于获取"软"数据的各个实验者对其可靠性做出的评价，以及对获取数据的实验装置与设备的可靠性的评价。而且，我们不应该忽视这种相对来说单调的情况，许多(可能是大多数)科学家都很忙,而科学期刊的编辑原则是要求论文短小精悍,于是许多误解就出现了,继而持续不断,因为时间或空间所允许的简短的解释会发生歧义,或者存在缺陷,或者因使用令人误解的术语(如术语 chemiosmosis)而变得僵化了。

　　可以说,在"科学与人文"的论文中我努力阐明的一个观点,就是这种推测依据可能深深地影响着人们赋予各种软数据的价值,而这些数据又被用来解释所谓的事实。这似乎成了把某科学家锁入某"大厦"的一个因素,成了该科学家受它"左右"的一个因素。使用短语"顽固地坚持"并未与读者心目中所想的那样或多或少地带有"责备"的意味。它仅仅想反映这种著名的立场:"我坚定,你固执,他是个顽固的蠢货。"或许我有时会让自己陷入困境,因为我的幽默感(也许是在面对权威时的恶作剧)受科学活动及历史的某些稀奇古怪方面的激发。

　　我可以请求来对事实与观点之间的巨大(但我希望没有过分)差别进行辩护吗? 我希望这样做,因为我的科学分支涉及的大部分"事实"(关于第一世界的)是"软性的",它们很可能代表错误的数据,或者是对第一世界事件的错误解释。另一方面,正如上面表明的那样,对某些事实的真实性经常出现有分量的观点与其他的观点相反。因此,这种解释的技能可能部分地用来判断哪些事实是对现实的错误解释。某位科学家或许会比另一位(解释的不平等?)在这方面有更好的成绩纪录。一位科学界同事有一次向我谈起了一位我们认识的科学家,"对于重大的科学问题,他比任何其他的科学家,不论是活着的还是已故的,都更为经常地犯错误"。

　　我希望我对上面的独白没有过多地谈论,我只是在努力地说明我脑中所思之事。

关于想要获得对话各方的相互尊重,需要自我批评,及愿意交换职位或者位置(解释上的平等性,评价性的交流或者你之所爱),我完全赞同你的说法。但是每一方在没有吹捧他们的大本营的优点的情况下,如何希望说服另一方放弃他们的观念大厦来分享他们自己所占有的东西,对此我发现很难来评价(请参阅这封信的最后一段)。你反对在科学的个人通信中存在着交替,对此我感到难以理解。这种交替是在对每位参与者详细的实验立场与解释立场进行了技术上的或分析性的(独白)描述,与让另一位参与者来接受该立场,并转移到该立场上的呼吁(对话)之间产生的。然而,我也认为这种方法,正如实际上使用的那样,可能会惹恼某位参与者或者引起他的反感,并且在达成一致上没有取得任何进展。你说作者没有利用这些机会进行评价性交流,由此断定劝说会功亏一篑,此时未达目的的通信的副作用比人们能预料得实际上更为深刻,你认为这样评说公平吗?我想,科学家们有时发现观点的根本改变可能会通过一些相当小的技术细节(在信中独白式的信息传递中)的汇集来实现,其主要的意义并非那么容易就得到承认,而不受到某些其他知识或出自另一根源的想象的刺激物的影响。

随着对第三世界表示第一世界事件的形式获得广泛的认可,关于分析方面的交流与评价方面的交流的区别,我打算来区分科学知识的各个领域。人们意识到在第三世界中存在着一种模块性及事态的等级化,很显然在第一世界也是如此。根据波普尔的观点,我承认第三世界的观念框架是由第二世界中产生的一系列精神的结构逐步建立起来的,这些精神的结构又使用了逻辑的分析方法,可以看成(通过第二世界)令人满意地(就科学界判断程度而言)充当现实的模型。根据杰拉尔德·霍尔顿(1978)的观点,比如,在米利肯与阿伦哈福特关于电子的电荷展开的辩论受到奥斯特瓦尔德(Ostwald)与厄恩斯特·马赫(Ernst Mach)影响的情况下,我承认对"事实"的解释——尤其是对事实错误解释的程度的评价——深受理论的先入之见影响,或者换种说法,是受推测依据的影响很深。因此,我想,在细胞色素氧化酶中目前关于质子泵的争论受到以下事实的强烈影响,即大多数的生物化学家是根据在物理学与生理学的某种形式来考虑转运过程(例如质子泵)的,同时他们按照基于化学的某种形式来考虑氧化还原代谢的化学转化过程,这就从根本上与物理学与生理学的基础区别开了。亚铁细胞色素 C 在细胞色素氧化酶的催化位点上进行的二氧还原的化学过程与在呼吸链系统中质子泵的物理与生理过程(包括细胞色素氧化酶)之间存在着概念上的区别,依我之见,这种差别实质上对细胞色素氧化酶的"与氧化还原作用有联系的"质子泵的观念起了很大的作用。当然,这件事可能会成为特别感兴趣的话题,因为我们尚不知细胞色素氧化酶假定的质子泵存在与否,辩论各方的观点尚未受任何前面所做调整的影响。然而,你可能会同意这一说法,围绕电子电荷的辩论有点类似于关于质子泵的辩论,而关于质子泵的辩论早已完成,从历史的角度来观察,就易于做出恰当的评论。 **115**

我认为,关于分析性交流与评价性交流的相对用途的问题,你从其他类似的语言中可能会找到满意的答复,比如希腊语或英语、波或粒子。误解或者错误可能是由于对语义与句法用途的错误使用,或者起因于在实际的实验操作中缺乏技能或设备故障。这类问题一般可在分析的层次上得到解决。另一方面,分歧之所以产生是由于使用了不同的假设,或者使用了描绘同样现象的不同种类的观念类比。后一类问题一般可在评价的层次上得到解决。在大多数的现实问题中，赋予分析的系统中数据的价值可能会受到来自推测领域的理论先入之见的影响；因此分析性交流与评价性交流这两种方法可能都需要。我最近一直想弄明白这些问题的立场，可要想对此写出一套规则系统是不可能的。我怀疑，分析性领域与评价性领域之间的界线或许是由可计算的状况所决定的。你认为怎样？

……我认为对话中的"独白"片段在我们信中（包括这一封）是不可避免的，因为在人们对它进行有用地评论之前，需要陈述某事例或者以具体的形式来汇集证据。大概我误解了你的问题？

最后我想问一下，在特别难处理的科学争论情况中，说服反对派别的代表来设身处地为"反对方"的情形着想，你认为它会起多大的作用？大概这就是你想到的"概念的平等"思想，但是归结到了逻辑的结论中，两位提倡者哪里会去竭尽所能地叫卖他们反对的观点？当然，我并没有忘掉建立反对立场（在证明其站不住脚以前）是一个著名的辩论技巧。

对话：1984 年 3 月，于约克大学

S 我想问你：你真正想做的是什么？你想讨论科学家之间的
116 交流方法通过何种方式会得到技术上的改进？或者你真正想探究的是我碰巧已想到的那一点？因为前者是我真正感兴趣的。因为我一直在说错话，而这种错乱的言语一点也没被打乱。我愿意那样想。这主要与试图获得科学家同仁的某种理解这种实际工作联系在一起。但也是为了试图说服那些科学家同仁，让他们之间少

些吵吵嚷嚷……

　　M　是呀，我意识到你的兴趣首先是前者。实质上那也是我的兴趣之所在。设想朝着该目标的一个必要步骤，就是想问一下你的经历及你所关注的事情。大概我应该提到第三种兴趣，我认为这是在这件事上我的唯一兴趣。这类事情在书信中很难说清，因为它似乎正在偏离主题。但是我对社会科学内部交流性质有这种额外的兴趣，这显然与你对在生物化学家与其他自然科学家之间进行的交流及辩论性质的兴趣相类似。我的其中一个看法是在社会科学内部的交流与辩论，已越来越多地被自然科学中使用的模式所效仿，我认为这在许多方面都对社会科学不利。因此，我对所有这些问题的关怀，实际上反映的是我对如何能够改进我的领域中交流特征的一种关怀。实现该目的的一个步骤是来理解它是如何在自然科学中运行的，因为它确实提供了这种模式；当然，这种模式是用于正式的研究文献。因此，你对正式文献作为一种交流方式不满意，我对你的不满意感到特别震惊。那是我以前未曾谈及的，那是我对这些事情关怀的理由。

　　S　我想我也有一种类似的、相应的兴趣。当然，它不是通过社会科学中的交流产生的。而人们假设在讨论中发生了什么事情的想法在科学上是一个相对无感情的区域，不论在那里发生什么对现实生活中发生的事情可能会有某些启示。因此我想，既然社会学关注的是对人类生活的研究——事实上，今天早上想到……我真的为自己感到好笑。你和我正在努力地互相交流，却仍未成功，而交流的目的就是谈论别人如何进行彼此间的交流。

　　M　是的。但这确实给了我们这个增加的机会，不是吗？因为我们会不断地思考我们自己的交流，并且从中受益。

S 是的,我想,这取决于这种批判性的才能处在哪个层次上。
117 有些过程由于有意识的关注而受到抑制。它们可能或多或少地受到了压制,比如诗歌部分……我希望对我们自己我们不会那样做。

M 好吧,我想我们两人都是从这一前提出发的:现存的模式不如期望的那么好。当然社会科学同我一样从同一前提出发,但我能看到某些大的缺陷需要消除。因此,我想我们两人都相信在那种情况下,你需要开始考虑下一步会怎样。人们不能仅仅继续做一贯做的事。

S 你说的不对。我脑中所想的还有另外一点,即我对你的兴趣有点不太确定。这得从你写给我的信说起,信中有几个片断碰巧涉及我。比如,在细胞色素氧化酶的质子泵存在与否的争论上,我们可能在某种程度上处于不利地位,理由是叙述并未完成。从你对这件事的观点来看,如果你跟我谈论这一点你或许也处于不利境地,因为我碰巧是参与辩论的人员之一。因此由于人们的直接参与,要想准确地解释其处境是什么或许更为困难。比方说,你可以回顾一下数年前发生在阿伦哈福特(他相信物质的延续性……)与米利肯(他相信独特的电荷……)之间的争论。

M 我想要弄懂那种历史形势的种种细节是不可能的。当它们发生时要研究这些辩论显然具有优势,研究那些在某种意义上现在已完成的辩论也具有优势。但是这两种做法也具有很大的不利条件。正如你在你信中所说的一样,研究这些事件的其中的一个不利条件(正如霍尔顿处理米利肯与阿伦哈福特的情况)恰好是由于我们现在了解答案的方式,或者我们认为我们知道答案。我对它是这样理解的,然而电荷的问题又一次提了出来。有些人近来认为,阿伦哈福特似乎比米利肯更正确。

S　噢,真的吗? 这对细胞色素氧化酶是非常滑稽的事情,假如电子能够携带一部分的电荷……我的意思是,假如电子真的带有……这对化学会是非常滑稽的事情,人们相信他的测量出了差错。

M　我没有把握。如果人们的结论、测量以及人们赋予给它们的含义依赖于推测的根据,那么那些推测根据本身能否被证明为正确,我不太清楚。因此,我们能够得到一致的结果,这些结果在一定的推测根据之内被证明是可行的,然而推测的根据可能会不相同,从而导致对实验结果的不同解释。这总是可能的。人们或许说的最多的大概是电子与其电荷可能就是这样。

S　如果把这作为一个总的论点,我必须说明,这使我非常着急。它听上去像是某问题的答案,甚至某个得到很好地阐述与测验的问题的答案可以既是肯定的又是否定的。在我的科学研究中,我们努力提出一些问题,其答案要么是"是的"要么是"不是的",或者当然它可能是"不知道"。但是它绝不能是"是和不是"。关于电子,这个问题将会非常难——可我并不知道你在说什么,要花好长时间来思考——在推测根据所允许的情况下,考虑差别将会非常困难,在类似于同一模型的任何东西之内,电子仍旧存在,"电子"一词仍然指同样的东西……让我们来考虑一下米利肯/阿伦哈福特问题,及质子泵/非质子泵问题,因为它们似乎非常相像。人们应该——唉,实际并没有,让我想想,某些具体的方面有点不相似,那就是不久前大多数的科学家认为米利肯是正确的,而阿伦哈福特是错误的。关于质子泵问题,大多数科学家认为质子泵是存在的。我站在阿伦哈福特的立场上。好吧,大概我不应该这样说。这是我立场的其中一个不利之处。可是我认为很可能占大多

118

数的观点将最终被证明是错误的,然而对于米利肯/阿伦哈福特这种情况并未发生。

M　是的。如果我现在同阿伦哈福特交谈,那么他大概也会说这一类的话。

S　是完全相同的话。因此问题是,我与阿伦哈福特怎样着手尽快找到解决这一处境的方法?怎样说服我相信米利肯是正确的?怎样说服我相信质子泵存在的观点是正确的?我一直在努力地说服我自己,可是我并没有成功,我该怎么做?

M　是呀。这就是我们所说的成功交流的问题。对于不同的人它似乎意味着不同的东西。很显然,在时间的某一点上对于米利肯及你的对手来说,交流进行地非常有效,因为他们的观点似乎已成功地得到论证。对他们而言,已没有问题。

S　从知识进化的观点来看,我们难道也不能说有一个很好的例子可以证明,那会对科学有影响。并且它的利他性没有看上去那么强。可是假如我们想改进新知识如何获得真实性,"真实的"一词可能被认为有点模糊,但是它并不需要太模糊。获得了经过整理的知识之后,我们对它进行测试,并且试图来发现,假如我们试图来使用它,它会奏效吗?因为如果它是不真实的,它就不会起作用。这是个很好的测试方法。

M　可是,对于那个问题我没有太大的把握。已经发现有许多错误的理论在起作用。

S　那仅仅适用于某一点上。

M　当然,这是人们对某一理论最大的期望:适于某一点它会起作用。因为它是一个理论,所以它会以一种相当有限的方式来定义现实。理论起作用得具有理想的现实,而不是日常的世界,因为日常世界中充满了难应付的复杂问题。因此,任何理想化的理论只能在一定程度上起作用。

S 完全正确。这完全是波普尔式的观点,对吗?它们中没有一个完全起作用,但它们所起的作用至少目前令人满意。这并未消除许多理论在一般的规模上根本不起作用这一总的思想。这样说可以吗?我想我们确实有一种相当关键的测验。让我努力用另一方式来表述:我们打算谈论的知识是"真实的",至少它起的作用满足人们合理的期望;也就是通过对它进行测试,你如何来断定它真实与否。有人宣称某项实验提供了某种结果,当他们在做种种测试时事情发生了。现在他们对它已做了充分地描述,假如它起作用,别人是会发现的。这个人说道,"是的,另一位科学家告诉我这项实验起作用的话一定是真实的。"对该实验可能还有其他详细的解释,但它可能仍然是不真实的。但是从根本上来看,我想关于科学其好的一面就是理论可以被人相信,因为你可以发现它们是否起作用。

M 是的,但是对此我确实有所保留。那些保留意见可能会是什么,我能说一说吗?假如人们回想起你与马克斯就化学计量学的问题所展开的讨论,那么从某种意义上,双方都可以重复对方的实验,并且使之起作用。这场辩论并非关于彼此实验的可重复性或准确性,而是指那些实验意味着什么。

S 是的,但我认为现在我们已回到了某个实验。我正在努力总结的不只是……在科学上使我烦恼的是当不同学派似乎有分歧时,可能会有较长的僵持阶段,而该分歧的出现似乎阻碍了发现什么才是真理的过程。尽管对那些其理论仍存在的人们来说,上述情况令他们十分满意,但对于科学来说它并不令人满意。因为,假如在一定程度上分歧还有合理性,那么该分歧的主要目的是达成一致。因此,我又一次成了阿伦哈福特,我是少数,我无法说服自己相信占多数的是正确的。为了真正的科学我很想使这件事能有一个成功的结论,这样我们会一致同意这件事情存在还是不存在。为了我们都能持有同样的观点,而非仅仅走向实验室去做更多的实验,我该做些什么呢? 我有种预感,那可能便是最佳答案。

M 可那是人人都已在做的事情,即做实验,对吗?

S 对,他们中有些在做。可是他们不做能证明他们的理论是假的这类实验。这是另一种困难。我有种错觉,即我做实验确实是为了证明我的理论是假的,我并不特别介意我的理论是不是错的。我宣称是"错觉",因为我并不能肯定它完完全全是一种错误的观念。但有时候我想它应该是,因为我有这种感觉,某些人也有此种感觉,对于他们的情况,我想这是某种错觉(双方皆笑语焉焉)。

M 这是波普尔的思想,对吗? 对这种规则,即波普尔的规则,我的观点是在波普尔的规则中,关键性的词语,比如"证伪",只有根据具体的实验实践与科学家的理论先决条件来解释时,它们才会获得意义。因此"证伪"这个词,甚至对那些或多或少地着手同一问题的那些科学家来说,按照实验实践可能会有根本不同的含义。所以我有这种感觉,两位或多位科学家都声称试图在证明对方的理论是假的,哪一位也不愿其证伪的企图被对方识破。

S 是的,可你是做什么的? ……恶意是由非一致的存在而产生的。我们如何能够改善科学的进行情况? 我们想要很快获得一致而非迟迟不见动静。于是这种思想常常这样被提出来,"唉,最后,真相终将大白。"可我并未有十足的信心。好长时间真相并未大白的情况时有发生……但是即使你同邦葛罗斯①(Pangloss)一样仍然坚持说,"唉,好吧,最后真相终将大白",这并不能令人满意。我们在花公众的钱,而且这是生活改善的问题。作为科学家,我们想促进……

M ……这确实使我深受触动,大多数实验差别我已仔细地审视过,似乎确实围绕着赋予数据的含义。从未被接受的,或者很少被接受的似乎正是在你写给马克斯的第一封信的开头所阐述的观点,人们在此种情况下并未在争论原始的数据,人们在争论赋予给数据的含义。人们选用了这一小部分词语,像"结果"、"发现"、"数据"、"事实"等等,可能还有一两个其他的,它们经常可以互换使用,可是对提出的论点来说,从一个词转向另一个词常常会产生重要的后果。因此有人开始提议,这只不过是数据,需要得到阐释,但是在另外的场合,这所谓的数据将被称作"事实",当然,"事实"可以用来指赋予给数据的阐释。所以,声称者在未引进任何阐释,未依赖于任何一种先入之见的情况下,这样结束陈述:"唉,这就是世界的本来面貌。这是些数字,任何人都会得到它们。"在这些辩论中,使用这些词语真的十分重要,这给我留下很深的印象。

S 你认为这确实有区别?我一直想弄清一件事情,那就是你怎样帮助参与者在对话中继续保持友好的感觉。你是让他们两人都觉得他们的观点是正确的,而使其继续保持友好的感觉?我有种感觉这就是你说"解释上的平等性"的意思。或者你通过使他们在一开始时就同意他们中的一位一定是错的,而且将被证明是错

---

① 邦葛罗斯是伏尔泰讽刺作品《老实人》(Candide)中的哲学家,此人认为世上一切都将臻于至善。——译者注

误的,从而帮助他们参与而未被惹怒? 在我看来,后一种情况确实更加接近现实状况。当然,我意识到在某些情况下,将会证明他们两人哪一位也不正确。但假如他们正在适当地研究科学,他们将会明白也应该明白还有其他的立场。假如有人写信给我,说这些是观察结果,这些是事实,就像我理解的那样,我并不介意……所以,关于解释……我相信你错了……

M 唉,我敢肯定事情常常是这样。人们期望它在许多场合下运行良好。但有一件事就是我着手阅读的成批的材料经常是例外的情况。

S 唉,要知道它们就是例外,对此我一直打算告诉你。在其他的一些信中,我们中某位会说:"十分抱歉,上次给你写信时我完全被搞糊涂了。对啦,你完全正确。"可我还是想请你提出中肯的建议。因为在随后这几个月里它可能会很有用。如果我以前提到的那位科学家要来看我,我怎么办呢?

M 唉,在这种情况下,你有一种处境是例外的,是那种我将要审视的情况。分歧是很明显的,是关于重要问题的分歧。这又 122 回到了我前些时候谈到的困境:为何合作性对话常常被淹没? 为何对抗性的对话却会占据优势? 其原因大概与此相同。如果你的同事出现,你采用一种合作的态度,你基本上会这样说"告诉我,我错在哪里"。那是你可能会谈论的其中一件事,对吗? 不是对他采取防范措施,相反你会邀请他与你合作,一起找出你的错误之处。这依赖于这一假设:他将会让你同样是正确的,你可以信任他不会利用你赋予给他的机会对你的主张展示其批评的才能。因此有了这样一种信任,他将会以一种相同的方式信任你。据我了解,在我未能参加的会议上所发生的情况是,你方做出提议,而另一方并未相应进行提议。他们仅仅利用了该提议,并使你的例证显得相当贫乏。因为你采取的是合作,给他们进行批评的机会,所以在这特定的场合下,你方无法来重新论证该论点。在我看来,这就是任何一种这类合作的问题之所在。它基于这样一个前提,就是另一个人同意采取同样的方式,如果另一个人并没有平等地进行合作,你就失败了,至少暂时是这样。这就像囚徒困境,因为一方不可能信任另一方,因为这两方中哪一方都不可能信任另一方,他们得到的都是所有可能结果中最坏的结果。我觉得这可能与科学上这种论证形式的优势有某种关系。在任何情况下,以科学家们经常使用的方式争论,他们获得成绩不好的可能性非常小。因此,这是一种使某人自己的损失缩小的策略,而非扩大科学利益的策略。我觉得,这是从商讨会议上得到的其中一个教训。

S　但我认为这更是一个时间问题。要想简短地说明为何我们不相信对他们的观点有利的证据并不很正确(我没说我们没有这种机会)。但是只花了大约20%的时间来用一种批评的方式研究这种压倒一切的证据。因此对于该结果我的感觉是,它主要是一个心理强化的问题。这并不是对事实做出的真正头脑冷静的评价,它不可能是……

M　我敢保证你采取的唯一的方法不同于这种标准模式,它会使你的同事一起参与,共同准确地找出在推理链条上双方都使用过的那些要点,而这正是你们的分歧之所在。在实验技巧上及与此有关的推理链条上一定存在着某些要点,在这些方面,你们确实保持一致。一定有某些要点,你会说"我以这种方式进行阐释,而另一个人不这样阐释。为什么呢?"如果能够提前达成一致,利用双方论点进行阐释,这可能会使双方都不会再按平时的姿态来陈述他们的情况。双方将会合作,一起审视这两种情况,来看一看他们可能会发现什么是对的,什么是错的。

S 在这一点上我们的思想显然非常接近。因为本周我在实验室里一直在做的就是为他设立一些可参与的实验。我们打算做的是设立起一些与他所做观察基本相同的一些观察,以便论证有一些事情发生了,而他似乎并未发现……

M 如果这样的讨论和通信确实产生效果的话,那么它们可能经常被延误。我想你在上一封信中对这个事实已提出了一个很好的论点。当通信在进行时,或者当人们正在谈论时,这些效果并不存在。因此人们无法阻止人们观点改变的原因。

S 很抱歉,我第一次打断你,可又回到这个问题上来了。你已处在这种境况,你打算怎么做?你想要我们从这件事中摆脱出来,来对其结构做出正式的描述,继而我们以一种对话的方式对它们进行评论。但是没有这种独白我们怎么能描述正式的数据?

M 我接受这个观点。我又一次没有向你提供该问题的答案。但我接受你认为独白是不可避免的观点,的确,你在我的第一封信中完全能注意到,信中使用了大量的独白。

S 好吧,你因为打算以正式的方式来提出这些问题而开始道歉。

M 是的。某种程度上说应当有许多独白。我想你在上封信中已对此作过评论,人们在某种程度上不可能摆脱独白,无论人们如何相信正是通过对话人们才开始理解别人的立场,人们常常通过对话改变自己的立场,然而独白是辩论与讨论必不可少的一部分。因此我赞同人们不能避免它。人们必须尽可能多地使用自己的独白文本。此刻,我无法提供十分有用的答案,其中一个原因就是我本人并不理解这些不同类型的文本或者不同类型的辩论场合如何彼此不同。我想，当你让别人到你的实验室时，你早就相信这在当时情况下能够产生更为有效的一种讨论，你们可以直接自由 124 地彼此交谈，就像今天下午我们一直在做的那样。我相信事实就是这样。比如，我觉得我们今天下午的讨论教给我的东西比我们从几个月的书信往来中得到的东西多得多。

S 是的，我也这样认为。这是一个非常古老的思想，对吗？不是说苏格拉底不愿写作是因为书并没有回答他提出的问题？你可能会发现想要问的那个问题并未得到解答。我想这就是重大差别。

M 尽管在书信形式与对话形式之间有许多相似之处，可我还不太清楚，并且我想总的论点也从未表述清楚，就是在这些个人讨论中，在这些面对面的讨论中发生的情况，在书信中也不会发生。也就是说是什么在书信与对话中发生，而在研究论文中并未发生？那是我对该问题所下定义的一部分，人们只有开始理解这些不同形式的讨论与辩论的结构的区别，才会对这些问题提供好的答案……我要对你刚刚说的话作进一步探究。你在上一封信中阐明科学家们对他们的数据的解释依赖于这些东西，如背景假设、对其他人的实验技能的判断、在过去正确程度的观念等诸如此类的东西。现在很显然那些背景假设在正式的研究论文中并未阐述清楚，甚至在书信中，它们也很少得到非常清楚地阐述，虽然在书信中它们也许相当经常地被提到。这种直接的个人交流大有裨益，其中的一个重要原因可能是非正式交流的特征可让你讨论这种背景问题。甚至在我们今天的谈话中，我想我们一定谈论了我们的某些背景假设，它们通过正式的通信很可能不会产生。那可能是一个很重要的因素,我们可以以此来解释为什么非正式的对话就是这样一种解决困难的有用的方式,与正式的研究报告,甚至书信相比,或许是一种更好的解决困难的方式。

S 是的,我想它一定是这样。我对于个人对个人交流具有较高的效率这种观点有很深的偏见。我觉得我本人想要相信这是真的。可我有时问我自己这是否确定是真的,很显然,当你在进行面对面的讨论时,肯定会有某种个人的愉悦,如思潮涌动,可用以获得进展的速度等等,个人关系使它成为一种更为有趣的经历。所以,我有时想,或许它并不是那么有趣,从而那是你愿意相信的。但是我发现很难说服我自己相信那就是所发生的事情。我确实认为,我所能够认识的这些情况,不但在当时能很好地起作用,而且它还具有很重要的继续性。另一方面,我也能发现特别不成功特别令人失望的情况。对此人们或许应当努力搜集一些真正的、不容怀疑的信息。我对此有点怀疑。为何你有这种感觉——你似乎在说,你已相信个人对个人的交流确实有效,但是为什么你认为它很奏效呢?

M 我不敢肯定它有效。也许像你一样,我希望它更好地奏效。我确实觉得在允许你所做与所说方面,其他形式的交流有更多的局限性。因此,只要它给你提供范围更广的可能性,我相信这种讨论更佳。如果可能的话,今天下午我们就可以加入到这有局限的独白中。但是我想我们有许多其他的事情需要做,我们能够做到,人们也鼓励我们做许多其他的事情。那或许可以解释为何我们有些人发现这种事情如此令人愉悦;而愉快本身是话语形式真正不同的一个副产品。

S ……这就是我们正在寻找的问题的答案,这可能吗? 有分歧的科学家应该竭尽全力,应该准备找到资金,或者准备旅行,或许准备打个电话。噢,打电话稍微友好一些。可待在同一房间内实际上没有什么可推敲的。但我想的远不止那个,在同一间屋子里待一天,或两天或三天会做好多事情,尤其假如室内温暖怡人,有秀丽的图画又有美酒佳肴。这听起来或许特别令人神往。可它实际上是可以实现的。我真的不明白它为什么不应该实现。但是我必须承认对此我稍微有点不安。

M 我想一个人所期望的可能是,人们能够彼此谈论的这类事情在那些情况下在几天的时间里会发生变化(是的,它确实会发生变化)。因为我们主要关心的是人们彼此谈论或者交流的事情,它能产生那样的效果似乎才讲得通。

S 大概我们应当说服政治家去某个地方成对地悄悄会面,而不用去盛宴款待。

M 他们经常做几件事情,真是有趣。他们在这些不同的层次上互相辩论,是吗?(是的)对于政治家不太有把握。我感觉,与从事研究的科学家相比,政治家们甚至更多地把自己锁在豪华官邸里。

S 因此,该解决方案或许与我同事的来访有关,很抱歉,我有 126 点自私(它正隐隐出现,对吗)。我早已想到,或许我这样说开场白,"来吧,可我希望这仅仅是这一系列访问的开端,或许后面的来访不会这么短暂"。当他在逗留时,假如实验结果出来了,假如该结果并不合他的意,那么他会觉得被迫离去而不会再回来,我心存此种希望。

M 当实验正在进行时,假如他真的在那里,并且如果正像你说的,他不喜欢你得出的这些结果,我想你们两人都应该来全面研究那些结果,并且准确地指出你们的解释不同在哪里。那应当是十分关键的。无论它以哪种方式出现,无论你们中哪一位不高兴,此时的任务是来找出为什么。

S 是的。但你知道,这很滑稽。我几乎已完全相信它不会按照他的方式出现。可是我想他也应该几乎完全相信了。

M 唉,就像你早些时候所说的那些关键的实验,这样的实验的确非常稀少,人们做实验是想弄懂这些实验的方方面面,没有哪一个实验是真正至关重要的。我想这是对你的"数据根据不足"观念的另一表述方法。

S ……我们能转移到另一个方面,会议的规模吗?对于只有两个人参加的会议,可能会有种非常特别的东西。

M 唉,我把它记在了我的笔记里。在我们迄今为止的讨论中,主要是因为我定义某些问题的方式,我们已逐渐能从双方的角度来进行思考了。对科学而言这可能是不恰当的,因为在改变科学观点,达成新的一致方面起至关重要作用的,可能会有第三方。如果有自由的第三方,这些论点能够说服第三方,因为这些论点是极为关键的。对于细胞色素氧化酶来说,我不太确定是否有自由的第三方这种东西。

S 到处都有第三方。我一直在努力与某些第三方交往,目的是为了从那些看似自由的大脑中获得反馈。可从某种意义上说,这是一种很危险的活动,因为"自由的"似乎是指那些不知道他们此刻站在哪儿的人。当然这倒不一定指他们没有偏见,因为在那两种观点之间,似乎不存在一种起作用的中立力量。因此,我认为利用自由的各方这件事是有点靠不住……

M 是的,我刚才一直在想,所有这些卷入其中的绝不会是第

三方。所有这些没卷入其中的人们会觉得他们自己无法来判定证
据。

S 人们觉得唯一真正强有力的方法是让代表极端观点的人们来，让那些人会聚在一起……

M ……我的感觉是，科学家们所经历的痛苦是由技术问题上的观点分歧引起的，很可能与在《打开潘多拉盒子》一书中所描绘的错误解释模式有联系。如果人们把分歧归因于其他人的非科学的态度及特点，如果该模式是很普遍的，那么它在某种程度上可解释人们经历的痛苦。

S 我们进行科学研究是出于个人原因，与你正在写信或写正式的论文时所发生的事情相比，我想与另一位科学家在密室中商谈时，这件事可能是影响态度差别的其中一个原因。不论你有野心勃勃的动机，还是严格地说出于对科学家同仁的同情，其过程都有点非个性化了，人们经常想在大的集会上留下特别的印象。

M 是的。与在一般的对话中所发生的事情相比，对于人们的论点所发生的事情，以及这些论点在这类的集会上所表述的方式，人们此刻了解得不够。当然，就像你暗示得那样，它会改变其形式的。但是这些变化在不受人们的动机的支配下可以进行。一谈论人们的动机我总是感到十分着急。根据人们自己的经验知道，人的动机十分复杂，无论它是什么，都会促使你凭孤立的冲动去做无法进行简单描述的事情。人们知道，动机总是很复杂，可以从细节及复杂的各个层次上进行描绘。你对你自己的动机的描述很大程度上依赖于你谈论它们的背景。这可能会完全不受动机的约束，无论它是什么，都会引导人们来行动，来引导人们谈论，就像人们在大的会议上做的那样。

S　我想这几乎完全是偶然的,对吗? 科学家是如何在公共事务的处理过程中显得或慷慨或吝啬? 这可能会改变。但是假如它的进展并不令人满意,我们似乎并没有任何机制来努力调整该过程。这大概很不幸。

M　是的。它又回到了早些时候关于……你说的话,我不太确定你使用的词语,可是你对科学家们关于自己理性的看法所做 128 的描述我有把握。科学上的普及是作为一种经验的实践上的科学的概念,我认为这样说是公平的。这是用来揭示关于自然世界的一整套事实的实践。假如那就是科学的主要概念,它正好体现在研究文献的形式中,那么人们可以理解你这种自鸣得意的东西是什么,理解真相终将大白的观念(是的),进而不需要任何特别机制的观念,假如科学家们只不过继续在做他们的实验这项简单实际的工作,那么没有别的事情需要论及。

S　我不知道对这个问题你从社会学角度研究到了何种程度,可是在实验室中实际上有一种很强的纪律,在这里关注地是仔细地寻找解决办法,注意测量方法的适当标准,分光镜的校准诸如此类的事情,人们必须使用正确的测量方法,一切都应该得到很好地界定。当你谈到概念方面时,各种各样不同的词语都用来指同一件事情,结构经常非常笨拙……我想,像这样的事情被可怕地忽略掉了。假如你对它们有兴趣,就像我做的这样,那么相当多的科学家就会说你在玩弄辞藻,这有几分像语义学。对此我不赞成,我想我们或许应该把更多的注意力不是仅仅放在术语上,而应放在系统地阐述整套思想上,这些思想与我们认为在第一世界中发生的现象具有很好的一一对应关系。在社会学中它一定更难,对吗?

M　是的,我想是这样。我认为你正在研究的对象本身正是词语的使用者,这一事实使事情变得更为复杂。我一直关心的是努力来理解我正在研究的这些人是如何使用词语的。这被其他社会学家看做有点像是对你的关注做出的反应,被看做仅仅是语义学。但人们正是通过使用这些词语创造了人们周围的世界,并且赋予它含义。这样就出现了一种类似的情况。我想,社会学上出现的情况是社会学家从他们正在研究的讲本国语者那里吸收了他们的术语,然后,在某种程度上,试图赋予这些术语一种特别的技术含义。但是这些词语差不多都包含在讲本国语者的交谈之中,因此这就变得十分困难,并且导致了无休止的混乱。我发现社会学中还有一种传统,大概所有的社会科学均如此,一种抵制新技术术语的传统。这种观点认为从某种程度上说我们需要的所有的词语都已在那里了,它们是由讲本国语者提供的。因此,人们真正地处于双重的尴尬境地。我认为社会学中没有东西严格地对应着形式主义,如物理、化学甚至可能是生物化学从技术上进行定义的一套形式主义。对语言的使用更像是说普通语言的讲本国语者对语言的使用。但是,从某种意义上说,掩饰被看做是一种特别的技术知识。

　　S　在社会学上你有那么多的一次性事件。因此,我想,它一定特别难处理……我不知道一次性事情本质上是不是特别有趣。但是我发现要理解对它们作何处置有点困难。它们一定具有特殊的性质……

　　M　是的,我想是有某些领域,在这里,事件及产品的一次性与唯一性几乎成了界定标准,就像绘画、某些形式的音乐等等,在这里如果你断定它不是唯一的,那么它就不再有考虑的价值。

　　S　我正在考虑活着。早上起床,做你做的事,就是你真正能想到的最具一次性的事情……我们需要某种特别的方式来分析一次性事件,这样我们可以承认它们的重要性,却不会破坏它。

M 是的,我想我会出于本能来探讨对一次性的研究,但我不是把一次性看做事件本身的一个特征,而是人们认为是事件的一个特征。因此,有趣的是在何种情况下,人们怎样来把某一事件,或者某一产品看做一次性。例如,一位年轻的小伙子与一位年轻姑娘会面,他们很可能会把他们的会面、他们的关系看做是一个唯一的事件。然而你或我作为局外人看这件事,可能会说这仅仅是对自远古以来就在上演的某事的一次重复。(长久地停顿)。

S 唉,对于你我并不了解,但我想我已筋疲力尽了。(M笑了)这是一个美丽的夜晚。

M 是的。你忙了一整天了。

第三章注释:

1. "The Perry Letters"是一位科学家所介绍的80封信,我给这位科学家起了个假名叫"佩里"。斯宾塞也加入到这次通信之中,书信中展示了在M/S书信中发现的许多特点,但是这些书信太复杂无法在这里进行研究。

第 二 部 分

重 复

第四章　堂吉诃德的替身：
自我举证的文本

　　毫无疑问，在一般的语言中，"重复"与两个或多个事件或东西的"相同"或者"很相似"有关。同样，科学上的"实验重复"似乎指 的是试图来"严格地复制"以前的实验步骤，从而得到"相同的结果"。科学上的重复对实验主张得到证实的过程通常起促进作用。有根据的主张被其他有资格的实验者认为是"可以重复的"。人们经常认为，实验观察只有被成功的重复之后，也就是经过无数独立的观察者准确无误地重复之后，它们才可被接受（参阅 Zuckerman 1977 中的讨论）。

　　经过这样的描绘，实验重复似乎变得相当简单而直截了当。但是几位社会学家近来的研究工作已开始表明，该过程可能比第一次出现时复杂得多（参阅 Collins, 1975; Travis, 1981; Pinch, 1981; Harvey, 1981; Pickering, 1981）。下面的引文选自柯林斯在《科学史词典》中关于科学重复的最近的一篇文章：

　　　　沃纳·海森伯格（1901—1976）这样写道："我们会最终同意他们的（物理学家的）结果，因为我们了解到，在完全相同条件下做的实验确实会得出相同的结果。"可重复性在科学上是必不可少的观点广为人知。这个观点只是在最近才得到详细地研究,主要的问题在"相同条件"的含义上。既然没有两个事件是相同的,因此一系列相关的条件必须得具体说明。但是关联的思想依赖于对争论中的(科学)现象的理解,这将是不完善的,因为该现象本身的存在还是个未知数。(1982a, 372)

134   在这一段中,柯林斯把我们对科学重复最初的、直截了当的描述说成问题百出。他在描述时强调精确无误的实验重复确确实实是不可能的。他指出没有两个实验会完全相同。因为如果它们完全相同,我们只谈论一个实验就可以了,而不需要谈论两个实验。所以,柯林斯提议,当科学家把两个或多个实验看做相同或相异时,他们对相似性的判断依赖于关联的标准,该标准不是这些实验本身所固有的,而是由有关的科学家所阐述和使用的。

在引文中柯林斯的最后一个论点是,科学家用来判断实验相同/不同的标准,常常来源于他们在研究科学现象时提出的观点,或至少随着此种观点变化。所以,似乎可以说实验重复对于证实新的实验结果的正确性并不是一个不变的标准。相反,在任何特殊的情况下,"重复"的含义与科学家对该现象暗中所持的不同的科学观点密切相关,并且对此存在依赖关系,而该现象的存在与特征将通过实验重复得到证实。

使"相同的"实验变得"不同"

柯林斯的中心论点是,两个或多个实验的相同/不同依赖于有关科学家所进行的解释性工作,实际上相同/不同会根据科学家解释工作的其他方面发生变化,比如,根据他们声称的科学观点,所以,对实验重复的判断可能会有诸多变化(参阅 Collins,1981 a,b,c)。下面我用对生物化学家的访谈来说明一下这种变化性,在访谈中,每位发言人都公开地谈论一系列"相同的"实验。这些实验就是"化学计量实验",包括在第一章中讨论过的斯宾塞与马克斯的实验。在这些引文最后列出了名字,他们是与马克斯、斯宾塞在同一领域工作的生物化学家,但用的都是假名。这些名字后面的数字是访谈文字记录的相关页码。每个"句子"都标有数字以便查阅。要想知道进一步的细节,请参阅吉尔伯特与马尔凯(1984)。

(A) 1. 于是我们证实,通过腺苷三磷酸酶的数目在完整的线粒体中是2。2. 对此仍存有争议,因为有人对搬运工系统稍感 135 困惑。3. 腺苷三磷酸必须进入,腺苷二磷酸必须离去。4. 无机磷酸(Pi)必须通过……5. 关于无机磷酸是否通过另一条路线也能进入,此刻颇有争议。6. 因为我们认为我们已经认识了一种钙磷酸盐搬运工。7. 在目前别的人几乎毫无例外地都会说它不存在。8. 但是说它不存在的这些人没有一个真正地详细地重复过我们的实验。9. 我们的感觉是,假如他们重复了我们的实验,他们将会——噢,我想结果表明它确实存在。10. 因此对腺苷三磷酸酶化学计量还存有一点疑惑。(Spencer,43—44)

(B) 1. 我们重复了所有(斯宾塞的化学计量)的实验。2. 我们能够得到他得出的相同的答案。3. 不相信他的数据是不可能的。4. 这根本不是一个那样的问题。5. 我们对此作过报道,并且证明我们用我们的实验及其他东西得到了完全相

同的答案。6. 这都记录在了我们的论文中。7. 但是错误
是……(Marks, 13)

(C) 1. 对于这些质子化学计量,现在你有了一连串的不一致。
2. 但是假如你看一看的话,没有两个人做完全相同的实验。
3. 因此,为什么我对这整个事件有点冷嘲热讽,这就是部分
原因。(Pope, 35)

(D) 采访者 1. 对于真正的观察事实上存在分歧吗?
被访者 2. 没有什么大的分歧。3. 是有一些分歧,但是总
的说来,它们都不是很重要的分歧。4. 它们不是在斯宾塞
所持的立场与马克斯及我已持的或正坚持的立场之间的分
歧……5. 我们可以做同样的实验,并得到相同的结果。
(Crane, 24)

(E) 1. 克兰与斯宾塞在某个问题上有分歧。2. 对于其他的问
题,他们仅仅在解释上有分歧。3. 有一点是他们似乎在事
实方面存在分歧。4. 他们事实上并没有把同一实验做两
次。5. 但是他们做了应当是相同的两个不同的实验。6. 斯
宾塞说,如果你降低温度,从而来降低磷酸盐搬运工的比
率,这样你就可以看到磷酸盐的进入,你会看到该比率正在
进入,你会看到你并没有失去质子。7. 克兰说,如果你放慢
磷酸盐的搬运工的速度,你就可以看见磷酸盐搬运进入的
速度慢下来,但是化学计量上升到数字 3, 而非数字 2。
(Read, 29)

(F) 1. 我真的不知道这场斗争是关于什么。2. 但是(斯宾塞)似
乎坚持他的数字是 2。3. 假如我是他,我关心得不会比这
少。4. 不论它是 2 还是 4,这没什么区别……5. 对于是 2

还是4事实上并不重要。6. 从根本上来说，它支持（斯宾塞）。（Peck，30—31）

在A段中，斯宾塞注意到，关于化学计量实验（A2，7，10）有许多争论。他提到他的基本的实验发现，也就是对于每个腺苷三磷酸的形成，需要有2个质子通过膜。他还让人特别注意这些实验，他声称在实验中已发现了携带磷酸盐穿过膜（A5—7）的一个"搬运工"。该搬运工的存在据说为该领域的大多数其他的科学家所否认。但是斯宾塞认为这部分地因为他们没有像他一样做相同的实验（A8）。尽管斯宾塞在段末有些犹豫，但他似乎暗示如果其他科学家详细地重复他的实验，他们将会得出相同的科学结论。

在B段，我们遇到的是马克斯，在我们的访谈中他一般被描绘成斯宾塞在化学计量问题上的主要对手。马克斯强调他已重复了所有斯宾塞的化学计量实验，并且已经公布了他的结果（B1，5）。此外，尽管他并没有在这里提到任何斯宾塞的具体的实验，但是他强调，不相信斯宾塞的数据是不可能的（B3—4）。这样马克斯似乎在说他已重复了许多，也可能是所有的相关实验，他能够得到与斯宾塞得到的相同的结果，如果还存在着他没有重复的实验，他对它们是可以重复的是不会怀疑的。斯宾塞在A段中提出，别人对他的实验进行重复将有助于使他们相信他的科学解释的正确性，而马克斯主张，他的科学观点并没有受到这种实验重复的影响。紧接在该段之后，他解释了为什么斯宾塞的结论是错误的，尽管它们是可以重复的。

在C段中，我们的这位发言人强有力地否认在该领域中存在任何实验重复，显然同马克斯声称已重复了斯宾塞的结果相抵触

(C2)。然而,在 D 段,另一位参与者主张,至少斯宾塞的主要实验是可以重复的并且已经被马克斯及他本人重复过(D2—5)。

E 段的发言人里德回到了 A 段中斯宾塞提到的关于磷酸盐搬运工的具体实验上,并把它与关于化学计量的范围较广的辩论相比较。里德声称在克兰(即 D 段的发言人)与斯宾塞之间关于化学计量的大多数的分歧仅仅是一个不同的解释的问题(E2)。考虑到里德在该段中使用的这些词语,这似乎暗示,总体上关于化学计量辩论,克兰与斯宾塞并没有进行相同的实验。然而,关于磷酸盐搬运工的问题,他们被说成在事实问题上有分歧(E3)。甚至在这一点上,他们也并未被描绘成做了完全相同的实验(E4)。然而,里德把他们不同的实验看做科学上的对等物,这样他们对质子不同数目的观察被当作仅仅是观察上的差异,这种差异并没有被解释成是由于实验步骤的变化(E4—5)。

E 段对实验相同/不同的处理在某一方面比前几段更为复杂。前面的发言人在这些引文中把相同/不同仅仅看做是实验的显著特征(比如"没有两个人会做完全相同的实验"),里德不同于前面的发言人,他主张在细节方面有差异的两个实验对于某些解释目的来说,可能是难以区分的。因此,对里德而言,两个确定的实验既不同又相同是可能的。在这方面,E 段与 F 段相似,在 F 段中所有的化学计量实验,不论它们的详尽的发现是什么,都被当作完全相同。最后一位发言人佩克是斯宾塞的化学渗透理论的一位畅所欲言的反对者,他把意欲证明质子对腺苷三磷酸的产生起很大作用的任何实验当作科学上的对等物。在 F 段,前面发言人提供的所有的细微差别都被抹掉了。在该段,所有的化学计量实验基本上是相同的。它们都同样是斯宾塞式的,都同样被误解了。

　　这些引文说明具体的实验如何被不同的发言人富有变化地描绘为相同、不同,既不同又相同。这支持了柯林斯的提议,也就是参与者对实验相同/不同的陈述,对实验重复的陈述依赖于复杂的、暗中易变的、解释性的工作。这样,为了理解科学家关于实验重复的主张,我们必须来理解相同/不同的属性是如何与他们的解释工作的其他方面有联系的。这意味着我们应该努力理解实验相同/不同的属性在科学家的话语之内是如何使用的。因此,我们的核心问题就变为:用这些属性科学家在解释方面完成了什么? 通过实验相同/不同的具体属性,进一步的主张、描绘、评价等可能会是什么? 在这里暗含的假设是,因为任何实验的相同/不同在理论上总是被描绘为依赖正在进行的解释性工作,因此通过研究属性 138 如何有助于它们所在的话语,我们对这种属性的本质能够获得某种洞察力。

实验差异用作证实手段

　　我们对科学重复有种习惯看法,这种看法使我们认为科学家一般通过主张相同的实验由其他的研究人员重复,来得到相同的结果,从而为自己的实验及别人的实验寻求支持。这种观点集中体现在前面引用的海森伯格的陈述中。然而,在我的资料中,这种主张不常发生。更为经常的主张是某实验发现已经被证实,应当得到证实,但不是通过相同的实验,而是通过实验上不相同的东西。看一下下面的例子。

(G)　1. 不论任何科学陈述是否真实,我的意思是,它是非常——

我的意思是作为一种总的原则关于它没有很多争论因为，
2. 尽管没有人——唉，人们很少准确地测试相同的实验，
3. 假如它有任何意义，那就是它产生了预言，别的人会把它
们用在他们自己的实验中，4. 不论它成败与否，都是根据其
他人得到的结果。5. 因此我想实验的事情是一种测试，它
使所有这些科学家同任何其他人一样，其冥顽不化、心存偏
见、感情投入不输于任何其他人，6. 我的意思是它实际上使
人们变得客观化——因为还有另外一种可供选择的标准。
(Bamber, 23)。

在该段中，发言人以概括性的词语来谈论科学陈述的证实问
题(G1—2)。他认为，总的来说证实过程并没有太多的争论(G1)。
然而，他接着否认这样的证实依赖于科学家准确无误地进行相同
的实验这种观点(G2)。一开始他似乎说没有人做过精确的重复，
但是到了句子中间他又换成比较温和的说法，即准确地测试相同
的实验很少发生。然后发言人告诉我们科学证实在正常情况下是
什么样子。发言人首先把习惯上对准确重复的描述与另一种描述
进行了对照，而这后一种描述研究了那些陈述中的预言如何得到
"他们自己的实验"结果的证实，认为科学家探究其他人的重要陈
述的正确性问题(G3)。这样，发言人的这种描述把研究人员描绘
为通过做新的实验来测试任何具体的科学主张，这些实验尽管不
同于最初的实验，但对最初的主张能够表达清晰的含义(G3—4)。
这位发言人并没有打算在引文中或随后，解释这些新实验如何对
最初主张的正确性产生这些毫不含糊的结果。尽管他最初的解释
任务是证明科学主张如何在总体上得到证实，但通过把这些新实

验的科学含义当作完全没有问题，他获得了解释的完成。

这位发言人描述了一种显而易见的"客观标准"，用来评价科学主张的正确性，这种描述首先通过他把所有的科学主张与实验看做有问题，在理论上需要证实而完成的。然后，他又引入一小型"新的、不同的实验"，尽管它们就是最初那组有问题的实验，但是这些实验在未加解释的情况下，用来检验最初的实验结论的适当性。在经过详细的重新研究之后，班伯以这种方式进行了重新描绘，但他对实验重复过程的描述显得苍白无力。而且在访谈中，它并未引起争论。访谈者似乎已接受了它，把它作为实验重复的一种完全可能的描述。这样，G 段的发言人对科学证实过程提供了一种成功地解释性的描述，它否认了准确重复或近似实验重复的重要性，却强调科学家对实验变化的依赖性。

显然，科学主张的证实通过强调实验的差别总体上可以松散地完成。同样的模式也可以在下面两段中找到。

(H)　1.……你进行了许多次观察，有趣的是它与我正在做的事情只有间接的关系。2. 我会接受该观察，并把它发扬光大。3. 那是事实上（比严格的重复）更为平常的东西。4. 对你正常的研究领域做进一步观察。5. 在这里，在这些特殊的条件下它会起作用？（Shaw，62）。

(I)　1. 如果（一项实验）真的非常重要，你最终都会在做某件事。2. 大概并没有准确无误地重复该实验。3. 但是你将会重复某些变体或某些别的东西来证明同一件事情。4. 是的，我想假如它们是很重要的实验，重要的是不只一个实验室做这些实验，或者做与同一要点有关的实验。（Fasham，13）

H 段的发言人开始谈论他自己的实践。他说,他自己的大部分工作是着手处理别的科学家做的观察,这些观察似乎以间接方式与他对实验的关注相联系(H1—2)。在第 3 句中,他被解读为扩展他的话语框架,并从总体上谈论生物化学家。但是这一点并不是很确定,他仍然只谈论他自己的工作。

在这点上,发言人肖提出,接受别人的观察并把它发扬光大,比他没有详细说明的某种形式的活动更为平常地多,但是他认为这一点他的听众很清楚(H2—3)。从整个访谈记录看,很显然他正在这里谈论他在前面提及的进行"准确无误的相同的实验"行为。因此,像 G 段的班伯一样,肖也明确地否认在科学实践中进行准确重复的重要性,同时强调实验变化的作用。而且,又一次同班伯一样,肖似乎把实验变化当作具有某种证实效果。把别人的观察扩展到你自己的研究领域中的目的被说成是来发现在这些新条件下它是否"起作用"(H4—5)。

迄今为止,实验测试过程的被访者所提供的描述并没有依赖于与不同的研究人员达成一致,认为他们的实验是在完全相同的条件下进行的。相反,当另一个研究人员的观察是在完全不同的条件下获得时,他们的描述强调证实已达到,然而,像肖这样的发言人没有宣称两个实验有某种程度的"相同"就不能要求来核查别人的实验,也就是说来发现它是否起作用。这样在 H 段,未特别指出的事情被看做是两个实验所共有的。尽管实验条件变了,但通过在第二个实验中重现,它是可以得到证实的(H5)。

这种"科学的相同不顾实验上的不同"的结合又出现在 I 段。同我们前面的两个被访者一样,法萨倾向于把近似实验复制的作用缩小到最小(I2),倾向于强调为了核查别的科学家的重要实验需要做不同的事情的重要性(13—4)。用他的话就是，"你将会重复某些变体或者某些别的东西来证明同一件事情"或者"做与同一要点有关的实验"。 141

这种对科学证实过程的阐述似乎暗示，正在接受验证的科学陈述，比那些由任何特殊的实验装置所做观察的东西要更为笼统得多(Mulkay and Gilbert, 1984)。只有有了这种假设，发言人才有可能主张科学知识的某种元素继续贯穿不同的实验，这种元素通过各种实验可得到检验、证实或者重复，而每个实验都有不同的实验条件。于是这种反复出现的散漫形式避免了柯林斯在前面发现的参与者的解释问题，即如何决定两个实验是否完全具有相同的实验条件，因为条件上的不同被当作证实过程的一个必不可少的部分。然而，通过假设细节上有差别的实验在高一级的解释层次上具有相同的科学含义，发言人能够证明他们对实验进行重复的主张。

三方解释的盛行

科学家参照其他不同的实验，宣称某实验结果已得到证实，我将此称为"三方"解释，因为经常提到需要三个不同实验(参阅第一章中的马克斯)。在此我将不会提供关于三方解释的进一步的例子。这种模式在别的地方已被详细证明过(Mulkay and Gilbert, 1984)。我希望强调的一点是，与谈论严格的重复或近似实验复制的证实的解释相比，三方解释更经常地出现在我的访谈资料中。在该资料中，赞同三方解释的比率大约是二比一。此外，通过严格的重复谈论证实越来越缺乏说服力，也就是说比谈论三方更具暂时性,更有局限。比如,试把 A 段斯宾塞的阐述与 G 段班伯的阐述进行比较。

斯宾塞 可是这些人中没有一个……真正详细地重复过我们的实验。我们的感觉是,假如他们重复了我们的实验,他们将会——唉,我想结果会表明它确实存在。

班伯 ……假如它有任何意义,那就是它产生了预言,别的人会把这些预言用在他们自己的实验中,不论它成败与否,都是根据其他人得到的结果。

这两种形式在解释强度上的差别非常典型。当然,三方解释的相对优势与盛行可能存在许多原因。然而,在某几种解释背景下,这样的一种解释形式可能占据支配地位,因为它为其他重要形式的解释工作提供了方便。在科学家话语中有一个反复出现的话题,特别是在他们的访谈中,就是对科学首创性的关注。因此我着手研究的这个具体情况是,三方解释能使科学家来完成证实,同时又帮助他们提出某几种首创性主张。借助文学领域的一小段题外话,我将继续在下面研究这一思想。

博尔赫斯、塞万提斯、梅纳德

在一篇题为"《吉诃德》的作者彼埃尔·梅纳德"的故事中,豪尔赫·路易斯·博尔赫斯(Jorge Luis Borges)(1970)探究了如何使准确的文学重复与文学首创性相一致的问题。博尔赫斯的故事涉及一

位(可能是虚构的)几乎不为人知的作者——彼埃尔·梅纳德,他在
1899 年到 1934 年间进行创作。据博尔赫斯说,在梅纳德的作品中
包括"小说《堂吉诃德》第一部的第九章和第三十八章以及第二十
二章的一个片断"。博尔赫斯承认"这样的说法好像是胡说八道"。
然而,他告诉我们,"把这种'胡说八道'解说清楚,却正是这篇文章
的最初目的"。通过把《堂吉诃德》的这些片断放到梅纳德作品的
名单中,博尔赫斯把自己描绘成校正了梅纳德作品以前的一个不
完整的目录,这些片段就是从该作品中被删去的。博尔赫斯的文
章暗示,以前的目录错误地把这些片断当做不是梅纳德原作品的
名副其实的一个部分。博尔赫斯的目的是使我们相信,这些片断
并不仅仅是对先前天才作品几个部分的模仿,而是对世界文学作
出的有首创性的贡献。

　　根据博尔赫斯的说法,梅纳德把他大部分的生命奉献给撰写
《堂吉诃德》这个非凡的目标上。梅纳德"并没有想(仅仅)塑造另
一个吉诃德——这是很容易做到的——而是创作吉诃德本人。但
他的目标从来不是机械地临摹原型,也不是加以照抄,这是无须说
明的。他的可敬的雄心壮志就是写出一些篇章,与米盖尔·台·塞
万提斯(Miguel de Cervantes)的——逐字逐句——完全相符。"这
样,只要梅纳德成功地完成他的任务,我们就会有两部相同的作
品,每一部又各有一位作者。然而,博尔赫斯声称梅纳德的作品比
塞万提斯的更富有首创性,在文学价值方面更胜一筹。博尔赫斯
证实梅纳德的文学首创性的方式尽管带有文本的相同性,但在下
面的引文中是很明显的。

　　　　在十七世纪初创作《吉诃德》是一件合情合理的工作,很

有必要,也许是不可避免的;但是到了二十世纪初,那就几乎是不可能的了。三百年并不是白白地过去的,发生了许多复杂的事情。而其中,只要提一件,那就是《吉诃德》本身。

尽管有这些……阻力,梅纳德所写的《吉诃德》片断,却比塞万提斯的更为精细。后者是用粗制滥造的方式,以他故乡农村贫困的现实,来反对骑士小说。而梅纳德则选择了雷邦多和洛贝·德·维加时代的卡尔曼田野作为"现实"。哪一个西班牙迷会不劝告莫里斯·巴雷斯或者罗德里格斯·拉雷塔博士进行这样的选择!梅纳德当然自然而然地予以回避。在他的著作里,没有吉普赛人的虚饰动作,没有征服者,没有神秘主义者,没有腓力二世(Philip the Seconds),也没有宗教裁判。他不理会或者有意排斥地方色彩。这种蔑视指明了历史小说的一种新的见解。这种蔑视控告了《萨朗波》,使它没有辩解的余地。

塞万提斯所写的,跟梅纳德所写的,是逐字逐句完全一样,但是后者几乎更为丰满。(爱挑剔的人会说:更为含糊不清,然而含糊不清本身就是丰满)。把梅纳德的《堂吉诃德》与塞万提斯的《堂吉诃德》相比较,就可以一目了然了。例如,塞万提斯这样写道(第一部,第九章):

"……历史孕育了真理;它能和时间抗衡,把遗闻旧事保藏下来;它是往古的迹象,当代的鉴戒,后世的教训。"[1]

这些话写于十七世纪,出自"不学无术的天才"塞万提斯之手,他仅仅是玩弄辞藻,把历史吹捧一番而已。而梅纳德则

---

[1]　译文摘自《堂吉诃德》屠孟超译 2000 年版,译林出版社,第 60 页。——译者注

恰恰相反,他是这样写的:

　　"……历史孕育了真理;它能和时间抗衡,把遗闻旧事保藏下来;它是往古的迹象,当代的鉴戒,后世的教训。"①

　　历史孕育了真理,这种思想真是令人震惊。梅纳德是威廉·詹姆斯的同时代人……

　　博尔赫斯在这些段落中通过把梅纳德的作品与不同的历史、文学及知识背景相联系,使梅纳德措辞相同的作品与塞万提斯的作品在文学含义的层次上不同。塞万提斯的文学目的被描绘为合情合理,又适合其时代,而梅纳德的事业被说成大约三百年以后几乎是不可能的。博尔赫斯强调这两部作品的不同背景,这样他把根本不同的含义看成共同具有的文体特征,看成是由于相同的措辞顺序。例如,对"espagnolades"的避免可以看做是塞万提斯作品的一个常规特征,而梅纳德意识到十九世纪有关西班牙生活的流行作品,对他来说这种避免可算是文体谨严的一个值得赞扬的成就。同样,梅纳德的历史概念对于与威廉·詹姆斯同时创作的人来说真是卓越非凡。

　　简言之,我们看到博尔赫斯为他自己营造了一个假的场合,首先这位假定的作者的文学首创性尤其令人生疑,那是由于他的作品与塞万提斯的作品具有同一性。然而,主题的首创性已由于博尔赫斯使用各种各样的解释技巧得到证实,这些技巧使博尔赫斯把梅纳德的作品看做不同于他前辈的作品,使博尔赫斯把新的、非凡的含义看成梅纳德作品的内容。显然,如果没有在梅纳德的《堂

———————————

　①　译文摘自《堂吉诃德》屠孟超译 2000 年版,译林出版社,第 60 页。——译者注

吉诃德》与塞万提斯的《堂吉诃德》之间表明解释上的差别,梅纳德的首创性就不可能得到确认。因而博尔赫斯的故事帮助我们看清首创的主张如何依赖于对差别的承认,看清甚至在某种意义上存在着不可否认的同一性的情况下,差别又如何总能在含义的较高层次上得以产生。

博尔赫斯讲述这个故事的用意清楚明了,有助于我们理解科学家在谈论重复时对实验差别的常规强调。同博尔赫斯一样,科学家们至少部分地论及文本之间的相似与差别。对博尔赫斯来说,文本是文学的产物;对科学家来说,它们是研究报告。正如我们已看到的那样,科学报告像博尔赫斯的作品一样,总能被解释为相同、不同或者既不同又相同。文本之间展示的相同的某个要素是任何主张从科学实验上进行证实的必要的成分。对比之下,文学作品的准确复制品似乎是一件不寻常的事件。博尔赫斯把这个要素矫揉造作地引入他的叙述,把它作为特别难实现的从解释上产生首创性的一种方式。他通过证实作品之间存在着差别从而完成了首创性。在下面的部分中,我们来研究科学家们如何以类似于博尔赫斯使用的方法来完成首创性,换句话说,科学家们是如何通过把三方解释特征的差异看做主张科学首创性的基础,从而获得首创性的。

首创性与不同

145　　人们认为当科学家们向局外人谈论他们的研究时,每位发言人一定主张并/或认定他关于研究中的科学现象的观点是(至少基本上是)正确的。大多数发言人想当然地认为他们对这些现象的理解已作出了某种首创性的实验贡献,这似乎也是可能的(Gilbert and Mulkay,1984)。事实上,对证实与首创性的解释结果,在科学家们关于他们自己的及别人的实验活动所作的大部分非正式报告中有密切联系。科学家们采用谈话形式,这使他们完成了自我证实与首创性的归属。更具体地说,通过把实验证实与相同和不同联系起来,发言人塑造了解释空间,在该空间中证实了他们自己的及别人的首创性,但没有因此而使他们自己提出的需从实验上证实结论的主张受到伤害。换句话说,他们认为不同的要素属于首创性,而相同的要素属于正确性。

请看下面采访者与被访者之间的交流。

(J)被访者 1. 假如某件事已经公布,某个现象从某个方面得到了解释,你相信该现象,但并不相信此种解释;2. 于是我想你必定来重复该现象,或实际上你已重复了,3. 可现在你需要从各处取样,去测量你认为引起该结果的东西;4. 每个人经常不断地这样做;5. 这大概是获得进展的最常见的方式之一,我想说⋯⋯

采访者 6. 因此,你很少处于这样一种情况:你要严格地进行重复,并试图准确地复制你在研究论文中所发现的成果。

被访者 7. 不,我不认为很少。8. 假如人们正走在不同的路上,这可能是很经常地。9. 你明白我的意思吗?

采访者 10. 是的,因此你对准确无误地遵循同一条路很少有兴趣。

被访者 11. 就这句话本身而言这可能是对的。12. 只是为了重复,这既令人厌烦,缺少趣味,又不能公之于众。13.

除非你能增加点什么。14. 如果你能找出为什么某件事发生了,而不是仅仅说"这发生了"。(Howe 26—27)

146   在 J 段发言人开始认识他参与重复的处境。他把这描绘为这样一种情境,他相信在研究论文中报道的现象,而不相信那种解释(J1)。当他在谈论时,他显然假设所报道的现象或者实验效果在理论上是可以复制的,他能够对它进行重复(J2—3)。这样他自己实验工作的目标并没有被描绘为实验重复的目标,而是为这种能再现的效果提供一种科学上更令人满意的新的解释目标(J3)。

在理论上,大多数已公布的发现结果的可重复性,在生物化学家关于重复的谈论中被普遍认为是理所当然(Mulkay and Gilbert, 1984)。因此,他们一般把他们自己描绘成为重复别人的成果做了特别的尝试,特别是同豪一样,他们在该成果中发现了某个解释上的不足之处。因此,尽管他们把自己的行动描绘为在某种程度上是对另一个人以前的实验成果的重复,但同时也会有对他们自己额外的不同的贡献强调,正如 J 段(J3—5)。

在 J 段,采访者试图弄清豪主张严格地重复别的科学家的活动结果如何(J6)。豪的回答非常微妙,而又难以把握,当他问:"你明白我的意思吗?"时,发言人本人似乎认识到了某一点。无论 J7 的准确含义是什么,豪似乎在说,他确实经常严格地重复别人的实验,而且他把这种重复与"走在不同的路上"相结合。这样,豪就在实验相同与实验不同之间小心翼翼地维持着一种平衡。在 J10 中,采访者重新阐述了相同的问题。这一次他如此强调高度的相似性,以至于他心中所想的是豪会否认他的工作或多或少地可以重复,会清楚地阐明假如他的工作没有增加不同的东西,那么它必定是"令人厌烦,缺少趣味又不能公之于众"(J12—14)。换言之,采访者与被访者之间的一系列交流使被访者清楚地表明,严格的实验重复与科学首创性归属达到和谐一致存在着解释上的困难。

下面的引文与前面一段有非常相似的结构。

(K)采访者1. 事实上,你经常重复别人的实验吗?

被访者2. 绝不会无缘无故地重复。3. 我决不会走进实验室说道:"某某人看见了这一切。如果我可以看的话,我也将会看到的。"4. 我采取的方式是:"某某人已看见了这一切,用我的那套做法,他们应该能把那一切证明为像那一切。"5. 因此我已把他们的实验装配起来,首先向我自己证明我能对它进行重复,6. 然后试图证明那一切的一切是对我的假设的一种测验或者是对我的理论的一种测验,证明他们的工作是基于错误的假设。7. 所以,这使得他们的所有主张都与我的假设相符合。8. 类似于那样的东西。9. 我确实知道那些人做实验仅仅是为了重复实验,为了看一看是否他们能够做别人的实验。10. 但是它作为一种无效的行为方式使我深受触动。(Crane,46)

该段的发言人从一开始就主张绝不会"无缘无故"重复别人的实验(K1—2)。这并不意味着他从未重复他们的实验。因为他在K5中清楚地表明,他偶尔确实装配别人的实验,并向自己证明他在某种意义上能够进行同样的实验。然而,他似乎在说,当他确实重复别人的实验时,它决不"仅仅是重复";当他重复别人的工作时,涉及更多的事情,而不是仅仅弄清楚他能观察相同的现象

（K2—6）。

同 J 段的豪一样，克兰似乎假定只有当他对别人的主张有某种怀疑时，他才会进行重复（K6），也同豪一样，他能再现其他研究人员的观察（K5—6）。这样克兰关注重复的背后目的被描绘为把新的、不同的观察增加到最初的发现中，因此他能够依据他自己的科学观点对该发现重新进行解释（K6—7）。因此对豪与克兰来说"仅仅为了重复"别人的实验，也就是并没有做出首创性的贡献，在科学上是徒劳无益的（K9—10）。

克兰与豪把他们试图核查别人主张的正确性描绘为实验相同或实验重复的一个必需的要素。这些发言人把（大多数）同事的观察主张看成在原则上是能够再现的，他们从这一点推断出相同性的假定。但是发言人与其他人的实验（文本）之间的相似性被看做相对地缺乏趣味，并且在科学上无足轻重。实验复制同文学复制一样被认为是琐碎小事，故两位科学家都否认他们曾参与过这种既令人厌烦又徒劳无益的活动。两位发言人也强调，证实的过程在于他们做的事情不同于其他科学家，两位都强调别人观察的正确的科学含义，只能通过新的、有首创性的实验贡献才能得到证实。这样，通过使证实过程似乎更多地依赖实验变化而不是实验重复，豪与克兰把他们自己描绘为参与证实，甚至参与重复，而同时又把自己描绘为对科学知识作出了首创性的贡献。

在这部分所研究的两个例子中，发言人把重复看做本质上是一个否定的过程，也就是看做核查尚存疑问的主张的一种方式。但重复也可以用一种更为肯定的方式来看待。例如，当科学家们谈论他们自己成果的重复时，他们通常强调别人已经重复了他们的发现，因此也证实了他们的发现。然而甚至在这样的情况下，某种程度的实验变化会得到常规性地认同,并用来展示重复者的首创性。

　　(L)采访者 1. 我能问一下是否有人已经重复了这篇论文,或者已经做了你可能称之为重复的事情?

　　被访者 2. 可以。在阿姆斯特丹有个实验室已经做了这项工作中的某些部分。3. 我的意思是并不是全部。4. 是的,他们使用了我们在这里用的某些谋略。5. 假如他们仅仅进行直截了当的重复,他们很可能甚至连一篇论文也写不成。6. 可是他们把这些观念与方法用于他们自己特殊的问题。7. 在美国还有两个实验室也对这件事进行了深入研究。8. 同样,具有不同的目的。(Peck,25)

　　在 L 段中提到,这位发言人的论文被重复了三次(L2,7),但强调这些都不是直截了当的重复。正如在前面两段一样,认为有资格的研究人员"仅仅重复"(L5,K9,J12)别人的实验,这种想法被看做是最不可能的。这位发言人表述的很清楚,当别的研究人员们用他论文的内容来解决他们自己的特殊的问题,并用来达到他们不同的目的时,重复就出现了(L3—8)。

　　然而,L 段并没有指出这三个进行重复的实验室是如何参与到对最初的发现重新解释中。在这方面,L 段不同于前两段引文。尽管这位发言人并没有明确地声称这些重复证实了他的结果,但似乎认定他论文中的方法与观念被这些其他的研究人员认为是恰当的。于是,在该段中,一种标准的三方解释用来证实这位发言人自己的实验发现,而科学首创性则属于那些进行重复的人们。149

雷同与缺乏首创性

同样,这种相差异的属性可用来展示发言人与其他研究人员的首创性,而雷同的属性可用于否定科学首创性。在我的材料中没有这样的否定是自指的例子。换句话说,在我的资料中,所有对首创性的否定都被某发言人用于其他人身上。正如我在前面所提议的那样,发言人科学观点的正确性及其首创性一般认为是理所当然地,并且通过他们的话语不断地进行重复。

　　(M)采访者1. 如果我能返回到重复的问题上。2. 你不会说你从未重复过别人的工作,对吗?

　　　　被访者3. 假如有人已经证明了关于线粒体的事情,你可以测验你自己的系统。4. 当然你会走进实验室:"我想知道细菌是否会那样"然后进行试验。5. 是的,当然你会那样做的。6. 但是你几乎不会走进实验室重复关于线粒体的同样的实验。7. 我从未那样做过。8. 别的人做过,特别是对于斯宾塞的质子脉冲实验。9. 他们已经尝试过这个实验。10. 波特与特拉维斯是这项工作的典范。11. 许多其他的人已重复了这些实验,已对它们进行了改进,或者发现了新东西。12. 他们继续那样做。13. 不仅仅是重复它们,并且停留在那里说:"好极了,它们确实起作用,你知道他是正确的。"(Jay,26)

在M段,采访者一开始就回到了被访者以前所做的陈述上,也就是他没有试图"重复别人的大部分的工作"。采访者提出问题的方式促使被访者说他有时确实重复别的科学家的实验:"你不会说你从未重复过,对吗?"这个问题引出了这种似乎是理所当然的答复便不足为怪了。这位研究人员回答说他有时完全按他自己的系统试验别人的结果(M3—5)。然而,当谈论他自己的活动时,他一贯采用实验重复的这种标准的三方解释,他对任何暗示他可能准确地重复另一位科学家的实验表示强烈地反对(M6—7)。

150

　　在这一点上,这位被访者把最初的问题进行扩展,并把它用于别人身上。他十分清楚地提到一些别的科学家已经进行了严格的重复,或者进行非常近似的实验复制。他似乎在说这些科学家"就像其他人一样重复了关于线粒体的同样的实验"(M6—8)。他继续说,"我从未那样做过",但是"别人做过"(M7—8)。然而,当他在回答时,用在这些别的科学家身上的重复的观念似乎已被修改了。在 M11 中,这些第三方第一次被认为对以前的实验做出了改进,并"发现了新的东西"。因而,虽然这位发言人在前面把这些科学家所进行的纯粹的重复与他自己的实验变化策略相对照(M7—8),但他现在似乎在承认这些科学家已经做了不同的事情,他们由此获得了某种程度的科学首创性。

　　我们在前面引文的最后一句中发现,在"仅仅重复"别人的实验与做新的东西之间暗含着比较。这位发言人在这里似乎毫不含糊地收回了他以前所暗示的,也就是,这些其他的科学家并没有作出首创性的科学贡献。所以,在这段末尾,这位发言人把这些其他的科学家从"纯粹重复"的指控中营救出来,重新阐述了他们的活动,这样他们现在被看做自始至终在从事把重复要素与科学成分相结合的实验工作,而这种实验工作是与众不同的和富有创新的。于是 M 段似乎成一种实例,在这里,通过去掉雷同的属性,并通过引入用作首创性属性基础的差异性特征,雷同与首创性相一致的困难得到了解决。

下面这一段具有相似的结构。然而,对首创性的否定是其主要的解释结果,对实验雷同的指责并没有被去掉。

(N)采访者 1. 你在自己的实验室里检验别人论文的各种结果要多长时间?

被访者 2. 我们没有付出任何努力来重复别人做的。3. 我们自己开创的工作中有许多尚未探究的问题,我们从未想过要去重复乔·布洛做的事情。4. 真有趣,有一个实验室我从未光顾过,现在暂不提它的名字,可是我有一位同事参观过那里,他说当你去那里时,那位教授会说,"唉,这位是某某先生,他正在研究马克斯现象。这位是某某先生,他正在研究佩里资料。"5. 他们实际上以正在核查别人发表的论文而自豪,结果大量的证实工作妨碍了他们对文献作出真正富有创新的贡献。(Long,15—16)

这一段以采访者询问被访者多长时间核查别的科学家的实验开始的。朗提供了一个加强语气的否定回答(N2)。他接着继续提供不重复别人工作的正当理由(N3)。该句的辩解效果依赖于这一假设,就是实验重复本身不如探究他自己首创的贡献在科学上更有价值。重复的相对琐事在这里并没有做清楚地陈述,但却暗含在表示驳回的措辞中,例如,"我们没有做出任何尝试","我们从未想过","乔·布洛做的事情"。在这方面,朗的话语类似以前的发言人对"仅仅重复"别人实验的琐事的谈论。

通过对被认为作重复之用的实验室含蓄的谴责,重复与最初

151

研究之间的使人反感的比较在该段的其余部分得到了进一步地阐述。在 N4 中,这位发言人决定不去揭示该实验室的名字。只有在对欺诈行为提出辩解时,被访者才会坚持别的科学家成为匿名者。因而,在该段中,仅仅重复别人的实验的行为似乎被看做很不恰当;更具体地说,被看做违反了要求科学家对知识作出富有创新贡献的理所当然的标准(N5)。此外,因为该未被提名的实验室的成员被描绘为追寻从科学上看毫不相干的目标,所以这位发言人把他们的行动看做令人费解的。当他们应当从事朗做的事情,即对研究文献作出真正富有创新的贡献时,"他们实际上对重复引以为豪"(N5)。简言之,实验的雷同与科学的首创性之间的对比在该段中为谴责其他科学家的活动提供了解释的基础。

分析性自指

在本章,我采用博尔赫斯的故事,以及我自己的社会学资料, [152] 以此来证明文本之间(或行动之间)的相似性可以从不同方面由参与者进行构建及再构建,并且一般也会这样。在本章开始时,我阐明了参与者在一系列科学实验中对相似程度会做出怎样不同的解释。一旦我们意识到在科学家的实验雷同的属性中存在着这种解释的可变性,要追寻任何形式的社会学分析就变得非常困难,而这种分析把重复看做科学家的实验本身的一个稳定特征,而不是当做科学家的解释工作的一个偶发特征。

因此,我努力地在文本中寻找科学家通过他们实验的相同/不同的易变属性通常得出的某些解释结果。我已试图证明科学家处置相似性属性所做的某些事情,特别是,我认为实验的差异性属性可使科学家来展示他们自己的以及别人的科学首创性;雷同性属性可用来谴责别人缺乏首创性。我还提出被访者使用一种标准的三方解释,把一个层次上的雷同属性与另一个层次上的不同属性相结合,这使得他们从解释上获得了科学证实以及首创性的分配。

尽管我在前面已经强调了博尔赫斯的故事对参与者的解释性工作具有重要性,但是我必须承认它与目前文本的构成有相似的含义。像博尔赫斯一样,也像我的生物化学家一样,我是通过识别、汇编及使用一系列的相似性/差异性来构建本章的。例如,我所介绍的不同段落是选自不同的访谈文字记录,而在这些文字记录中你又会发现不同的文字组合。然而这些段落中有一些展示了"相同的解释结构"。虽然这些相似性的主张总能在原始文本中找到某种根据,但是对"不同文本中相同特征"的识别,依存于我对那些文本所进行的解释性工作;同样,塞万提斯的文本/梅纳德的文本的相似性/差异性是通过博尔赫斯的解释性工作,以一种特殊的方式来完成的。我在上面发现的相似性借助不同的文本可以从解释上得到解构。

这种"承认"可能暗示着目前文本的不恰当性。因为,有人可
153 能认为,如果文本的雷同/不同总能从解释上得到完成,就不会有使人非相信不可的原因来接受本书中分析者对雷同/不同的归属。然而,反过来这种批评可以被说成采用了与本章所建议的"相同的立场",换句话说,尽管它否认了上面提出的对雷同/不同的特殊解释,但是该否认是通过假设雷同/不同在解释上完成后而获得的。这样,把这种批评解读为既是对本章的中心结论的一种否决,同时又是对它的一种证实,这似乎是可能的;或者用前面的话来说,可以解读为通过不同的一种重复。

通过对目前文本提出我自己的分析性问题：即通过它的雷同/不同的属性，它获得的是什么？从中可得到另一种观点（参阅Ashmore，1983）。它完成的其中一件事情，可以说是对在柯林斯的论文及上面提到的其他人的论文中提到的关于重复的社会学主张的一种重复。换句话说，它可用于另一研究来证实"科学具有潜在部分的解释的灵活性"，以及进一步证实"实验重复的社会磋商特征"（Collins，1981b，p.4）。

虽然目前的文本有某些区别性的特征，但是这并不影响它首先被看做是对以前作品的重复。例如，柯林斯把特拉维斯（1981）关于"科学的新领域"的一篇论文看做"基本上是关于重复的早期作品的重复！"（1981 b，p.4）。因而，尽管目前的文本也包含新的经验主义材料，这一事实并不会妨碍它被认为与以前的社会学研究相同，被认为是以前社会学研究直截了当的重复。然而，与此同时，像特拉维斯的论文一样，目前的论文可被解读为具有一定程度的差异性特征，从而具有一定程度的首创性。例如，正是第一个重复研究使用了从生物能学家那里获得的资料；这很可能是第一个把科学首创性的属性与文学首创性的属性进行比较的研究；或许是强调在重复与首创性之间存在解释性联系的第一个重复研究。

而且我能够很容易地用一种标准的三方解释把目前的文本与某些前辈联系起来。我可以提供文本证据来证明它基本上得到了与这些前辈所得出的相同的结论，但它是通过在多个方面与以前的研究不同的一种分析得出来的。因此，我们可以下结论说，目前的研究是用来证实以前的结论；同时作出了属于自己的富有创新的贡献。

然而，对本章雷同/不同的其他解读并没有就此打住。因为该

154 文本也可以被解读为根本不同于柯林斯的那些解释,被解读为与柯林斯的主要结论根本不相容。这样做的方式有好多,其中的一种方式如下。在本章的结束部分,我正把从自然科学家的资料中获取的结论扩展到社会学分析领域。在这个意义上,我的论点依赖于知识分子在两个领域之间对相同性的假定。然而,柯林斯在他的几部作品中(尤其是 1981C)否认这种相同性。在这些作品中,柯林斯建议我们应当"把社会世界当做真实的,当做我们能够获取正确的资料的某种东西,而我们应该把自然世界看做有疑问的东西——是一种社会的构成物而非真实的东西"(1981C, p. 217)。换句话说,我正在努力地探究我自己的分析的自指含义,而柯林斯拒绝考虑这种程度的分析灵活性,因为它被认为可导致"令人气馁的困难。"

在本章的这部分,我关注的是我们作为社会学家解释社会世界的方式,我的结论似乎与柯林斯的那些结论完全相反。柯林斯建议我们应该把"自然世界"仅仅当作从解释上完成了的东西,同时把社会世界的特征(比如文本与行动的雷同/不同差异)当作"真正的",而我的结论是社会世界与自然世界都是通过参与者的话语进行富有变化地构建的。于是,本章不但可以解读为与柯林斯的解释相同,也可以解读为相同但又不同;同样,它可以容易地解读为与柯林斯的主张根本不相容。

所有这些对相同性/不同性的解释在文本上是合理的,并且得到了有力地辩护。所以,对于任何一种解释,我并不希望坚持其正确性。它们都是可行的解释。然而,上述的最后一种解释特别有趣,因为它把柯林斯描绘为把关于社会世界的主张建立在只适用于社会学家的一种特权形式"实在主义的"话语之上。对照之下,科学家被剥夺了拥有这样的特权话语的权利。从这种分析立场看,参与者的话语将通过分析者假设优先的话语得到解构。在我看来这种任意的解释不对称是站不住脚的,尽管我本人像大多数其他的社会学家一样,在以前的作品中认为它是理所当然。正是由于这个原因,我努力地在这最后一部分强调,本章所做的这一分析是自指性的,也是自我例证的。我试图在参与者的话语中展示的文本性,也是我自己的话语的一个必然特征。我认为,话语的社会学分析的这种自指特征,并不是应被否定或隐藏的东西,而是像在下一章那样提出的应是受到欢迎和庆祝的东西。155

第五章 科学家反唇相讥：
一出独幕剧

节目说明

156　　本章采用独幕剧的文本形式。该剧的焦点围绕着科学上实验重复的话题。选择这个话题的一个原因是，科学家与社会学家都利用"重复"的观念来刻画他们自己的活动。因而，在科学中展开重复的讨论会迅速地引向社会学中对重复的研究，由此会引起更广范围上对反思性话题的研究（Ashmore, 1983）。当关于重复的话语变为自指时，就产生了解释方面的困难。基本的问题是有关重复话题的自指话语可能会产生悖论，会变成自相矛盾或者自我驳斥。

　　这是自指话语的一个总的特征，是完全有可能的。例如，霍夫施塔特（1979）已经证明自指如何在音乐话语、绘画话语及数学话语上产生了解释的困难（以及创造的机会），又如何创造了他称为"怪圈"的东西，即潜在地无休止的话语序列不断地颠倒并破坏最初的假设，然而它可能又出人意料地回到最初的出发点，并且又使整个序列向前进行下去。因此，下面的话语是按照"怪圈"的形式进行组织的。这样，通过使用某种怪圈与戏剧形式，我努力地设计一种社会学表述方式，它可以对参与者及分析者关于科学上社会活动话语的这种互相依赖、自我指涉的特征进行评判；然而它本身并没有因为对反思性的承认而受到暗中破坏。当伍尔加（1982, p. 489）这样写道："我们需要来探究文本表达形式，这样这个怪物［反思性］可同时受到限定，并允许在我们的事业中心留有一席之地。"时，他捕捉到了本章背后的原理。我的目的是为了说明通过我们自己话语的一种创造性的方法，去设计种种方式来接受反思性，从反思性中受益，甚至欣赏它或许是可能的。

　　该剧的对话是按照以下的方式进行构建的。所有这些社会学家所做的陈述都是选自科学社会学家近来所写的研究论文。我经常把同一位作者的几篇论文的陈述按单一会话交替结合起来。可是在剧中每位社会学家自始至终采用的都是社会学文献的某位原作者的作品，除了增加了连接性句子，像"恐怕我不理解"或者"我对此赞同"之外，对他的／她的原话只作了小小的改动。"这位科学家"的陈述直接建立在由吉·奈杰尔·吉尔伯特和我本人在采访一组生物化学家的过程所获取的材料（Gilbert and Mulkay, 1984）之上。科学家的陈述大多是直接摘自这些访谈。因而这些话语最初产生的背景源自一位科学家同两位社会学家在他自己的实验室里讨论科学的情景，这个情景与剧中重塑的背景非常相似。

　　我没有对社会学家的陈述进行阐释，而是直接地介入到用来构建科学家对话的访谈材料中。我把不同科学家的陈述按一个会话交替结合起来。我有时也对访谈文字记录的某些片断进行意译，以便使它们适合于该剧虚构的场景。我偶尔把我自己对几位生物化学家从不同方面所做的陈述的概括性的看法看成出自科学家之口，最后我偶尔借科学家之口说出似乎从前面的对话中"自然产生"的我自己的某些发明创造。原始资料的细节可以在马尔凯

(1984a)中找到,下面的文本正是基于此文。

舞台指示

　　幕缓缓上升,展现在眼前的是一个秋日的下午,在美国一著名的酶实验室的自助食堂里。从事研究的学生们衣着随便,意兴阑珊地散坐在凌乱的餐桌边,轻轻地啜饮着塑造杯子里的可口可乐或速溶咖啡,双目间一幅愁眉不展的样子,眼睛一眨不眨地向外凝视,透过楼上的窗子,下面是如网的公路,隆隆的车辆声提供了一种持久的背景噪音。

158　　在舞台前中央的一张桌子边端坐着三个人。一位是成熟的男生物化学家。他是该酶实验室的领头人,已发表了一百多篇研究论文。今天他已接受过两位不同的社会学家的两次采访。他很惊奇地发现两组问题是如此地不同。最初他认为,把这些采访安排在同一天很方便,可是他却发现这种经历非常令人厌倦。然而,他仍是彬彬有礼,在这种轻松的、非正式的背景下,他仍在努力地协助社会学家使一切恢复正常。

　　桌子旁边的另两位是社会学家。他们都比这位科学家年轻。社会学家1是一位衣着入时的美国妇女。她将在那天晚上动身,明天将到另一个实验室采访另一位不同领域杰出的科学家。社会学家2是位英国人,他在该酶实验室里还要再待一天,以便与该科学家在同一研究领域工作的普通科学家们进行交谈。当我们加入他们的谈话时,这位科学家正为他的两位听众阐明科学上的一个基本真理。

科学家 结果的可再现性是生物化学及普遍意义上的科学的一个
重要因素。对实验具有控制权可使你对运行中的机制、准确
地把握事情的性质有所理解。严格的重复表明你正在研究真
实的东西。

社会学家1 是的,这是对科学进行社会学分析的起始点。新的
贡献可以再现,这种制度化的要求是科学共同体的社会控制
系统的基础。再现性的要求不但用来防止对认识标准和道德
标准的偏离,而且有助于对错误与偏离的发现。

社会学家2 很抱歉打断你,可是从哲学及社会学角度看,你很幼
稚。你在采用科学中社会活动的一种算法模式,该模式假设
知识可被简化成像一种数字计算机的程序那样的东西。你在
暗示,一系列有限的明确的指导可以被阐述、变换,当指导遵
照无误时,它可以使某位科学家准确地重复另一位的实验。
但是事实不是这样。科学家们无法准确地说明他们是如何得
出他们的实验结果的。所以,对于两个或多个实验是否相同,
总是存有怀疑的余地。这样,涉及评价与规范科学家的活动
及对知识的主张,重复并不是一个严格的标准。科学家们称
之为"重复"的东西是社会磋商过程的不确定的结果。

科学家 唉,我想看一看这些主张的证据。我猜想你和那些持相 159
似观点的社会学家们一定关注科学的边缘区域或有争议的领
域。在这样的领域里事情或许同你说的一样,但是我可以向
你保证,在硬科学中及正常情况下,作为一种常规,实验步骤
足以清楚地让任何有资格的科学家来重复别人的观察。研究
人员无法在每篇简短的研究论文中陈述他的结果所依存的一
切,这很可能是事实。可是他会从基本步骤表述得较为全面

的论文中引用方法。在那几种情况下,人们发现要重复某个实验,重复关于"电话通常会解决问题"的简短讨论,是很困难的。在我看来,通过关注有争议的区域,你可能会得到对作为整体的科学的错误印象,因在这些领域很难用通常的实验去说明。

社会学家1 我同意你的观点。当然,我们确实得承认所有的科学贡献并不是同样都能再现。根据其认识结构,真正重复的潜力在各学科中有很大的不同。例如,在主要的心理学期刊上几乎没有发表过关于重复的论文,这已得到了证明。但这种极端的情况与物理学、生物化学及基因学这样的学科中的情况形成对照,在这些学科中重复就像家常便饭,特别是当最初提出的发现在理论上是反常的或很重要的,或两者兼有时。

科学家 非常感谢您的支持。然而,有一小点我想给你纠正一下。你暗示心理学上的重复少于其他学科,因为心理学家不发表重复的东西。但是我们生物化学家也不发表。直截了当的"严格重复"是不能发表的。它对于科学知识并未作出有用的贡献。为了发表,你必须有创新的结果,能说出些新的东西。

　　[在这个节骨眼上,另一位社会学家加入了舞台中心的那组。实验室显得满满的。然而,这位社会学家不仅仅像是一只飞来飞去的候鸟。她并不是为了录下科学家们关于科学所说的话才途经此地的,这位坚忍不拔的妇女已学会生活在那些当地人中间。她从近处观察他们,她通晓实验室里真正进行的事情。她拾起最后的话题,讲话带有轻微的欧洲口音。]

社会学家3 这话是正确的!科学家不会为了重复而努力,他们

的目标是与众不同。科学家们对为了证实这些结果是否与现 160
实相对应而核查别人的结果并不感兴趣。当考察实际的实验
室惯例时,利害关系显然并不是根据真理的符合说来确定的。
每位科学家的目的都是让别人的结果在某一"现实"之内为他
自己效劳,而这种现实是人为的,实质上是从局部资源中自行
产生的。这样每位研究人员所得出的结果都带有个人独特的
气质,反映出选择与解释是在局部某个空间上某个角度的具
体化。科学"事实"是采用这些选择而产生的混血儿。他们的
首创与独特的价值来源于标志着它们诞生的特有的气质。只
有承认科学的产生过程是以这种局部化的方式进行的,我们
才能说明科学的产物是富有变化的,同时也是没有规律可循
的、大多数已公布的结果不能被轻易地再产生或证实这种事
实。此外,我想强调一下,这些结论已由我在这个实验室进行
的研究所证实,也由在别的地方进行观察的人类学者所证实。
这些发现普遍地适用于科学上,而非仅用于几个不正常的或
有争议的领域。

社会学家1　对此我不能接受! 恐怕我得指责你和你人类学领域
里的同事。你们犯了最基本的错误,把在某些特定的实验室
中所发生的事与在作为一个整体的共同体中所发生的事混淆
了。我们不应该忘记来区别科学工作的私人阶段与公众阶
段。当科学家们的发现进入公共领域,它们就会受到严格的
监督,在某种程度上说这在人类活动的任何其他领域可能是
空前的。简单的重复很少(即使曾经有过)得到发表,这一点
我接受。但这并不意味着结果的可重复性很少受到核查,在
大多数情况下,不会得到证实。在研究过程中,甚至早已认可

的贡献会受到周期性的重新审视,不一定是蓄意地,而是作为在进一步的工作的一种副产品。这样假使没有个人的意图,通过在研究共同体内制度化的重复这一社会机制,错误与欺骗会暴露无遗。[1]

科学家 是的,我想这比较接近在实践中重复是如何进行的。事实上,你们两个提出的(目视社会学家 1 和社会学家 3)主张是完全相容的。严格的重复并不经常发生。除非它对你自己的研究很重要,除非你对此存有疑问,否则你不会努力去精确无误地重复某个实验,即使在那时你可能忽视了这一点。一般情况下,人们甚至不去重复完全相同的实验,可是他们重复与相同思想有关的某个实验。我认为,作为哲学上的一个观点,对相同的要点做许多不同的实验,总是比反复不断地重复相同的实验要好。因为如果你做许多不同的实验,经常会产生从一个实验中不能获得新的东西。只要在不同实验室的人们使用他们自己的资源、个人的技能重新演绎最初的实验,并且证明同一件事,那么科学结果就可以被认为不受每个实验创造的个人特质情况的支配。因此科学家们力求与众不同,对别人的工作进行严格重复既不容易做到,也常常探索不到什么。然而,正是通过实验步骤的这种多样化,才产生了不受它们产生的背景支配的结论。尽管科学家的实践有异质性,但科学知识却仍将存留下去。

社会学家 3 真是个漂亮的论点,但恐怕有点站不住脚。因为它依赖于社会学家 1 在研究的私人阶段与公共阶段之间提出的不太令人满意的区别。假如我们详细地看一看知识产生的过程,我们会发现产生与证实是不可分割的。科学家们不断地按照他们在其他实验室的同仁或竞争对手所期望的回答来设计他们的实验实践及对他们的结果的解释。种种主张建立在什么是"新潮"的东西和什么是"过时的"东西之上，它们与整个其他的社会因素相联系。同样，某提议中的知识主张被判定为是貌似有理，还是难以置信的，是饶有趣味，还是毫无意义，这可能依赖于是谁提出该结果，这项工作在哪里完成的，它如何被完成的。换句话说，科学家们实质上是用他们那一代的条件来识别结果的。因而，如果不是在实验室里，那么我们会在哪里发现证实过程？如果没有把以前的结果有选择地放到研究产生的过程中，那么接受的过程是什么？因为科学家们在他们自己的实验室内构建他们独一无二的"现实"时，会进行名目繁多而又兼具个人特质的实践，所以，我们无法发现与科学家的实践无关的大量不变的知识。

社会学家2　在我看来，这位科学家几乎接受了我和社会学家3提出的重复这种社会学观点。他也认为当研究网络领域的科学家们创造了他们独一无二的文化产品时，他们就会对什么可算作有资格的实验进行社会磋商，也就是，他们磋商哪些实验成就可获得科学上的认可。我们一定会认为科学家们对于创造出一批同形的实验一般并不关心。有许多方式可对此做出解释，但是有种令人信服的解释是，在对什么作为"起作用的实验"缺乏普遍认可的情况下，并没有证明与最初的实验具有相同结果的第二次实验可能仍被看做"有资格的"，因此并没有特别的动力来重复原来的实验。因而科学家的活动可能被看做是来磋商解决在某一领域中哪些实验应被看做就是那些有资格的实验。在决定这件事时，他们也就在决定研究中的自然现象的特征。

科学家 我接受你和社会学家 3 所说的许多话。我特别欣赏你承认"有许多不同方式对科学家的活动做出解释"。你似乎正在提到我们生物化学家谈论重复时经常强调的一点；也就是理论上的结论绝不是完全由经验主义的观察所决定的。正如我的一位朋友近来告诉我的："我首先是一个实验主义者，我喜欢干净利落的实验。我不在乎那些模型是对还是错。我真正保护的唯一东西是我的数字。解释——唉，生物系统通常是如此之复杂，要想做出正确的解释，你必须得非常幸运。"现在我想这话完全正确，你会根据与你的发现密切相关的其他人的发现来改变你的解释。这样，你并没尝试着进行严格的重复就得到了对概念与数据的证实。所以你理所当然地认为，如果你做的恰好就是其他的实验人员所做的，你就会得出同样的结果。当我阅读文献时，我印象颇深的是，两种或多种方式来表明同一件事。这样，你就限定了合理解释的范围。因此，作为科学家，你的中心目的是从一系列相似的但不完全相同的观察中来确定最合情合理的推论，而这些推论是与某个具体的科学事件或现象相联系的。假如这就是你说的"社会磋商"的意思，那么我没有理由来否认科学就是那样起作用的。但是我觉得对你和社会学家 3 来说，这个短语含有我没有完全意识到的意思。

社会学家 3 你承认这些数据在逻辑上并没有充分说明科学理论，这一点至关重要。我们知道，科学家们一般会得出理论上的结论，尽管这些结论在逻辑上有时显得并不是那么重要。因此，可以说某些种类的非逻辑因素在理论选择上必定起作

用。我同别人一样,在众多的经验主义的研究资料中已证明,163
这些非逻辑因素包括参与者的争论技巧、声望或科学家们动
员说服对方的其他象征来源及材料来源、发现的政治特点、建
议者能够吸引的支持等等。

社会学家2　是这样。如果我能对科学上知识的产生进行详细事
例研究所证实的中心结论进行总结,那么科学家的解释就会
是另一种样子。科学知识是社会因素偶然作用的产物。因
而,科学真理只有被看做是一种社会组织性的语言行为、观念
行为和社会行为的偶发过程的结果时,它才会得到认识。然
而,我要强调一下,这些偶发因素的影响并不是"不光彩的"而
是不可避免的。它并没有造成"外部因素"对科学的侵害,而
是构成了科学方法的不可避免的社会过程。

科学家　好吧,当然,我承认科学知识是不确定的。正如你说的,
它是一种人类的成就,绝不可能达到终极的确定性。但在我
看来,科学观察和结论受到这些局部因素及偶然因素的影响
比你强调的要少,的确,受到它们的影响要比人类研究的任何
其他领域要少。虽然每个科学家毋庸置疑地受到他所处的社
会环境的侵害和影响,假如他对知识的主张能够不受提出预
测的特定来源的影响,那么他对知识的主张才会逐渐被接受,
而这些预测别人能够在他们的实验中,及在他们的当地的条
件下成功地使用。科学家的实验主张或理论主张成败与否都
要根据别人得出的结果。严格的实验重复在这个评价过程起
作用,但是其作用在很大程度上是否定的。这当然不是科学
正确性的一个毫不含糊的标准。

社会学家2　你提及的"严格的重复"依赖这一假设,即承认对实

验的准确重复可能是不成问题的。你似乎仍然相信真正的结果靠其可重复性(不论科学家是否真正地重复过)来证明其自身,可重复性的标准把独一无二的真正的结果与假的结果区别开来。但是我和我的同事们已经证明,正是通过围绕现象的可重复性所进行的偶然"磋商",一种结果而非另一种被"发现"了。

科学家　　不,我并没有说实验重复是不成问题的。尽管每次都尝试进行严格的重复,但两个实验为何不同总会有一百个理由。我也没有说真正的结果"靠其可重复性来证明自身"。例如,很显然,实验制品经常像正确的结果一样是可以重复的;当然,有许多人工制品并不能重复。因此可重复性并不是真正结果的一个独特特征,我几乎无法想象任何有经验的研究人员会做出这样的主张。用传统的哲学术语来说,可重复性是很有必要的,但不是正确性的一个充分条件。我的意思是说它对科学实践的贡献很大程度上是否定方面的。我给你举一个例子:我认识的某位科学家连续进行了一系列的观察,这些观察在我的领域有重要的理论意义。我试图尽可能严格地重复他的实验,但是我并没有得到同样的结果。因此我去了他的实验室,并在那里和他一起用我的细菌做他的其中一个实验,来看一下它是否奏效。在他的实验里它起作用了,但是我却无法让它在我的实验室里发挥作用。回到我自己的实验室,我又一次进行严格的重复。他说他摇动反应混合物,而我是搅动的。他说是摇动而不是搅动。因此我努力地模仿所有那些显而易见琐碎的细节。但还是不行。因此我放弃了,我继续把他的实验主张看做疑团丛生。其他实验室的人做的实

164

验与他的非常相似,但也没有得到相同的结果。因此,他的主张被弃之不理。还好,这些其他的科学家并没有像我那样企图进行"严格的重复"。期望的是,假如有真正效果,你会循着同样普遍的方法对它进行重复。你用什么机器真的无关紧要,因此除非它失败了,否则你不会对此感到迷惑不解。正是在这个意义上,不能在各种各样的局部条件下重复,充当了一个强有力的否定的标准。

现在倘使经过与原作者密切磋商之后,我在我的实验室里已经能够重复出这些结果又会怎样呢? 这当然不是意味着他发现在细菌中自然地产生的某些基本现象的主张已经得到证明,也不是指假设能量产生的现存理论的含义是错误的。一旦我获得了有规律的可重复性,我下一步就会努力地来准确理解这些实验步骤是如何产生这些结果的。这个现象在生物学上重要吗? 还是它与能量产生没有关系,这仅仅是某个微小的效果,但仅仅依赖该系统在实验处理方式上的某些小变化? 例如,在这种情况下,实验人员会说你得先把一种试剂放到冰箱里,它才会起作用。但是他并没有检查该试剂,看看可能发生了什么变化。该步骤可能产生了一种断裂混合物,它正在催化他的反应而他却一无所知,该混合物正引导他错误地描述结果,错误地进行解释。

很抱歉我这么不厌其烦地讲述。我仅仅想证明可重复性作为一种很强的否定标准,同时也作为一种弱的肯定标准是如何在起作用的。我们生物学家想当然地认为绝大多数已发表的实验都精确地报道了其作者的步骤和结果。于是我们的任务是评价它们的科学含义,这必定涉及对实验报告方法部

165

分的仔细的审阅。其目的首先不是让别的读者来重复已发表的结果，而是让他们知道这些结果是如何产生的，因此，通过在他们自己的研究中把这些结果进行扩展并用作基础，他们就能够解释其科学含义。

社会学家2　你的例子是关于非正式互动的一个有趣的证明，通过这种互动来磋商什么被看做是重复。但是让我来重复一下我们研究的主要发现，因为科学争论的结果依赖于对什么被看做有资格的或成功的实验的确立，因此可以说实验本身的结果并不决定该结果。如此说来，科学结果依赖于反对方的相对"势力"及地位，依赖于他们的修辞技巧及"社会磋商"的其他要素。所以，可重复性应当被看做"科学说服的修辞学"部分——是赢得客观性，而非证实客观性的手段。

科学家　但是你似乎没有理解我的观点，也没有理解该例子的要点。我想我阐述的很清楚，证实实验的资格，也就是实验的可重复性并不能决定你称之为"科学的结果"的东西。就像我以前描绘的那样，有意义的可重复性，即未必是严格的重复而是某种对应的观察，是认真对待某主张的一个必要条件。但这仅仅是证实其科学含义的第一步。你需要把该过程看做时间上的一个序列。通常情况就是某个人发现了某个巨大效应。这意味着任何人都能看到这个效应。记住在大多数的生物化学中，当你增加一个试剂时，你得到的不仅仅是 1000 个计数，你得到接近 20000 个。现在不论结果是15000，还是10000，或者甚至是5000，都没有多大差别。此种现象仍然存在。你增加试剂，得到的结果是活性的巨大增加。这一点一旦通过各种不同的而又交叉的研究步骤得到证实，那么你就开始关注：

166

唉,为什么它今天只是昨天的一半大? 为什么在他的实验室一般比在我的实验室大? 如此说来这些微小的变化可能最初并不是可重复的。可正是通过探究这些细节,你开始理解争论中的现象。现在我没有理由来认为这很大程度上受你提到的这种个人的和社会的因素的影响。关键的因素是实验的成功。当然,这从来都没引起过歧义。每位研究人员对于好的实验数据是怎样需要培养自己的感觉,你希望这是应当的。但是科学判断总是不确定的,这一事实并不意味着它是非逻辑性的,也没有暗示对实验证据的科学评价仅仅是修辞性的。你认为,因为重复并没有作为正确知识的一种明确无误的标准来起作用(尽管科学家们有时似乎说它确实起作用),所以可以说科学家们对可重复性的谈论是空洞的,可以说可重复性担当了非逻辑的社会要素的一种掩护。然而,我已证明你对该问题的界定是有误的,你声称应放弃的关于重复的算法模式观点是无依据的。我也提供了一种似乎有理的说明,在该说明中这些隐藏的社会因素并没有起重大作用。你早些时候承认故事可以用几种方式来讲。为什么不能按我的方式来讲呢?

社会学家2　我认为你把我们社会学的观点当成了对科学的攻击,但事实并不是这样。你认为社会学思想对科学的中心地带的侵害必然造成了科学的混乱。然而,根本不是这样。你没有必要进行防卫。我们的分析将使得科学权威的基础更清楚而不是不清楚。我们已经证明科学的权威并不是基于科学家设计可重复实验的能力,因为不同小组的科学家会认为同样的实验证明了根本不同的事情。因而,科学家们赋予实验结果的含义,及其权威的最终基础是社会磋商性的,并受社会因素的制约。就这点而言,它很像是道德权威和法律权威,就像律师是法律的专家一样,科学家是关于自然世界的专家。在这两种情况下,最有价值的观点是分别从科学家与律师那里取得的。但是律师和科学家都不能凭借他们接近某些社会之外的纯粹原因或纯粹事实的领域而不受他们同仁的批评。

[到这个时候,参与者们已变得情绪高涨。他们面红耳赤,所有那些有关人员因其他各方拒绝做出让步似乎有点被激怒了。对话出现短暂的空白。这时坐在邻桌边有个灰白头发的高个男人,他似乎一直在记录我们一直倾听的辩论。就在这个间隙,他向前倾了倾身子,以一种安详而又镇定自若的口气作了如下评论。]

匿名发言人　大概你们所有的人都从许多不同的方面对科学及重复问题进行了说明。或许没有单一的、连贯的叙述。你这位科学家一开始对重复的说明显然比你随后提供的要强有力得多。同样,我知道社会学家 3 这样写道,她并没有否认科学发现是可以重复的,尽管她强调的是科学事实的个人特质及局部产物。或许我们都是言不由衷地来谈论社会世界的,为何不承认"重复"有多层含义?为何不从容地承认我们没有一个人参与描绘这个社会世界?我们如同戏剧家、小说家及普通发言人一样就是适合该场合的多种含义的创造者。

[这位匿名的发言人往后移了移身子,检查了一下他的录音机仍在转动。在讨论中他没有再作进一步的发言。可是他的简短干涉似乎鼓励这位科学家从防御转为攻击。他本人对着社会学家 2 开始讲话了。]

科学家　好,我有几次已注意到,尽管你说可以用不同的方式进行
　　讲述,但是你和社会学家3却坚持,你们对科学上重复的解释
　　牢固地建立在由许多社会学研究所提供的经验主义证据之
　　上。你似乎把这些研究看做重复了你的中心论点,由此证实
　　了你的中心论点。

社会学家2　噢,是的。无数研究证实,科学上潜在的局部解释的
　　灵活性使得单独的实验无法具有决定性。尤其是当实验重复
　　的这种社会磋商的特征得到了很好地重复时更是如此。这项
　　工作最佳重复的结果之一是关于可重复性的社会磋商。

科学家　假如我对你的理解正确的话,那么你在提出,重复本身是
　　一种偶然的社会结果,通过重复已经证实了该发现,同时证明
　　企图把重复当作证实的一种没有问题的办法仅仅是说服修辞　168
　　的一部分。难道这不会使你陷入自相矛盾吗?

社会学家2　根本不会。你正在试图迫使我进行不必要的反思。
　　过分的反思可成为一种障碍,并导致使人无能为力的困难。
　　在我看来,社会学家用于科学的解释模式是否同样适用于社
　　会学的问题,并不是那些加入科学社会学的社会学家回答的
　　问题。对掌握科学知识的社会学家而言似乎更为明智的是,
　　不要为这类问题而担忧,而是假定他或她发现的关于科学知
　　识的特性是"客观的"——那就是,他或她应该本着与科学家
　　发现关于自然世界的特性同样的精神来发现关于社会世界的
　　特性。我已逐渐意识到这是一个非同寻常的观点——有些人
　　甚至发现它令人震惊。它不但否认(目前流行的)反思性的重
　　要性,而且它颠倒确定性与实在有待发现的公认的智慧。我
　　的诀窍是把社会世界当作是真实的,当作我们可获得正确数

据的东西,而我们应当把自然世界当作有疑问的东西———一种社会的构成物,而不是真实的东西。这在我看来是社会科学家的一种完全自然的观点。

科学家　我必须说你观点的突然改变使我大吃一惊。它似乎意味着我对物质世界的"自然态度"是完全有道理的,甚至是不可避免的,就像你对社会世界的相类似的态度。它似乎也意味着,我们对科学的说明表面上相抵触事实上并不冲突;它们作为对科学的不同看法共同存在,这些看法是由加入不同种类的社会局部话语的发言人提出来的。从你的视角来看,我们俩似乎不得不本着"自然科学的精神"来为我们自己的研究实践进行辩护,用"实在主义"术语来说,那就是把我们自己的重复当作社会上没有疑问;然而与此同时,我们俩都应对别人的实践提供可替换的、偶然的社会学解释。(我现在正开始像一位社会学家一样谈话!)虽然它似乎确实是从你的观点中产生的,同时它似乎与你关于社会世界的朴素的真实性的观点相矛盾,但我不敢保证我们中的一方是否会接受这个含义。我以及我的许多同仁都拒绝接受你的结论。科学对我们来说并不是那个样子。这似乎暗示关于科学的社会世界的"事实"远非是不言而喻的,需要进行社会磋商———正如你说自然界的事实需要磋商一样。我想你可能决定抛弃我们的观点,把它们看做参与者被蒙蔽的看法。但即使你把我们武断地从你们专业的辩论中消除掉,按社会学家 1 早些时候所说的,很显然并非每位密切关注科学的社会学家都重复了你的发现。所以,为了证明你对科学上的重复提出的主张,你需要与其他的社会学家就什么被看做是有资格的社会学重复进行社会磋商。这样,在把社会学资料与社会学重复看做没有疑问方面,你似乎正采用在哲学上与社会学上都很幼稚的方式。你正采用社会科学中社会活动的一种算法模式,该模式假设知识可被简化成像数字计算机的程序那样的东西。你在暗示,一系列有限的明确的指导可以被阐述、变换,当指导遵照无误时,它可以使某位社会学家准确地重复另一位的研究。但是事实不是这样。社会学家们无法准确地说明他们是如何得出他们的观察结果的。所以,对于两个或多个社会学观察是否相同,总是存有怀疑的余地。这样,涉及评价与规范社会学家的活动及对知识的主张,重复并不是一个严格的标准。社会学家们称之为"重复"的东西是社会磋商过程的不确定的结果。

社会学家2　我怀疑你是否有证据来支持这些断言。我可以向你保证,在正常的情况下,观察步骤足够清楚地让任何一位有资格的社会学家/人类学家来重复别人的观察,这是一种常规……[话语现在完成了怪圈的第一个潜在的无休止的序列。对话开始自我重复,但是主要人物已经变换了位置。辩论如先前一样继续进行,只是有了小小的改变,这段时间足以使听众清楚地看见辩论将会无限期地继续下去,当每位发言人从防御转为攻击又转为防御时,他/她才会改变方向。讨论仍在继续,热烈程度丝毫未减,这时灯光渐渐变暗,幕徐徐落下。]

第五章注释

1. 有人指出,任何扮演社会学家1的女演员都会因为再未轮到说话的机会

170 　而大发雷霆。然而,对于这样延长的沉默似有许多先例。在《冬天的故事》(*A Winter's Tale*)中,弗罗利泽与珀迪塔在最后一场几乎没有讲话。而且,可以这样认为,这种沉默产生了戏剧性的意义,即弗罗利泽与珀迪塔完全被新的环境淹没了。社会学家 1 的沉默完成了相似的功能？她话语的突然结束意味着她的观点在社会学家中已不流行了？不幸的是,我并不知道答案。然而,我可以提出另一同样相关的问题,即为什么是她首先在那里？尽管她沉默地坐在那里,她对于情节的展开,对于其他参与者的主张做出了关键的贡献,事情会是这样吗？尽管该文本所有的困难问题仍存在,作者甚至并未打算提供帮助。【超作者】

第 三 部 分

发 现

第六章 天才与文化：
发现的民间理论

你可能会奇怪,关于发现的讨论竟然出现在本书的后半部分。173发现难道不能出现在对话与重复之前吗? 它因此不应该给我们提供出发点吗? 我把对该论题的分析放在这里,理由是发现的这种显而易见的短暂优先是一种错觉。发现在社会上完成要经过时间,有时竟然要经过很长时期,并且是在解释上反射早期的事件,从这个意义上说,它是一种错觉。通过对非正式的对话、可重复性的辩论等进行的常规性的解释工作,具体的事件、活动或文本都被证明为种种发现。发现的这种社会建构是科学家延续话语的一个方面;发现最好不是被看做启动科学话语的东西,而应看做是该话语的一种解释结果。

近年来由于布兰尼根(1981)与伍尔加 (1976;1980)的研究成果,我们对科学发现的社会建构的理解已发生了转变。通过研究涉及"化学渗透的发现"的某些文本材料,在本章我的目的就是根据此项研究作分析并加以扩展。[1] 这两位作者提出的一个中心要点就是,为了社会学分析之目的,发现不应被看做是自然产生的事件,不应根据某些先定的因果过程去解释。相反,两位分析者集中描述了解释上的做法,凭借这些做法某些"事件"被说成是发现或不是发现。有人认为,发现不应该被分析者看做是"自然而然的",

因为它们是事件,其作为发现的地位是变化的、受上下文所限制的,并依赖于由参与者所进行的偶发的解释性工作。从这个观点看,"发现"并未被分析者看做是一种独特的活动或产物,而是作为一种方法,凭借此方法某解释地位被那些有关人士看成是具体的活动和/或文本产物。

本章我就是从这个立场开始的。我的目的是研究科学家们如何利用他们的解释资源来获得"发现"的某些细节问题,这种关注直接仿效布兰尼根的分析:

> 目前的研究已把注意力更多地放在了社会理解对科学发现的地位评价极为重要的这一事实上;这种关注是来自于打破在别的著作中盛行的关于发现的自然主义观念的要求。因此,通过艰难地理解这种方法是如何运作的,我们终于明确意识到发现是方法。(1981,p.164)

发现的民间理论

尽管发现在分析上被看做是偶然的解释结果,但布兰尼根与伍尔加都强调, 参与者本人常常把发现当作"真实的、牢固的、自然的及不可回避的社会事实"(Brannigan, 1981, p.142)。而对于分析者来说,发现的这种明显的外在性可被看做是通过参与者的解释工作获得的东西(Woolgar, 1980)。发现的这种牢固的"外在性"被看做参与者对发现作出说明(或口头或书面)的一个方面或一个副产品。这一过程可这样来表达:关于物质世界的事实性主张可能的偶然性,不知不觉地隐藏在科学家对其知识主张广泛采用经验主义阐述的观点背后(Latour and Woolgar, 1979; Knorr-Cetina, 1981)。

布兰尼根通过识别科学家经常使用的某些"发现的民间理论",沿着具体的经验主义的方向,提出了科学发现的文本"客观性"这一观点。布兰尼根所说的"发现的民间理论",是指参与者"关于发现被制造的过程"的理论(1981, p. 143)。尽管这些关于发现性质的概念都被描绘为"理论",这并不意味着它们都得到了详尽地或系统地阐述。相反,这些概念是在事后以一种显然特别的(ad hoc)方式,用来解释为什么某种发现会发生在科学发展的某时刻。通过使某发现变得可以理解,变得"正如所料",民间理论对于领悟某种科学贡献是无可置疑的发现很有帮助。这样,民间理论 175 也成了解释方法的一部分,凭借这种方法,发现得以社会建构。布兰尼根提出,科学家在他们的发现解释中使用了两种主要的理论。一种是关于文化成熟的社会或非专业社会学的"理论",另一种是关于天才的个人主义"理论"。

布兰尼根概要解释了为什么科学家要使用这些民间理论。他认为这些理论对于科学家弄懂发现的意思很有必要,以此就保留了关于自然世界的"观点互惠的世俗假设"(1981, p. 156)。这两种理论都解释了为什么针对共同的世界发现者的观点与其他人的观点会迥然不同,然而最终却又殊途同归。文化成熟论把每个发现看做是客观知识的自我生成积累的一个必然结果。故特定的发现者在很大程度上被认为与此毫不相干。他仅仅是在适当的时间适当的地方把某特定的部分增加到日益增长的知识体系中的那个人。对比之下,天才论强调个体的创造性作用。通过"假设某些科学家杰出的才能令人敬畏,该发现的产生才容易解释。假如成功的科学研究人员具有深刻的思维能力,那么科学定律得到揭示就是在预料之中的"(1981,p.156)。

布兰尼根强调参与者在解释发现时把它们认为是理所当然的,从这个意义上说这些理论体现了"民间推理"。例如,通常情况下,对发现者的天才的或者他在适当的时间出现在适当的地方所提供的唯一证据,就是需要用天才或者文化成熟解释的那个发现。假如有人怀疑这位发现者是否真的是天才(或者在适当的时间适当的地方),那么就会采取这种方式回答:"他一定是获得该发现的天才(适当的地方/时间)。"如此说来,在需要它们的任何时候、任何地方这两个民间理论似乎可以适用。然而,如果真是这样,那么就值得问一问,为什么有两种这样的目的性理论,而不是只有一种。如果这两种理论对证明观点的互惠性具有同样好的功能,如果它们都适用于任何情况,那么两种理论的存在就有点让人迷惑不解了。

所以,在我们详细研究三个发现的说明,以及观察两种理论的作用时,让我们来记住下面的问题。我们提出的问题将是:布兰尼根的两种民间理论在这些说明中起很大的作用吗? 在这些说明中做了什么样的解释性工作? 天才的民间理论及文化成熟的民间理论在这个解释性工作中作出了什么样的贡献?

天才与独一无二

在 20 世纪 70 年代,斯宾塞因他的化学渗透理论而被授予诺贝尔奖。这导致了一大批文章的产生,在这些文章中,斯宾塞对生物动能学的贡献得到介绍和庆祝,其历史来源及发展得到简要概述。尽管所有这些文章都暗示斯宾塞一定是一位特别有才能的科学家,但是实际上只有一篇文章使用了"天才"这个词。这是由一位叫坎宁安(Cunningham)的科学家所写的包括五个段落的评介文章。让我们来看一看这篇文章的谋篇结构。

坎宁安文章的第一段如下:

斯宾塞博士被授予诺贝尔奖,这承认了他的化学渗透假说具有独一无二的特点,它对我们理解这种机制起了巨大的作用。依靠这种机制,活细胞限制并保存了辐射能和氧化还原能,并把它转换成主要以腺苷三磷酸(ATP)形式存在的化学能流通。

文章开头这些话称赞了诺贝尔委员会评定的正确性。诺贝尔奖的授予被看做以仪式的形式"承认"作者以及其他人已经知道的事实。这位作者已经知道的是,第一,化学渗透假说在某种意义上属于斯宾塞(是他的假说);第二,这种假说是"独一无二的";第三,它对于理解能量产生的生物过程"起巨大的作用"。我们随后会看到描绘斯宾塞工作特点的这种方式似乎都不如这篇文章那样直截了当。然而,此刻我要做的只不过是描绘一下文章中被维护或被认为理所当然的东西。

坎宁安文章的第二段描绘了斯宾塞对生物动能学所作贡献的历史背景。有人认为,要评价斯宾塞对科学的贡献,我们就必须来理解它如何适应了当时科学思潮的发展。坎宁安是从被描绘为"生物化学知识迅猛发展"阶段的 20 世纪 50 年代开始的。"分子生物学戏剧性的诞生与发展"就作为这样一种发展被提及,同时提 177

到了克里克(Crick)与沃森(Watson)。接下来对生物化学家们在当时对新陈代谢的过程有何看法做了简短的总结。

> 新陈代谢被看做一系列相联系的反应,由酶来催化,发生在细胞质之内的溶液中;它在空间上无方向性,用斯宾塞自己的术语来说,就是无向量。

新陈代谢过程的这种无向量或者无方向概念,据说是建立在李普曼(Lipmann)的基团潜势与基团转移之上,它在各个方面被描绘为是成功的,但却留下了某些重要问题尚未解决。

> 然而,主要的神秘领域仍然存在,例如关于光合磷酸化机制和氧化磷酸化机制,及穿过细胞膜的离子与营养物的转运。

第二段在总结 20 世纪 50 年代生物化学的复杂发展时,把我们的注意力引向这一事实,尽管许多领域正取得迅猛发展,新陈代谢的研究仍需面对氧化磷酸化及膜转运这两大谜团,那些研究新陈代谢的人把有关的化学反应看做是无方向,就像坎宁安在这里描绘的那样。这就提供了一种背景,在这里斯宾塞工作的中心要素就可以很容易地得到理解,其科学意义也就得以正确评介。第二段阐明得很清楚,甚至对那些几乎没有生物化学知识的人来说也是如此,斯宾塞的贡献是需要处理代谢反应的方向性,处理膜转运,解决这两个谜团,并由此促进在生物化学的其他领域已经出现的这种迅猛发展。的确,我们在第三段发现的是对早些时候提到的要素在文本上进行了重新安排,同时作为一种解释的手段引入

"斯宾塞的天才"。

　　斯宾塞的天才一下子给李普曼的基团潜势增加了一个额外的方面，因此奠定了在细胞生物学上知识发展与实验发展的基础，这与由雅各布（Jacob）、蒙诺德（Monod）与娄夫（Lwoff）对分子生物学的贡献不相上下。斯宾塞认为，在分子的层次上，代谢反应并不是无向量的。当酶位于膜内，当这样的位置考虑到有向的（即方向的）新陈代谢及基团转位穿过该膜时，这很容易论证。因此这种概念最先被用于细胞代谢与膜转运的偶联。 178

　　斯宾塞进一步阐述了这一概念，并在 1961 年提出了他的化学渗透假说，在该假说中能量保存（对腺苷三磷酸的产生很有必要）通过质子的流动穿过转导中的膜而达到……

　　"天才"的观念在这里是作为一种适当的解释因素而用的，因为它干净利落地解释了新陈代谢研究的发展，正如本文所描述的那样。第一，"天才"的观念似乎很恰当，因为据坎宁安所说，是斯宾塞，也只有斯宾塞能够解决对别人来说仍为谜团的问题。他不但解决了光合磷酸化及氧化磷酸化之谜，而且解决了其他突出的问题，如穿过膜的离子转运问题。第二，这些谜团"一下子"被驱散了。这似乎暗示斯宾塞的智力才能真是卓越非凡。这似乎也在暗示斯宾塞并没重要的学术前辈也没有助手。他对这些长期存在的问题的解决被描绘为通过对科学问题进行基本的、个人的概念更新而取得的。第三，斯宾塞的解决方案从一开始就被认为是正确的。这样，斯宾塞并不是简简单单地提供了一种方案，而是多种方案。此外，斯宾塞的贡献十分重要，因为他推翻了新陈代谢研究的其中一个基本的假设。与其他研究人员不同的是，斯宾塞能够承认无向量反应概念的局限性，并能用一种选择性的、更有实验创造性的概念来取代它。因此，斯宾塞的贡献被描绘为与在现代生物学发展上其他特别著名人物的贡献一样，而这些人物在文章中曾提到过。像生物学界的其他成员一样，斯宾塞已界定并启动了一个全新的研究领域，没有他的卓越工作，该领域就不会存在。

坎宁安文章的第四段几乎完全是对斯宾塞的化学渗透假说的四个假定的总结。于是文章做如下推论：

> 这四个假定最初是在纯理论的基础上提出来的，现已在世界各地的实验室里经过多次实验证实。围绕着某些分子机制的细节的困难仍然存在，但是该假说的概括性的轮廓、有向的新陈代谢的主要成分，基团转位及质子流是不容置疑的。正是化学渗透假说上的这些成分及它们的组合使我们对细胞的新陈代谢、其能量学、组合及控制的理解发生了根本变化，并为斯宾塞赢得了诺贝尔奖。

最后一段又使我们回到了文章的颂扬目的上。它证实斯宾塞的革命性思想不但具有高度的首创性，而且是正确无误的。而且，该理论的必要成分被描绘为在随后的十七年里保持恒久不变。这个基本的发现只是斯宾塞一个人在 1961 年做出的；在该领域自此之后所发生的事情仅仅是对该原始事件进行的实验证实。同样的方式，斯宾塞被描述为没有学术前辈和同代人对他的生物动能学的概念更新提供帮助。最后一段阐明得很清楚，对他的值得一提的理论贡献,人们并没有作随后的更改或修正。

用布兰尼根的话来说,通过这种表述方式,化学渗透理论的发现被客观化了,并且与斯宾塞的名字牢牢地联系在一起;尽管在当时没有几个参与者认识它为何物,但斯宾塞所做的独一无二的发现实际上就发生在1961年。这样斯宾塞的首创性的、前所未有的发现,显然就成了生物化学的历史发展上的一个"自然事实"。坎宁安的文章阐述得清楚明了,尽管直到20世纪60年代和70年代进行这种实验之后,我们才能肯定化学渗透是一个真正的发现,可我们现在知道它过去一直就是发现。因此,他这样推断,既然我们确实承认斯宾塞的成就具有空前的、突破性的、独一无二的特点,那么我们授予他最负声望的科学奖,把我们的承认公之于众,才是唯一恰当的做法。

布兰尼根在讨论关于科学天才的"民间理论"时,其中的中心要点是,在对该理论进行分析时其内容是空洞的,它对于我们理解发现是如何被获得的并未增加新东西。我们看到斯宾塞被假设的天才的所有含义早已出现在文中的其他成分中,这样看来文章所说的是事实。假如我们把坎宁安对生物化学发展的描绘,把对斯宾塞假说的地位等等的描绘看成是文学上的描绘,那么斯宾塞的"天才"是不言而喻的。换句话说,任何人赤手空拳一下子就给重大科学之谜带来一种成功的、实验上富有创造性的概念更新,该概念更新名列其他著名科学家所做出的最高贡献之列,那么根据定义,任何一个这样的人都是天才。这就是"科学天才"的含义。

坎宁安认为斯宾塞称得上是"天才",于是这个浓缩的术语似乎总结了他正在讲述的"化学渗透的发现"故事的某些主要特征。如此看来,这对于我们去理解此发现并没有增加任何东西。假如我们把"天才"从第三段开头去掉,使它成为:"斯宾塞的伟大贡献是将增加一个额外的方面……"我们对发现的理解未必会有看得出来的改变。考虑一下坎宁安文章中所有的相关的解释工作,我们会看到"斯宾塞的天才"与"斯宾塞的伟大贡献"是密切对应的。

然而,如果坎宁安会提供一个完整的发现说明,那么他对"天才"的谈论确实引入了一个必不可少的新的文本代言人。尽管"天才"的观念暗含在文章的其他部分中,但直到"天才"被认为是文本上重要的媒介,文章才对该发现提供清楚的解释。谈论斯宾塞的独一无二的、前所未有的贡献等等,肯定会暗示他具有非凡的智力。但是直到"天才"的观念或者某个类似的活跃媒介被引入文中,文章才对该贡献的前所未有的特征做出清楚的解释。所以,在实际的文章中,不是斯宾塞,而是斯宾塞的天才给生物动能学增加了新的方面。这样,就坎宁安文章的结构而言,"天才"这个词的使用并不空洞。正是通过他对这个词的使用,作者提供了一个清楚的发现说明,也就是在把发现归因于斯宾塞的天才时,他清楚地认识到斯宾塞意味着什么:意欲解释发现,意欲为整个事件的非凡的过程提供一个可以理解的起源。

一位分析者,比如布兰尼根,正确地指出"天才"归属于参与者对相关的文本没有产生很大的影响。但正是通过适当的文本组织形式,参与者们使"天才"的归属显得很有说服力,同时对日常实际目的来说是可解释的。"天才"的观念是可以"解释的",恰好是因为它总结了暗含在某种发现说明中的大部分内容(参阅 Woolgar,1980)。

181　　在对发现的分析中,布兰尼根表明只要参与者成功地把事件理解为符合某些解释性标准,尤其是适当的动机、首创性及正确性标准,那么此事件就可由社会建构为发现。不论"发现"这个词是否在任何特定场合使用过,符合这些标准的活动就可以被看做是发现,因为这些标准给出了参与者对"发现"所下的定义。迄今为止,我关于"天才"的结论与此非常相似。我认为某种发现可以被认为是天才的产物,假如它能符合以下标准:它在时间的某一点被某特定的人发现;它涉及一个重要的概念化行为;这种新概念的适用性需要由没有得到这个概念的其他科学家来指出;它解决了具有非常重要的科学意义的问题;它开启了成功研究的新大道。我认为在对发现这样描绘时强调了其特征,从而根据天才或者令人敬畏的才能或者某些对等的措辞,这些发现是可以解释的。从这个意义上说,"天才"是某种发现解释的一个成分。它是文本方法的一个方面,参与者可以用来对某一特定背景或某一特定场合的某发现作特别的描述(参阅 Gilbert and Mulkay,1984,第三章)。

当然,坎宁安文章描绘的场合是授予斯宾塞诺贝尔奖。他的文章赞扬了诺贝尔委员会的判断,即化学渗透理论是重大的科学贡献,其发现是由斯宾塞一个人完成的。因而我们必须承认,坎宁安文章中对该发现的描述不仅仅是一个发现说明,它也是一个庆祝性的说明。我把这点表述得更为全面些就是,任何发现说明可存在于附加的解释工作的文本中,如庆祝获奖、观点争论、回答采访者的提问等等。假设每个发现说明的形式与内容在组织时都要满足进一步的解释工作的任何需要,这似乎是合情合理的(参阅早些时候对首创性与重复解释的讨论)。

在坎宁安的文章中,庆祝工作似乎成了第一位的。因为文章的开篇与终结都是无条件地赞同授予斯宾塞诺贝尔奖的。我认为,正是这一点使该文章集中在个别获奖者的独一无二上,使发现

说明完全围绕着这个人的成就，因此才产生了对个别天才成为一
182 个明显的解释因素的描述，这不仅用来解释尚有疑问的发现，使之
客观化，而且证明该奖励是有道理的。

上面这个讨论说明，在不同的上下文中我们可以想到会有不
同的解释工作，所以对于某"发现"我们将会找到根本不同的说明
和不同的解释。让我们看一看当斯宾塞在进行庆祝他自己荣获诺
贝尔奖时，他对发现的说明与坎宁安的说明有怎样的不同。

斯宾塞的诺贝尔奖演讲

斯宾塞的诺贝尔奖演讲比坎宁安的文章要长得多、复杂得多。
因而，为了避免使我的分析变得太过庞杂，在研究其文本时我需要
有所选择。因此，在这一部分，我将集中在几个特征上，它们与以
前及随后的讨论尤其相关。

斯宾塞的演讲有一个引人注目的特征，就是它庆祝另一个人
的天才，也就是他老师的天才，我称他为金(King)。这在演讲的题
目中表现得很清楚："金的呼吸链概念与其化学渗透的结果。"这个
题目很恰当，因为该演讲的其中一个主要的主题是，斯宾塞的化学
渗透反应的概念是直接从金以前关于呼吸链性质的概念中得出来
的。于是，在第二段我们发现：

化学渗透反应观念发展的最有成效的(也是令人惊奇的)
结果或许是其在工作方面提供的指导，它引导回答关于呼吸
链系统及类似光氧化还原链系统的三个问题：它是什么？它

做什么? 它如何做? 金的天才使这些问题的重要性得以揭示。我希望在这篇文章中表明,由于许多生物化学家的艰苦劳动,原则上我们现在可以回答前两个问题,对第三个问题的回答我们也已获得很大的进展。

在最后一段,斯宾塞在结束这个演讲前,对金又称赞了一次:

> ……尤其值得注意的是,金在化学上简明的呼吸链观点现在看来似乎一直是正确的——他值得获得这么大的称赞 183 当高能化学媒介物开始流行时,他在加入进来时却是那么勉强。

对化学渗透假说的这种表述与坎宁安的表述有很大的不同。我们现在知道,斯宾塞不但有个天才的前辈,而且通过从该前辈那里获得对呼吸链性质的正确理解,斯宾塞的贡献才有了可能。此外,在文章的其他地方,斯宾塞提到其他七位研究人员的名字,他们在 20 世纪 50 年代对促使化学渗透理论产生方面提供了"建设性的线索"。而且,斯宾塞把科学理解的发展描绘成一种"进化",而非对能量保存之谜一下子揭示的一种解决办法。

而且斯宾塞的故事是一个缓慢的累积过程,在 20 世纪 50 年代受金的天才的启发,并在 20 世纪 70 年代"终结"。在许多科学家作出艰苦的贡献之后,那四个假定的实验证实很大程度上由他负责阐述。在斯宾塞的文本中,创始的、解释的因素是金的天才,而非他自己的天才。与坎宁安的说明相比,我们可以说在诺贝尔奖演讲中"天才"的概念从斯宾塞转移到了他的前辈金,这样,历史进程的起源以对化学渗透理论的证实而告终。但是为什么会这样？诺贝尔奖演讲所要求的解释性工作对造成两种说明与天才的两种归属之间的显著差别负有责任吗？

至少在科学家的公开话语中，直言不讳地把天才或非凡的才能归属自我一般都会避免。如果真是这样，那么公开对天才进行归属将使用第三人称，而非第一人称。"他是天才"是允许的，在某些上下文中更受欢迎。"我是天才"一般不被接受。在这个假设下，任何诺贝尔奖演讲者都面临不用天才的第一人称归属来讲述关于他自己工作的庆祝故事这样的解释任务。此外，我将在本书的最后一部分阐明，并且我已在别的地方详细说明过（Mulkay, 1984b），诺贝尔奖话语的结构是按照从非获奖者到获奖者，然后又到非获奖者的称赞循环来进行组织的。换句话说，诺贝尔仪式的传统似乎要求获奖者把自我称赞保持在最低限度，要求强调别人184 对获此殊荣的工作所作的贡献。这种模式的不断重复保证了诺贝尔颁奖仪式成了对作为一个整体的科学界成就的庆祝。

斯宾塞遵循这种模式，优雅地解决了避免过多地自我称赞的问题——用演讲来庆祝金的工作，把任何明确地提到他自己的首创性保持在最低限度。这样，斯宾塞没有认为自己有任何卓越的才能，而是保留了庆祝的要素，即对某科学家的特殊成就的认可，并把"天才"的观念附带用作他对该领域系统阐述的一个解释因素。在本文中金因提出关于呼吸链性质的"正确的"科学观点而受到称赞，这些观点也是斯宾塞自己的观点，当然这是千真万确的。从这个意义上看，斯宾塞对金的庆祝间接上是对他自己工作的庆祝。然而，通过转移"天才"的位置，他用最小程度的自我祝贺获得了这种庆祝。因而，同坎宁安的情况一样，天才的归属从本文上看并不是空洞的。它不但提供了最终导致化学渗透发现的工作缘由点,而且也使得斯宾塞以谦卑的态度庆祝了他自己的科学成就。

于是,我们看到在不同的解释场合,不同于坎宁安的某发言人对这个特定的发现提供了根本不同的说明,并已找出了一个不同的创新天才。虽然我不会详细地证明这一点,但很明显,斯宾塞把"天才"归属于金是与相关的解释工作相伴而生的,并且恰如其分。此相关的解释工作与坎宁安把"天才"归属于斯宾塞极为相似。例如,对呼吸链在化学上的朴素特征的承认被描绘为金的非凡的成就;金承认真理的能力与其他科学家有限的能力形成对照;尚有疑问的科学问题的根本重要性得到了强调;正确答案得到了大量的实验证明等等。

因而,这种潜在的解释结构在我们研究过的两个例子中非常相似。两位作者以一种庆祝的方式用"天才"的观念讲述了一个科学发展的故事,在故事中一位有极高天赋的人作出了独一无二的贡献,这类人凤毛麟角。而且,两位作者把"天才"归于某个人。在这些方面,两个描述的结构是相同的。然而,在具体细节上,它们截然不同。正如我们看到的一样,这些差异的产生仅仅是因为斯宾塞是坎宁安故事的中心人物,因为斯宾塞没有把"天才"归属自己,或者可能是被迫不把"天才"归属自己。

在我们考虑第三个发现说明以前,有必要简明扼要地注意一下斯宾塞诺贝尔奖演讲的深层特征。因为斯宾塞在文本中把化学渗透理论直接联系到金的呼吸链概念上,他说明了该理论的必不可少的要素,这样就强调了与金的工作有联系。人们还会记得坎宁安通过把斯宾塞的有方向的(有向量的)化学反应的概念与无向量的概念相对照,阐明了斯宾塞的根本创新的性质,而在20世纪

185

50年代其他生物化学家就是用无向量的概念来理解呼吸链的。斯宾塞与坎宁安都没有说在这方面金在当时与其他生物化学家有什么不同。因而,斯宾塞不得不以不同于坎宁安的方式来描绘他的理论,把金及他本人与该领域所有其他的贡献者区别开来。斯宾塞强调,只有他与金坚持认为,呼吸链中能量保存的氧化还原过程在化学上与磷酸化过程相分离,这种能量靠磷酸化过程来产生腺苷三磷酸(见图1,p.26)。有人认为,所有其他的研究人员都犯了认为呼吸链是多功能的错误,理由是它直接涉及能量被用于制造腺苷三磷酸的磷酸化以及自由能量得以产生的呼吸过程。

这种阐述使金在化学上的朴素的呼吸链概念几乎遭到普遍地拒绝,而选择赞同化学上的复式概念,根据这个概念,呼吸链成分直接参与的不仅是已知的氧化还原变化,而且是涉及高能媒介物的其他化学变化。

斯宾塞后来又写了几行,"到1965年为止,氧化磷酸化领域布满了许多爆炸过的高能化学媒介物闷烧后的残余物。"当然,是化学渗透理论最终帮助证明了假设的高能媒介物并不存在,"只得回到金的关于化学上朴素的呼吸链观念上"。

我希望强调的一点是,斯宾塞在组织他的演讲文本时,突出了他自己的工作与金的工作之间的交互重叠,把他们的主张与根据高能化学媒介物进行思考的那些人的观点相对照,于是他描绘的化学渗透理论渐渐地与坎宁安的很不相同。我并没在暗示坎宁安对有向反应的强调与斯宾塞对呼吸链的化学简单性的强调是"不相容的"。然而,他们在重点上确实不同,按照这两个文本组织的迥然不同的解释主题,他们确有不同。因而不仅发现过程的说明可以一个文本不同于另一文本,而且按照相关的解释工作作者们对所发现东西的描绘也可以各不相同。由于这一点在别的地方已详细论证过(Gilbert and Mulkay,1984),在此我不再详述。然而,在下一部分它将具有更大的意义。

下面我们把迄今所研究的两个庆祝文本与在另一个在形式与内容上有很大不同的文本进行对照,来探究一下从发现说明的文本组织中可以了解些什么。

文化成熟与多重发现

在这里需要考虑的文章题目为:"质子驱动腺苷三磷酸形成的起源:个人的分析。"这是由詹宁斯博士在1980年所写的,是论述生物动能学研究发展的个人随笔文集中的一篇稿子。这样的个人回忆录集对文本性质的限制比庆祝性的文章或演讲要少。所以詹宁斯做历史描述的解释背景本质上是自我产生的。它是由核心的、有组织的主题所提供的,詹宁斯正是围绕着这些主题来编织他的故事。詹宁斯文章的主题可被描绘为一种论证(或抱怨),说明实际上是他的发现却被错误地归功于斯宾塞一个人。下面对这个主题的总结出现在文章的最后一页。

从1961年到1978年,在我觉得受了欺骗时,我没有犹豫。我为这个自我证明的竞赛所累。基于我对自己工作的了解,我做出了这样的反应,在这里我用这种公认的主观分析把它记录下来。我并不是觉得被骗了八万英镑,或被骗去了荣誉——我认为这些东西对我意义不大。然而我觉得我掌握的一套见解被认为是另一个人的,而我与此人关系并不融洽。

187 我就心下生疑了,"评判者们知道这些事实吗?"(他们怎么能知道呢?)"评判者知道他们赞成的是什么吗?"(我对此有点怀疑)

于是詹宁斯着手对他自己的工作以及该领域的发展提供令人信服的说明,这使得他自己的发现客观化,同时又让我们理解荣誉是怎样变得张冠李戴。

"天才型"的故事不容易适合这些要求。"天才"被认为是独一无二的和非同凡响的。然而,詹宁斯解释的核心是,他和斯宾塞两个人几乎在差不多相同的时间做出了相同的发现。实际上,詹宁斯所能提供的不是对前所未有的个人成就的说明,而是对非常接近于多重发现的东西的说明。他的学术传记的细节一定属于由布兰尼根所提出的关于发现的第二个民间理论的基本框架,也就是文化成熟理论。因而,在文章的第一段,他这样写道:

> 我希望强调这种合作方式,在这种方式中这些"新思想"在一个领域的发展得益于来自许多领域的新信息的综合。以我之见,这种发展很大程度上是不可避免的,取得某些进展的个人碰巧卓越非凡,仅仅是因为他们在适当的时间处在适当的地方,并专注于特定的观念与实验。假使有几个星期,几个月或不几年的时间,相同的答案会出现在别人的名下。鉴于如今活动的水平,在生物化学上伟大科学家的思想仅仅是一个神话。

詹宁斯描述了他如何逐渐发现"质子驱动腺苷三磷酸形成"的故事细节,这样把主旨赋予了这种科学发展的全面观点。他对事件的看法可总结如下。在 20 世纪 50 年代期间,他在科学研究的不同领域之间奔波,每个领域对理解通过质子传递腺苷三磷酸形成提供了一个必需的要素。到 20 世纪 50 年代末,他已把各种片断连在一起,并发现腺苷三磷酸是由在生物膜中的质子易位产生的。但是其他的科学家不可避免地也在相同的行业中做了研究。尤其是斯宾塞正在阐述一种类似于詹宁斯的假说,尽管詹宁斯是第一个掌握、第一个公布这些基本思想的人,但斯宾塞却得到了承认,并获得了嘉奖。这种情况的发生,部分地因为斯宾塞采用了詹宁斯的某些概念,从而改进了他自己的最初很不恰当的分析,还因 188 为斯宾塞并没有承认他的竞争者在他之前所做的类似工作曾给予他学术上的助益。

在下面的摘录中,詹宁斯描述了他是如何进行发现的。

在 1957 年到 1959 年之间,我早已在所有这些领域(已列出的四个领域)中进行了研究,这时,我第一次想到质子梯度、多磷酸与腺苷三磷酸的缩合反应之间的联系。

……人们或许会偶然获得各种各样的点滴知识,尽管他没有意识到所有这些点滴,它们都会随时不断地相互作用……

在 1957 年,我对这些论题一下子豁然开朗了……那时正意识到腺苷三磷酸的合成可以由一个质子梯度来驱动,在 1957 年(发表于 1959 年),我并不知道有把这样的一种梯度与腺苷三磷酸形成相联系的类似研究。

　　詹宁斯对自己经历的这种描述与他以前的陈述一致，即科学的发展在很大程度上是不可避免的，而任何个人的贡献在相当大的程度上都是偶然的。假如这些非人力在起作用的话，那么其他科学家独立地提出相似的思想，就被看做恰好是人们所期望的。而在坎宁安的解释中，20 世纪 50 年代发生在生物化学的许多领域的"迅猛发展"是这样被提及的：强调在氧化磷酸化中未解决问题的难以驾驭性，表明要解决它们需要个别天才的行为，然而詹宁斯采用其他领域的成果来使氧化磷酸化问题的解决显得迫在眉睫，同时使具有必要背景的任何研究人员都有机会接触这个问题。

　　对詹宁斯来说，生物化学其他方面发生的迅猛发展直接导致由质子驱动的腺苷三磷酸生成的发现。所以这一发现过程并没有完全依赖任何个人的活动，尤其是有天赋的个人的活动。相反，发现是在不同科学家大脑中逐渐成熟的形形色色智力成分的逐渐结合的顶点。然而，詹宁斯对文化成熟的描述并没有迫使他放弃"发现的瞬间"概念，也没有削弱他声称他就是这位发现者。詹宁斯强调，对于处在适当的时间、适当的地方的那个人会出现这种情况，所有根本不相同的要素突然结合成一个统一的概念，一个现实的某部分如何运行的概念。詹宁斯暗示，个别发现者在此刻觉得像科尔特斯（济慈对此作过描述）一样第一次向外望见了太平洋。

　　　　在发现（或再发现）质子驱动的磷酸化时，我感觉我已发现了自然的某个秘密，从纯粹个人角度来说我深为满意。假如我可以写成抒情诗，那么这种感觉就像我站在"达连湾的岩石上^①"一样。

于是詹宁斯的文化成熟"理论"从文本上有效地使发现的行为客观化,使这个事件看起来外在于发现者的承认,并独立存在于自然世界中,不受他的复杂的解释工作的束缚。这一理论也使詹宁斯对个人引起的伴随着发现的最后行为的非同寻常的意识状态提供了详细的描绘,尤其是详细地描述了他是如何进行发现的。同时,詹宁斯能够拒绝接受"天才"这个概念,能够说它只不过是一个神话而不予考虑,至少就生物化学来说是这样。他对任何说明提出质疑,比如坎宁安的说明,在这里斯宾塞或金对生物动能学贡献的独一无二性由于他们非凡的才能而客观化。最后,也许是本文中最重要的,詹宁斯的历史解释的决定论形式考虑到这种可能性,甚至或然性,即任何重大问题的几种相似的解决方案几乎会同时出现。

詹宁斯的基本观点是,所有的科学发现都具有潜在的多重性,在下面标题为"发现的性质"的一整段中,詹宁斯运用了他自己的事例来说明这一看法:

> 当我正在对生物系统中的无机反应进行分析时,另一个人正在研究膜——我们两人都朝着氧化磷酸化进军。那另一位就是斯宾塞,他已在对渗透的梯度如何能与化学反应、化学渗透联系起来的观念进行阐述,例如,在1950—1960年期间,

---

① 引自济慈的十四行诗《初读贾浦曼译荷马有感》,表现发现新天地的狂喜。——译者注

Na$^+$/K$^+$梯度如何与腺苷三磷酸水解作用有关……当斯宾塞在布拉格的一个会议上呈上一篇论文时,我在1960年8月直接谈到他工作的地位。在这篇论文中化学渗透的思想已清楚地提出,但没有提及腺苷三磷酸的形成是如何由质子驱动的。在1960年9月中旬,斯宾塞第一次提出他对氧化磷酸化的看法作为在斯德哥尔摩的论文的第二部分,并且已经把由化学渗透驱动的腺苷三磷酸的形成包括在内。这两篇论文都发表于1961年。这种明显的巧合就发生在1960年8月7日我把论文呈交给《理论生物学杂志》(*Journal of Theoretical Biology*)的那个月份,斯宾塞一定想到了吸取质子的腺苷三磷酸的形成。我们经由两条完全不同的路线得到了几乎完全相同的结论。这真是十分显著的巧合。遗憾的是,同达尔文与华莱士不同,我们的行为举止没能像旧式的绅士那样,而是按照科学竞赛的新规则来表现的。

当然,把这一段当作反话来读是完全可能的,即当作暗示这种"显著的巧合"根本不是一种巧合,事实上斯宾塞把化学渗透梯度应用于腺苷三磷酸的形成是采用詹宁斯的思想。然而,这一段字面的效果表明,按照文化成熟理论,两位独立的研究人员如何"由两条完全不同的路线得到了几乎完全相同的结论",这一段也解释了其他科学家可能在不知道实际上什么已揭示的情况下,错误地把这最初的发现归功于斯宾塞:"我心存疑惑,'评判者们知道这些事实吗?'(他们怎么能知道呢?)。"

科学上不可避免的文化成熟概念使詹宁斯的故事更加令人信服。如果所有的科学发现都潜在地具有多重性,那么要消除詹宁斯在这特定情况下的抱怨更加困难。如果任何重大的发现通常会有许多当事人,那么发现的任何特定的归属必须通过仔细地研究谁说了什么,写了什么,写给谁来解决。在文章中,詹宁斯使用了文化成熟方法来证明他自己对已发表及未发表的文件证明的详细研究是正确的。他断定,他是在1959年公布对质子梯度促进腺苷三磷酸产生做出基本正确描述的第一人。因而,在詹宁斯对该领域历史的重新讲述中,他成了腺苷三磷酸形成基本过程的发现者,斯宾塞成了实际上姗姗来迟的人,然而他却从中渔利。[2]

何者在何地、何时说了什么?

我在上一部分所讨论的内容,一般被社会学家们描绘为"优先权之争"(Merton,1973)。但是,正如布兰尼根强调的那样,这类争 191 夺的参与者很少仅仅争论谁先发现或发表某科学阐述;他们通常也参与争论哪种科学阐述形式是正确的(1981,p.77)。优先权之争具有这种认知取向,因为正如我们早些时候看到的,参与者没有停止假设他们谈论的是相同的发现,却可以用不同的方式来系统阐述所发现的东西。

我们已经注意到,斯宾塞与坎宁安对发现的科学内容的描述在侧重点上是如何不同的。詹宁斯引入了第三种阐述,其中心观念是腺苷三磷酸是由通过生物膜的质子运动产生的。詹宁斯坚持,实质上正是这种他与斯宾塞的方案共有的观念组成了该发现,由此才有了他的历史性的文章的题目,"质子驱动腺苷三磷酸形成的起源"。其基本思想正如在詹宁斯关于1959年发现的文章中描绘的那样:"通过把氧气用于产生质子,然后在阴离子磷酸盐团的缩合(腺苷三磷酸的形成)中吸收质子,氧化磷酸化可以被直接驱动。我们并不是相信只有这个是氧化磷酸化的机制,而是它用于说明总方案的一部分。"

虽然詹宁斯承认斯宾塞和他都在很短时间内发表了关于氧化磷酸化基本上相同的概念,但他坚持只有他的发表包含这个发现,不仅因为他认为斯宾塞可能采用了他的(詹宁斯的)基本思想,而且因为斯宾塞并没有完全把握质子传递的性质。换句话说,斯宾塞被说成在时间上落后了,又在科学上是错误的。特别值得深思的是,詹宁斯斥之为科学上不正确的斯宾塞的化学渗透理论的特征,恰好斯宾塞认为是他的诺贝尔奖演讲中的中心观念,也就是呼吸链的氧化还原反应在化学上及空间上完全与腺苷三磷酸酶相分离,根据化学渗透理论,腺苷三磷酸实际上是被制造出来的。以詹宁斯之见,由于各种各样的理由,这不可能是事实。相反,詹宁斯提出,正如斯宾塞所强调的,用来制造腺苷三磷酸的质子并不通过膜的外部来组成一种扩散的质子梯度,而是通过膜内或沿着膜的一个局部的通道从呼吸链直接传递到腺苷三磷酸酶。

192 ……把质子与腺苷三磷酸合成相联系的斯宾塞机制无疑是错误的。来自氧化作用的质子穿过膜……[化学渗透]并没有通向腺苷三磷酸酶的质子通道。可能局部电路是没有问题的。全部的因素都被排除在任何这样的方案之外。而且同一个质子梯度后来以一种完全可逆的方式违背许多化学制品的化学吸收。于是,所有的过程都不可避免地均衡地穿过膜,结果其细胞有了氧化还原活动、质子梯度、化学合成(ATP)离子及代谢物梯度的固定的状态。这个系统也会遇到缓冲与容量的问题。我不能相信这是真的……[化学渗透]在原则上也是错误的?就我个人来说,我认为它是错误的,我认为诺贝尔奖的判定过早了,这可能会伤害这个领域的进一步研究……我相信所有的数据与由膜范围之内局部系统的质子驱动腺苷三磷酸的形成一致,化学渗透仅仅是查看备用贮存的一种有用的方式。

在这些段落中,詹宁斯承认斯宾塞的方案确实有一个独特的要素,他用类似于斯宾塞在他的诺贝尔奖演讲中使用的措辞发现了这个要素。但是这个最初的概念被看成完全是错误的,根本不是斯宾塞(或金)为我们理解腺苷三磷酸产生所阐述的基本特征。布兰尼根已清楚地阐明过,科学家们只把被认为是正确的那些知识主张当作"发现"。在詹宁斯的文章中,尽管斯宾塞被认为部分地理解了腺苷三磷酸是如何通过质子运动产生的,但他对这个基本看法的详尽阐述被认为是错误的。对詹宁斯来说,斯宾塞的"化学渗透反应"的观念,当用于某些生物化学现象时,可能是一个发现,但是它肯定不是对于腺苷三磷酸是如何形成的发现。

詹宁斯的文本绝不是庆祝性的,它使我们更清楚地看到了斯宾塞与坎宁安提供的说明所依赖的解释性工作。例如,坎宁安认为斯宾塞对该领域所作的独一无二的贡献是他的有向反应概念。他根本没有提及詹宁斯的工作。然而在坎宁安看做是斯宾塞"发现论文"发表之前,詹宁斯已通过书信与斯宾塞讨论过有向反应的作用,詹宁斯固执地认为斯宾塞的方法以及他的方法都是有向的。当然,坎宁安能够合乎情理地指出,在庆祝获得诺贝尔奖的短短的文章中处理这样的复杂历史事件,这是不可能的,他的任务仅仅是

反映对斯宾塞的科学成就的共同理解。然而,这样一种回答清楚
地意味着,某作者在特定的场合讲述了斯宾塞的发现的故事,该故
事可满足此种场合的种种需要及限制。因而,坎宁安文章中对事
件的描述仅仅是任何作者都能构建的故事之一,这已是一目了然
的事。在坎宁安的庆祝文章中,其说明极为简略,这样似乎只有一
种化学渗透理论,只有一篇候选的发现论文,只有一个可以相信的
发现者。从而他提供的说法使斯宾塞的成就及诺贝尔奖的授予显
得毫无疑问。

在诺贝尔奖演讲中,斯宾塞要是采用这样的概述几乎是不能
过关的。事实上,斯宾塞详细地描述了该领域在 1950 年与 1978
年之间的发展,他在几个要点上确实附带地论及詹宁斯的工作。
然而,斯宾塞对事件的描述含蓄地否定了詹宁斯的任何主张,即关
于腺苷三磷酸形成过程的发现,甚至否定了他在任何重要方面对
该论题有所贡献。

斯宾塞的文本至少有三个特征能够取得此种效果。首先,尽
管有七位科学家被提到对探求化学渗透提供了"建议性的线索",
但詹宁斯不在此中。在已发表的斯宾塞的文本中,所引用詹宁斯
论文最早的日期是 1962 年,即在斯宾塞的"发现论文"发表之后的
下一年,在詹宁斯的"发现论文"之后的第三年。第二,尽管该演讲
从未明确地涉及首创性或优先权的问题,但一连串的日期却包含
在"当它发生时"的文本中,这样对这个单一文本所作的任何详尽
的研究将有利于斯宾塞毫不含糊地解决这个事件。

当这种假设的主要的质子推动腺苷三磷酸酶原理第一次
被概括出来时,那是在 1960 年在斯德哥尔摩举行的一次国际

会议上……

当这些假定在 1961 年作为化学渗透假说的基础提出时，它们几乎完全是假设的，并没有从实验上进行探究……[这些假定]现在已历经 17 年的深入细致的详尽研究而未被淘汰[在 1978 年]……于是这些情况使得我在 1953 年的一个专题讨论会上这样谈论道："……在复杂的生物化学系统中，比如那些执行氧化磷酸化的系统，关于渗透的详述及酶的详述似乎同等重要，它们实际上可能是同义词。"

尽管我们承认詹宁斯称其基本上已想到了同一观念的主张，但斯宾塞的演讲提供了发现的年月顺序，从而证实了他的优先权问题。然而，斯宾塞的文章通过描述詹宁斯工作的特征，从而有效地推翻了这种主张。 194

到 1965 年为止，氧化磷酸化领域布满了许多爆炸过的高能化学媒介物闷烧后的残余物……然而，对高能媒介物的探索历经 20 世纪 60 年代，并稳步进入 20 世纪 70 年代，而这种偶联机制类型的概念把呼吸与腺苷三磷酸形成联系起来只有较小的扩大……这种概念的扩大，源于沃森、高恩、赫胥黎、皮尤、芬内尔、詹宁斯及其他的人……提出的有独创性的建议。这些研究人员假定偶联可能会通过一种直接的构象反应或其他非渗透的物理反应或化学反应来取得——例如，那或许涉及质子作为一种局部的无水化学媒介[詹宁斯于 1962 年与 1970 年在论文中引用过]……在假设的复式呼吸链系统中，该系统经常被描绘为"磷酸化呼吸链"。

在前面讨论过的詹宁斯的文章中,他把自己坚定地与氧化磷酸化是由高能化学媒介物引起的这种正统的观点区别开来。他不仅避免把"化学媒介物"这个词语用于他自己的概念中,而且他把他的质子驱动磷酸化观念描绘为与这个观点从根本上相背离。然而,斯宾塞把詹宁斯的概念置入现在受到怀疑的(1978)高能化学媒介物范畴之内。詹宁斯的贡献不是被当作一种根本的背离,而是看做对基本上不正确观点进行了"较小的概念扩大"。同斯宾塞一样,詹宁斯提出了质子运动是腺苷三磷酸合成的决定性的部分,可斯宾塞认为这两者毫不相干。他还无视詹宁斯对这类特征的主张,如电荷分离、有向反应、通过膜的阶段分离、膜内的质子转运等等,所有这些似乎都有共性,詹宁斯声称所有这些都是在 1960 年到 1961 年之前提出的。而斯宾塞把詹宁斯的方法看做是等同于呼吸链中化学媒介物的较为传统的概念,其理由是,詹宁斯坚持在呼吸链内生成的质子直接地偶联到在腺苷三磷酸酶中的磷酸化过程。我们注意到,斯宾塞没有承认詹宁斯工作的这个方面,这恰好是詹宁斯用来作为否认斯宾塞理论的根据。因此,尽管两位作者

195 在氧化磷酸化概念上似乎有共性,但他们都关注用来维护他们自己的首创性,而否认对方的首创性。

甚至就在庆祝斯宾塞的获奖时,其他的科学家对化学渗透提出了许多看法,这些看法忽视了这样的细微差别,似乎把詹宁斯和斯宾塞都包括在内。例如,该领域的另一位生物化学家理查兹(Richards)写道,斯宾塞的发现中所包含的重要事实是"电子输送链及其驱动的各种装置作为质子环行的成分联系在一起,这样它们的反应通过环行的质子流动而偶联在一起的。"然而,斯宾塞与詹宁斯阐述氧化磷酸化这一假定的过程是为了把对方排除在发现

之外。因此,这两个人的文本,不论它们是否声称涉及首创性的问题,都是以认可每位作者的优先权的方式进行组织的。在这两种情况下,作者对发现的说明,及对优先权或含蓄或明确的归属,根据其对腺苷三磷酸生成的生物化学现实提出的实质性的主张而有所不同。

当然,这意味着,假如关于氧化磷酸化性质的科学观点要改变,比如说变得有利于这种观点,即包含在磷酸化中的质子通过膜的有控制的扩散过程移向腺苷三磷酸形成的位点,那么某些现存的发现说明需要对先前的描述做出更改。詹宁斯在20世纪50年代后期的工作可能受到较高的重视,可要把他与高能化学媒介物的提倡者区分开将会变得更加困难。而且,根据两个简单的历史阶段,也就是在斯宾塞的发现论文之前和之后,对该领域目前的描述将需要做修改。如今,在1961年之前的所有工作看做是"引向"那个日期,那个"发现"的日期(Woolgar,1980);而自此之后的所有工作被描绘为向后谈到该发现,例如,要么看做证实了该发现,要么看做没有认识到该发现的正确性。

假如詹宁斯的观点得到认可,那么这种简单的两个方向的历史模式也许将会被两个或许更多的阶段所代替,其中的一个阶段始于1961年对质子传递的发现。但所有的阶段将"向前指向"在将来的某个时间氧化磷酸化完成机制的最终发现。当然,斯宾塞对这个情况的描绘并不是这样。正如我们在其诺贝尔奖演讲上看到的,他认为"金提出的"三个基本问题中有两个现在已得到了回答,第三个也正服从于化学渗透理论的应用。在他的文章中,始于1961年的追溯式证实的历程正在接近完成,至少在氧化磷酸化领域之内是这样。然而,詹宁斯已经参与构建该领域长期进化的一个根本不同的、多阶段的概念,发现这一点几乎没什么好惊奇的。

> 未来已经很清楚了。我们对有控制的质子扩散到一个腺苷三磷酸合成位点上有一个总的方案。我们还需要发现质子是如何生成的,负电荷是如何移动的,质子是如何移动的,在其移动过程中它如何引起腺苷三磷酸的产生。所有这些问题是对蛋白质,尤其是有组织的蛋白质进行理解的问题。在最近的一篇文章中,我对如何看待与处理一些问题表明了我的想法,但是通过单一蛋白质的结构及动力学把蛋白质序列与其功能联系起来,这条路我们走得并不远。关于结合起来制造机器的蛋白质的研究我们才刚刚开始……膜机器的能量控制的性质仍旧是一个迷人的问题。[加黑体字强调]

因此,只要关于氧化磷酸化的生物过程仍然存在重大的差别,那么历史上的重新解释,那些关于以前发现的性质的反对观点,及围绕科学荣誉符号分配的争执,在该领域中很可能会继续存在。

庆祝话语及反对话语

本章对近来关于科学发现的社会学分析的主要观点提供了进一步的支持。它也有助于我们扩展此种分析,有助于描述和论证科学发现的某个实例,该实例在第二手的分析文献中从未得到过研究。

按照布兰尼根的分析,围绕在氧化磷酸化机制的发现上的争论,问题集中在适当的动机、首创性及科学正确性这三个构成性标

准上。这在詹宁斯企图对化学渗透理论公认的描述提出质疑方面
表现得最清楚不过了，而这三个问题在该描述中得到了清楚和详 197
细地研究。有人主张斯宾塞关于化学渗透的研究构成了发现，詹
宁斯对此提出质疑，其理由是它是不正确的，也没有首创性，斯宾
塞某些活动的适当性令人生疑。在坎宁安的文章中，以及很大程
度上在斯宾塞的演讲中，当对发现进行简单证实时，这些问题得到
了解决，但解释工作做得不够明确。然而，正如该领域的其他参与
者所进行的分类与描绘一样，斯宾塞的正确性、优先权及适当动机
在这两篇文章中从许多方面都得到了认可，这样斯宾塞对科学的
贡献就显得前所未有而又毋庸置疑。换句话说，就像布兰尼根所
认为的，在"该事件"过后的许多年里，该领域的历史可以通过参与
者的发现说明进行追溯性地构建，这样可以使该发现客观化，使它
作为"外在于社会世界"的东西出现。尽管事件的其他看法从未在
这两篇庆祝文章中提到过，但是这些文本的结构及内容把它们给
暗中否定了。

我们研究过的参与者在他们的发现说明中确实使用了"天才"
与"文化成熟"，布兰尼根的分析得到了这个事实进一步的证实。
我通过提出为了理解这些解释资源的用途，我们必须认识到发现
说明经常存在于复杂的、多功能的文本中，试图扩展布兰尼根对发
现的这些民间理论的研究。因而"天才"与"文化成熟"的概念不仅
对发现提供了貌似有理的解释，而且对某文本所进行的另外的解
释工作提供了便利条件。只有我们注意到发现说明的文本复杂
性，我们才会理解为何发现的多功能的民间"理论"不只需要一个。

我们已经看到，关于发现的这两个概念不仅仅是理解事后发
现的机制。它们也是参与者用来把特定的"事件"理解为发现的解

释方法的一个重要部分。因为某一发现不仅是对知识的一种适当推动的、首创的、正确的贡献,而且它也是我们自己及参与者们所知晓的某个事件,它必然要从文化成熟中或天才行为的创造性的工作中得出。通过把某科学贡献归属于这些因素中的某一个,我们从而使它显得更像是一个发现。

这两个概念除了有助于把这些事件界定为发现外,他们似乎对发现的产生提供了种种解释,而这些解释又提供了一个解释的休止处。换句话说,当某个发现用这些词语来解释时,进一步问"为什么?"的问题是没有意义的。为什么斯宾塞是天才,或者为什么詹宁斯碰巧在阐述他的理论所必需的领域之间进行奔波,问这些问题对解释为何化学渗透理论在那个时间并以那种形式出现似乎毫不相干。我们已看到,我们的三位参与者没有对这些概念作进一步的阐述,就把它们作为他们进行历史性重构的出发点。

虽然"天才"和"文化成熟"可以用来说明、指定事件为发现,但对发现的民间概念来说哪一个也不是必不可少的。存在着这两个潜在的不相容的民间"理论",这一事实足以说明它们哪一个也不是我们所说的"发现"含义的必要特征。由于这个原因,布兰尼根把发现的这两个民间"理论"与其构成标准区别开来是对的。"天才"或"文化成熟"是发现说明的选择性的特征。哪一个被选中依赖于在某文本中完成的相关的解释性工作。前面我们已研究过的材料对于这些理论的应用给我们提供了某些暗示。

"天才解释"的一个独特的特征是它关注个别科学家,关注他学术贡献的独一无二性。这特别适合庆祝性的文本,在这些文本中某科学家(或一小部分科学家)的工作受到赞扬。我在前面提到在那两个"天才文本"中,这个庆祝性的文本是第一位的。换句话说,在文本庆祝活动中,科学家对这些事件会产生许多看法,例如强调个人非凡的能力,其概念更新的根本意义,别人在理解上的迟缓,于是很自然地引向天才的属性。尽管我们已经研究了"天才"这个词实际上被采用的两个实例,但是这个特定术语的使用在我看来似乎不是特别重要。假如它不是如此笨拙,那么把这种描述称为"卓越的才能"的解释或许会更好。通过把科学发现的原动力定位在某个科学家的杰出才能中,这类说明提供了关于发现的种种解释,这些解释必定同时是对有创造性的个人成就的庆祝。我们知道,科学共同体多把荣誉给予杰出的科学家(Merton, 1973)。天才的民间理论或许可被理解为参与者用于赠与这样的荣誉、名称及奖励所使用的方法之一。[3]

对照之下,文化成熟的"理论"似乎用来产生完全不同的文本结果。我们已看到,这个"理论"可以解释发现,并使之客观化,也 **199** 可以允许每个发现者来描绘发现的实际时刻。但是它并不鼓励对个人成就的庆祝,原因是显而易见的,它把个人的贡献当作很大程度上是偶然的,把发现归功于超个人的力量。然而,"文化成熟"有两个重要的特征,这使它在某些情况下特别合适。第一个是它把所有的发现当作具有潜在的多重性;第二,与"天才"的观念不同的是,它很容易得到自我应用。

所以,当发生关于优先权的争论以及/或关于某个被认可的发现是否是真实的争论的时候,不利的一方可以用文化成熟"理论"来陈述己见,可提出存在着几个候选发现,并且也可解释为什么会有这种情况,这与主导性的发现说明正好相反。这样文化成熟概念提供了一种解释背景,在该背景下,对发现进行错误的归属似乎显得极有可能。

我绝不是在暗示使用"文化成熟"的科学家在这样的情况下之所以自觉地选择这个理论仅仅因为它适合他们的目的。对于一位科学家来说，构建一个描述，他需要弄懂的不是对该领域的独一无二的贡献，而是他认为是两个或多个相似的交叉概念，文化成熟的某种"理论"很可能会提供唯一合理的解释。这样的一种分析方法具有附带的有利条件，即允许挑战者声明，他对获奖或承认并不怎么感兴趣，正像詹宁斯所做的那样。他可以不断地提议，发现的这些副产品恰好偶然归属于他。因此，采用发现的这个观点的倡议者很可能也同詹宁斯所做的一样，把自己首先表述为在关注历史记录。当然，还必然得出，对科学史的任何修正将包括需要对科学荣誉的象征进行适当的重新分配。

假如天才"理论"是科学家庆祝话语的一部分，那么文化成熟的"理论"主要是反对方的话语的一部分。有些人在某一研究领域中不愿意接受占据支配地位的历史描述，所以反对方的话语有时就是在这些人之间产生的。因为如我们看到的，科学家的历史特性及发现说明的性质依据他们关于自然世界的科学主张而有所不同，只要积极的学术分歧继续存在，重新诠释过去的种种努力就很可能在任何领域继续下去。或许文化成熟"理论"对科学家来说是一种可利用的重要资源，科学家们正在试图改变那些被认为是公认的科学观点，因而他们正企图重新书写科学史。

第六章注释

1. 斯宾塞本人并没有使用名词"化学渗透"，他反对别人使用它。他只使用了形容词形式,如在"化学渗透假说"中。我偶尔用了"化学渗透"这个词,因为其他的生物动能学家经常使用。尽管斯宾塞反对,它却是该领域语言文化的一部分。这个问题还将会出现在下一章。

2. 任何人若对各种说明的历史准确性感兴趣,都可以查阅存放在皇家学会的詹宁斯与斯宾塞之间的来往书信。如果要去寻找这些信,那么就需要考虑我使用的是假名,因此请您谅解。

3. 詹宁斯对这段作了如下评论:"我想你已非常接近,但是还有别的东西。科学上'天才'的观念增加了浪漫的深度。而科学不仅仅是你、我在辛勤地工作,而是可以使大脑活动的潜在形式得到开发。尽管我们是优秀的分析者,但'天才'仍是我们大多数人为什么失败的原因。"在本章早些时候,他写道:"特别是我相信某科学家使用的'天才'意味着,一个人靠推理而非面向大众的实验,所以没有给予解释! 发现是普通的过程。"

第七章　有帮助的分析者：
分析性的发明

对任何独特的发现，在论及其地位时，分析者与参与者都需要或明确或含蓄地对大量潜在的问题提供解答。这些问题很可能包括以下几类：某种发现存在吗？假如有发现，是什么恰好被发现了？该发现是某科学家的独一无二的个人成就？还是不只一位科学家参与该发现？该发现是什么时间发生的？何时它开始被承认为是一个发现？我们怎么能确信它是一个真实的发现，而非欺诈行为、剽窃或错误？假如关于这类问题的答案在参与者之间存有分歧，它如何得到解决？在参与者之间需要有多少一致来证明某个发现？所有参与者的证言都会受到同等对待吗？假如某一发现在某个时候被证明在科学上是不正确的，那么它就不再是发现吗？

在参与者对某具体发现话题提供说明时，他们大部分通常会把这类问题看做具有显而易见的、确定无疑的答案。只有当我们在考虑比较各种文本时，我们才开始明白它们依赖的解释工作是如何复杂，他们的答案是如何各不相同。为了探究对"发现工作"进行解释的复杂性，下面我把参与者的文本用作关于"化学渗透"发现的虚构话语的基础。

虽然下面在文本中所设想的情形很明显是虚构的，据我所知，像那样的情况实际上没有发生过，但参与者的大多数陈述直接建立在以生物能学领域科学家使用的实际话语基础上。因此,对事实与虚构做任何简单的区分将不会抓住目前文本的性质。我认为,它应该被看做是对理解社会学或社会学诠释学的一次练习。202它是用科学家的话语资源来探究解释惯例的特征的一个尝试,这里他们把事件解释为发现。它是以一种适合这个特定研究领域之外的那些人们,尤其是那些非科学家的方式来呈现此惯例的一个尝试。正是由于这个原因,我简化了下面的技术讨论,我希望这样它们或多或少更易为非专家所理解。所有科学家的名字都用的是假名。斯宾塞博士和詹宁斯博士所说的话严格地依据特定科学家所做的陈述。其他每个人的话语来源则是形形色色。社会学家的话大致地建立在布兰尼根(1981)观点之上,所以,我已把那位作者的名字给了这位虚构的人物。我必须强调一下,无论他们的名字是什么,无论他们的话语来自何处,下面所有的人物应当看做是分析发明中的人物。

以下是对发生在几年前的就化学渗透反应的"发现"展开讨论时所做的录音文字记录。参加者中除了两位外,其余均为化学家或生物化学家,他们就氧化磷酸化论题的研究都已作出了贡献。这两位例外人士中,第一位是社会学家,他已被邀请列席,因为他对科学发现做过重要分析。第二位是审查员。在这里"审查员"的角色,模仿的是有时由科学上的"掌权者们"指定来调查可能的欺诈案例的审查员的作用。一位名副其实的审查员,他的工作就是发现是否有欺诈。要是有的话,就要有人对此承担责任,而这位审查员的职责是查明是否有发现,要是有的话,谁将为此而受到称赞。

参与者名单

审查员　　　研究员,虽然他从未从事过氧化磷酸化的研究,但在技术上颇有能力,被公认是一位为人正直且观察敏锐的科学家。美国人。

斯宾塞　　　通常被认为就是那位发现者。英国人。

詹宁斯　　　无机化学家,也声称自己是一位发现者。英国人。

埃尔德　　　与斯宾塞和詹宁斯同时代的成熟的研究员,他大体上接受化学渗透理论的正确性。英国人。

203 克里蒂克　　另一位成熟的研究人员,倾向于否认化学渗透理论的正确性。美国人。

杨格　　　　较年轻,支持斯宾塞。英国人但目前在美国工作。

斯塔司曼　　年长的科学家,推荐斯宾塞获诺贝尔奖的委员会成员。欧洲人。

布兰尼根　　年轻的社会学家,撰写了关于发现的社会构建的成果。加拿大人。

文字记录

审查员　先生们,我们在这里是为了查明"化学渗透"这一概念在你们的研究领域中是否已有了重大的发现。如果有的话,就让我们一劳永逸地确认谁是这位发现者,谁应当获此殊荣。邀请你们来参加这个会议就是为了让你们作个证,并希望你们能代表该领域的各代人及其利益。在我看来,最恰当的莫过于请斯宾塞博士来描述一下化学渗透理论的起源了。然后你们就可以对斯宾塞博士的陈述发表评论了。

斯宾塞　非常感谢我能有这个机会来正本清源。我在以前的几个公共场合尽量清楚地阐明化学渗透理论是如何发展的,请参阅我在接受诺贝尔奖时的演讲、我在 CIBA 的演讲以及在《论氧气、燃料及生活物质》中我写的那一章,但是误解似乎仍然存在。让我来明确地声明,我肯定不是"化学渗透"的发现者。我本人从未用过这个词,即使提到这个词也是为了建议大家不要使用它。我已经在我的文章中解释过,使用名词"化学渗透"来描述形容词形式的"化学渗透的"过程在语义上是不正确的。这很像是在暗示,因为我们研究化学的过程,一定有"化学"("chemation")的某个潜在的总的过程。我有时很想知道,谁应该为引入这个使人误解的词"化学渗透"负责,他们为什么这样做。

对化学渗透过程的理解,对化学渗透理论的确立,我并不想否认我作的一点贡献。但是我个人并没有做出重大的发现。以我之见,化学渗透理论的发展可以恰当地描绘成概念与艰苦的实验活动的一个渐进的过程。由于这个长期的过程,在研究活有机体中可用能量的产生时,我们现在知道的远比我刚开始做该研究时知道得多。然而,科学知识的这种增长在任何阶段并不是由突然的、揭秘性的发现所产生的。让我试着来较为详细地证明一下这个主张。虽然化学渗透理论现在比最初设想或者比一般的理解有更广范围的适用性,但为了简洁起见,我将集中在高一级有机体细胞中氧化磷酸化的中心领域,即集中在腺苷三磷酸(ATP)的生成上,它是由腺苷二磷酸(ADP)与位于活细胞中称为"线粒体"的细胞器之内的无机磷酸盐相结合而生成的。

你们大家都知道,化学渗透理论的其中一个指导思想是,发生在线粒体呼吸链中的化学反应有助于腺苷三磷酸的生成,它们并不是没有方向,而是在空间上进行组织的;即它们是我称之为"有向的反应"的东西。我们不应该把细胞或线粒体仅仅看做是化学反应以空间上杂乱无章的方式发生的一个"酶袋子",而应把它作为一个拓扑结构的实体,在该实体之内化学反应与空间上有组织的特征相联系。第二个重要思想是,内膜是线粒体的一个关键的结构特征,化学反应的有向组织是由被堵塞的酶通过线粒体膜所引起的。第三,膜内呼吸链的酶把氢的成分分成电子(负粒子,$2e^-$)与质子(正粒子,H^+)。第四,质子穿过膜被转运来集结成一个质子梯度与一个电子差,它们驱动被转运的质子通过腺苷三磷酸酶穿过膜返回,在该酶中通过质子运动的自由能量可用来产生腺苷三磷酸。

现在我想说的是,尽管对这些思想进行汇总最先由我在1960年前后完成,并于1961年发表,但是没有涉及特别新的东西。以有向的化学思想为例,这可以追溯到从古根海姆(1933)与居里(1894)的思想到由格罗夫(Grove)在1839年对电动燃氢燃料电池的发明。格罗夫用来产生电的燃料电池毁掉了氢,使电子与质子分离。燃料电池要么是用来产生电,要么质子运动依赖有人打开电路把外用的电源传导出去。电化学电池与电路的思想是由古根海姆在1933年归纳的,包括围绕一个适当的传导电路任何两种化学粒子的化学驱动的转运。古根海姆用相当抽象的术语表明,化学成分(比如H^+或e^-)的转运如何可以产生他称之为穿过相界或膜的化学动力的东西。罗森堡在1948年把这种描述精确地应用于生物的转运,当时我正在攻读我的哲学博士。

在20世纪50年代早期,我采用了这些思想,并把它们用于几个专门的生物化学问题，包括氧化磷酸化的问题。早在1953年，我提议穿过生物膜的化学物质的转运与化学反应是腺苷三磷酸生成的原因，它们可能"实际上是同义词"。但是在当时并不是只有我有这样的想法。我工作的进程与从事生物转运过程研究的许多同行的工作相平行。特别是拉森、罗布森与温、费洛斯、戴尔与珀奇以及菲利普斯都对这个越来越受重视的事实作出了贡献，即生物膜可以从空间上进行组织，这种组织方式造成了电荷分离、电子转位、穿过膜的质子转运。我必须强调一下，我所认为的作为"化学渗透原理"的科学内容与价值依赖于机制的可行性，这些机制在生物化学上是相对正统的，它们对化学基团潜势得到充分证实的概念并没有要求增加更多的空间范围。假如不是这样，我就不会认为值得鼓励化学渗透假说。

　　最后，我需要提一提我的朋友，良师益友戴维·金。他曾作出了十分重要的贡献。金使我相信呼吸链的成分在化学上很简单，即呼吸链涉及氢的分解，而不是直接涉及腺苷三磷酸的合成。这样，当研究氧化磷酸化的大多数科学家正在寻找呼吸链内纯粹地化学反应的复杂序列，寻求一个或多个未知的、观察上难以分辨的化学媒介的存在时，我因为有金的引导，所以我能够看到呼吸链所起作用仅仅是毁掉氢，创造一个横跨膜的质子梯度。所以，没有必要来进一步寻求迄今为止未观察到的化学转化；因为正是质子梯度穿过有组织的膜，才使腺苷三磷酸的产生有了可能。正是金提出化学上简单的呼吸链概念，才使得我意识到这种化学上的简单性得到了生物膜的局部复杂性的增补。

　　于是，我们可以看到，化学渗透假说的基本概念，如在1961年正式说过的，不是新概念，所有重大的科学革新是由我的前辈做 206

的,他们中有些人是天才。当然,开始是化学渗透假说的东西现在已被拥立为化学渗透理论。该理论的四个基本假定现在被广泛认为是经实验证实的事实。如此说来,我们已发现了许多有关腺苷三磷酸生成及相关过程的东西。但是,没有一件可以被描绘为“那个发现”。自从 1961 年以及在此之前,发展以循序渐进的方式在逐渐地进行,伴随着由许多不同的研究人员所作的无数小的贡献,以及由于已有思想与信息的重新结合而对我们理解有了许多改进。

因此,我想再次声明,或许除了我有意识用最不具首创性的、最简单的、一般的正统类型的生物化学概念来引申出了起作用的假设,我并没有自称做出了生物化学上的首创,这些假设解释了在实验室中观察到的真正的生物化学现象。该过程可用这句格言来概括:“曙光在眼前,但离最终胜利还遥远。”

审查员　感谢你所做的清楚而又出人意料的陈述,至少我是这样认为的。你的第一点是“化学渗透”这个词在许多方面会使人产生误解。你认为我一开始使用这个词是这个背景下万分不幸的事,因为它造成了这种印象,也就是对应名词“化学渗透”外部存在着某个简单的实体需要人们去发现。第二,你的观点是说在生物能学领域有许多东西已被发现,但是知识的积累经过了很长的一段时间,当代没有一位研究人员,甚至包括你本人,因所从事的发现值得任何特别的称赞。那么,如果我们能迅速地达成那样一致的意见,我们就可以在吃茶点的时间回家了[笑声]。

杨格　或许我可以做一个简短的评论。我并不太担心“化学渗透”这个词语的广泛使用。科学毕竟是活的语言,新词不断地产生,而旧词的含义也在不断变化。斯宾塞博士本人是一位伟大的专业术语革新者,尽管名词"化学渗透"不是他的一个术语,但我认为它在活跃的生物能学家之间并没有引起很多混乱。我想就生物能学的历史,以及斯宾塞博士在该历史上所起的作用说几句。关于历史事实我与斯宾塞博士并没有分歧。我确信化学渗透理论概念的发展就如他描述得一样。但是,在我们对历史序列的解释上,对荣誉进行根本不同的分配上,我想对着重点作稍微的改变。 207

在我看来,斯宾塞博士当众谈论他自己的研究所面临的困难之一是,假如他就自己对生物能学作的实际贡献提供了适当的评估,那么他很可能听上去有点不实。或许是在努力避免此种危险,所以他对他个人的重要性故意轻描淡写。但以我之见,他错在过度谦虚。事实上他对该领域作出了独一无二的、前所未有的、在科学上根本性的贡献,这一贡献使他当之无愧地成为科学名家。

斯宾塞博士的化学渗透假说的概念及其发展引发了生物能学领域的一次革命,这与早一个世纪的哥白尼革命有许多相似之处。我们不能否认哥白尼享有被认为是日心说发现者的权利,同样我们也不能否认斯宾塞有权利被看做是化学渗透反应的发现者。在1961 年之前,我们的领域受这种思想所左右,即与电子转运相联系的磷酸化与得到很好理解的底物层次上的氧化磷酸化基本上相似。斯宾塞不仅表明正统观点是错误的(同样哥白尼表明托勒密体系是错误的),而且他用本质上证明为正确的一个理论框架一下子取代了它。

我想强调一下,实际上该领域中的每一个人在 20 世纪 50 年代及进入 60 年代后,都采用氧化磷酸化的一种古典的化学观点。这种观点假定高能化学媒介物把呼吸链中的电子传递过程及腺苷三磷酸的生成连在一起。尽管做了无数的尝试,但这些假设的媒介物从未被分离出来,也未被识别出来。于是,在 1961 年,斯宾塞提出假定的媒介物之所以难以分辨,其原因可能是因为它们并不存在,从而事情有了进展。同时,他认为这"缺少的一环"完全有可能采取质子梯度的形式,对此他会继续从实验中进行证实。现在,不考虑电子传递链及它们驱动的各种各样的装置在一个质子电路中联系在一起这个事实,要研究光化学反应,研究电子传递,研究磷酸化,研究结构,研究运输或生物能学的任何其他方面,研究光合作用,研究细菌的新陈代谢或迁移率,这是不可能的。这些反应就是以此种方式通过流经电路的质子流而结合起来的。

斯宾塞 1961 年发表在《自然》的论文很清楚地提出了氧化磷酸化的一个全新机制,我在做研究生时就读过了这篇论文。斯宾塞指出他对这种机制的阐述大量地利用了前人的成果,这样说无疑是正确的。然而,在此之前没有人像斯宾塞一样把这些各种各样的思想汇总在一起,更重要的是此前没有人以这种方式来阐述这一概念,这种方式对氧化磷酸化及与实验研究有紧密联系的过程做了无数界定清楚的预言。

自 1961 年之后的十多年中,该领域中大多数的研究人员都做出过极端不友好的回应,斯宾塞思想的新颖之处可以从这种回应中得到评价。斯宾塞的概念最初不为大多数从事"氧化磷酸化"研究的科学家们了解。它远远地走在他那个时代的前面,依我之见,只能由某一科学天才才会提出这样的概念。因而,我们不得不承认化学渗透理论是个人的卓越成就。斯宾塞假说的正确性与实验的成果率是显而易见的,表现在异常广泛而大量累积的实验工作中。还表现在这一事实上,即最初在纯理论根据上提出的这四个基本假定在全世界的实验室中已无数次得到实验证实。当然,在涉及某些分子机制的细节上困难仍然存在,但是该假说的主要轮廓,其有向新陈代谢的基本成分,基团转位及质子流仍然无可动摇。正是化学渗透理论中的这些成分及其整合作用构成了斯宾塞的发现,这证明由于他的独一无二的个人成就而授予他诺贝尔奖是正当合理的。

克里蒂克 先生,我想对杨格博士的断言做回应,据我判断,这些断言从几个重要方面看是不正确的,并且使人产生误解。首先,他直到 1961 年之后才进入该领域。像他那个年龄的许多研究人员一样,他很可能根本没有仔细地读过 20 世纪 50 年代的文献,他对斯宾塞博士的首创有一种歪曲的理解。在压低自己的科学观点的新颖方面,我想斯宾塞本人做得对。在 20 世纪 50 年代及 60 年代,无数科学家,如拉森、罗布森等等,都在阐述关于电荷分离与在生物膜中离子转运的重要性的思想。斯宾塞早些时候提到过这项研究。毋庸置疑,斯宾塞的化学渗透假说比其他科学家对氧化磷酸化等等的研究更为经常地被引用,在这个意义上说斯宾塞带来了更为明显的科学冲击。但是这绝不是意味着斯宾塞的思想是多么非同寻常。斯宾塞对该领域的冲击及对他工作的承认,与其说是由于他思想的首创,不如说是由于他积极的改变观点。像杨格博士这样的生物能学新手,往往把斯宾塞在该领域当前的杰出与他的首创相混淆,因为他们要么对化学渗透假说出现的学术背景不熟悉,要么对现已被人遗忘的早期研究人员的贡献不熟悉。

杨格博士提出,在 20 世纪 60 年代许多成名的研究人员对化学渗透的强烈抵制,是该假说新颖的一个明显标志。我就是那些成名的研究人员中的一位,可我认为这种抵制绝不是由于这个假说的新颖,而是由于它的瑕疵与不完善。拉森及提出相似建议的其他倡导者,小心谨慎地使他们的思想贴近该实验证据。他们按照实验观察缓慢而有序地继续阐述他们的理论。因而我和我的同事们对他们的主张并没有特别的反对。他们并没有做夸张的理论断言,他们的思想随之得到探究与推敲,但并没有引起争论。对照之下,斯宾塞1961年的假说纯粹是这类思想的理论扩大与推测的伸展。它进展太大,超出了当时可用的证据,以我之见,尽管它对热烈的辩论起了一定的作用,并导致进一步的实验论证,但它却还没有为有力的实验证据所证明。

如此说来,对化学渗透假说的抵制,无论过去还是现在都不是对其首创的一种回应,而是对其在科学上的不足之处做出的适当反应。然而,我很高兴斯宾塞博士已入选诺贝尔奖。他提出了一个颇有争议的假说,激发了大量的新思维,并鼓励对重要问题进行积极的实验验证。唯一的问题是他是否正确。

斯宾塞告诉我们,呼吸过程与电子传递的过程产生了质子梯度,它反过来,又极大地促进了腺苷三磷酸的合成。那么,在某些实验条件下,我们能够观察到质子梯度,但是对于这样的梯度如何被联系到腺苷三磷酸的创造上我们所知甚少。化学家们喜欢写化学结构,问题是化学结构在这种情况下似乎下落不明。因此,杨格博士所声称的斯宾塞提供了氧化磷酸化的一个新机制,我认为他是混淆视听,人们并未发现什么机制。仅仅通过一系列已知的结构你不可能使质子梯度走向腺苷三磷酸。这位化学家对机制的缺陷含糊其辞,你几乎无法把这称为一个重大发现。它是一个推测性的、不完全的、迄今未被证明的假说。

詹宁斯　我同意克里蒂克教授所说的大部分话。跟他一样,我认为所谓的化学渗透假说基本上是错误的。目前该领域中没有几个人能够恰当地理解这些思想在二十年前是如何发展的。他指出斯宾塞博士是一个对他自己的理论不遗余力地进行游说的人，结果自然是人们对他的思想大加赞赏，然而，他的思想只不过是从别处移来的。正如克里蒂克教授与斯宾塞博士指出的，化学渗透假说中涉及的大多数概念早在 20 世纪 50 年代就已在各个研究领域以各种形式出现了。然而我认为在否认历史上存在着特定的发现方面，他们都是错误的，只是方式稍有不同。让我来解释一下。

以我的经验，在任何一个领域中被称为"新思想"的东西，都是对从其他几个领域中得来的不同信息进行汇总而得出的。因而"新思想"本质上很少是新的，它往往是把已有思想与从前超出其范围的相关现象进行了重新综合。这就是 20 世纪 50 年代后期在氧化磷酸化领域里发生的事，这就是为什么我与斯宾塞两位局外人要对引发当时该领域的一个重大概念更新负责的原因。

以我之见，科学的发展，就像氧化磷酸化理论的发展一样，在很大程度上是不可避免的。对特定进展负责的这些人只有在适当的时间地点，通过必要的信息载体，才碰巧表现出来。假设有几个星期、几个月或不几年的时间，同样的答案就会出现在别人的名下。所以，今天生物化学领域里伟大科学家的思想是一个神话，就如杨格博士在早些时候提出的那样。然而，这绝不是暗示发现并不存在，它仅仅意味着在任何特定情况下总有几个潜在的发现者。

氧化磷酸化的情况就是这样，我和斯宾塞博士在 20 世纪 50 年代接触过一些思想，它们对我们理解在腺苷三磷酸的生成上取得突破很有必要。在那十年期间，我研究了与呼吸链有某种关系的金属离子复杂度的氧化还原性质，研究了有助于阐明腺苷三磷酸是怎样形成的缩聚反应，对膜空间的扩散的研究加深了我对线

粒体膜化学重要性的认识。在1957年我对这些问题一下子豁然
211 开朗起来,我开始明白它们是如何结合起来为氧化磷酸化问题提
供了一个新答案。

我试图以一种自觉的方式来描绘这种奇怪的思想进步:人们
或许会偶然获得各种各样的知识点滴,尽管他并没有意识到所有
这些点滴,它们会随时不断地相互作用。这些点滴可逐渐形成一
个联系模式,那时在他的大脑中就出现了一个假说——他有幸发
现的联系是现实的一部分,不仅仅是模糊的想象或梦想。这就是
所发生在我身上的关于氧化磷酸化的事。在我看来,质子梯度与
多磷酸的缩合反应之间在1957年就有了某种联系,换句话说,腺
苷三磷酸的合成可以由与线粒体膜相联系的一个质子梯度驱动。

对我而言这是一个真实的揭示。我感觉像站在达连湾岩石上
的科尔特斯那样,第一次看到了太平洋。在发现质子驱动磷酸化
时,我感觉我已发现了自然界的某个秘密,从纯粹个人的角度来
说,我深为满意。我们现在知道,质子驱动的磷酸化正是一个生物
化学现实。那已经得到了充分的实验证实。因此,我坚持认为我
过去确实获得了一个真正的发现。我发现了质子驱动腺苷三磷酸
的形成,我想,这个事实在我1959年的文章中已得到了清楚的论
证。我正在说的实质上是指两个分离的事件:一件是斯宾塞对化
学渗透假说的最初阐述,这与早已为人所知的某种类型的新陈代
谢现象有关,另一件是我在1959年对电子/质子/腺苷三磷酸反应
的认识,这通过某种方式最终被纳入化学渗透理论。在我的文章
中,你将会找到后来出现在斯宾塞的化学渗透假说中的那些核心
思想的最初陈述,但是我的优先权并没有得到广泛地承认这也是
一个事实,这需要做出某种解释。

　　早在 1961 年，斯宾塞就我发表的研究质子驱动腺苷三磷酸的产生一事给我写信。随着信函的往来，很明显我们的思想沿着相似的路线向前进展，但我们两个人之间的科学观点也明显地产生了重大差别。我越来越怀疑他的动机，当他写信声称我所写的都是"对他的观点的部分重述"时，这种交流就变得不再受人欢迎。

　　1961 年之后不久，斯宾塞发表了在此权且称之为他的"发现论文"，这对我是一个相当大的震动。他没有必要承认我们的通信，然而他的承认做得彬彬有礼。他仍需要参考我已发表的研究，对此他比任何其他的人都清楚，这一点他却没有做到。科学必须 212 有一个行为准则，科学家们必须坚持该准则，不应该随后对此熟视无睹，我们必须遵守一套不成文的规则。即使在体育运动中，横冲直撞的结果往往是被取消参赛资格的。因此如果我们在生物化学领域中也有比赛与奖赏的话，那么体育竞赛中的准则也应当适用于这个领域。然而，我想我现在理解斯宾塞的行为了。我推测我偶然发现了化学渗透假说，因为我对他的工作没有作任何论及，因此他觉得有正当理由故意忽略我的论文及书信。

　　尽管在 1959 年到 1961 年期间我和斯宾塞就发表了质子驱动腺苷三磷酸形成的基本思想，但是又过了十年大多数生物能学家才接受这些思想。毋庸置疑，斯宾塞比我更为积极主动地从实验上论证这些思想，并致力于转变生物化学上的异教徒。我负责管理一个无机化学实验室，对我来说从事关于氧化磷酸化的生物化学实验根本不可能。相比之下，斯宾塞却能够在 20 世纪 60 年代早期建立起他自己的私人实验室，能够把实验室的全部资源用到论证化学渗透假说上。所以，我最初的理论贡献在很大程度上逐渐被遗忘被忽略，这几乎没有什么奇怪的。回顾起来，斯宾塞得到了称赞与奖励,这似乎是不可避免的。由于任何科学发现都有复杂的起源,故没有办法对种种发现进行适当的监测。被认为是发现者的那个人经常并不是说某事或做某事的第一个人,而是对场外权威来说,当他们宣布各种比赛结束时,他成了那个领先的人。我毫不迟疑地说,好长一段时间以来我感觉受了欺骗。我觉得我的一系列见解却被错误地归属于另一个人,我仍然认为事实就是那个样子。

斯宾塞　我并不打算效仿詹宁斯博士,他依据对别人的动机与行动所作的轻率臆测而进行感情上的谴责。如果一味指责对方二十年前的不适当行为,我们今天在这里是不可能达成令人满意的结论的,我更愿意论述事实而不是主观想象。

首先,詹宁斯博士刚刚说过的话就自相矛盾。他一开始赞同克里蒂克教授的观点,认为化学渗透假说在根本上是错误的,但是接着他又声称是他,而不是我,发现了化学渗透反应的存在,从那以后该发现才得到了充分的实验证实。因此,按照詹宁斯的说法,我们两人获得了同一个发现,为此我错误地得到了所有的荣誉;然而与此同时,他又坚持说我的假设的发现根本不是发现,因为它在科学上是错误的。我想,混乱出现了,因为就腺苷三磷酸形成的性质詹宁斯与我有分歧,然而他想声称我们两人几乎获得了同一个发现——当然,我被说成是比詹宁斯晚了一点,被说成或许是借用了他的某些思想。然而,事实是詹宁斯发表的关于质子驱动腺苷三磷酸形成的观点不仅与我的不同,而且被证明是错误的。因此,我们中哪一个先发表并不相干。化学渗透理论是正确的理论,发现就体现在该理论中,对此詹宁斯并没有作过贡献。

詹宁斯对腺苷三磷酸形成的说明,在我看来只不过是对长期遭受怀疑的高能化学媒介物思想所做的较小的概念扩大。詹宁斯的思想是,在呼吸与磷酸化之间的偶联可能涉及质子穿过线粒体膜转移到作为局部无水化学媒介物的腺苷三磷酸酶。这个概念很像化学渗透假说,只是因为它把不确定的作用赋予腺苷三磷酸合成过程中的局部质子。可是我这个假说包括的东西不仅仅是涉及质子。该化学渗透假说详细说明了通过活塞的呼吸链复合体产生穿过偶联膜的质子运动,并给每一边的水导体提供能量,所以由质子梯度产生的动力可为其他通过活塞的复合体消耗利用,如可逆的质子动力腺苷三磷酸酶。我想这些事实绝不是詹宁斯博士关于腺苷三磷酸生成的观点的一部分。

詹宁斯 我说得再清楚一些,我不是化学渗透假说的反对者。我想要阐明的是,化学渗透假说仅仅是更基本的思想的一个特殊例子。而且,这个特殊例子并没有获得可以接受的实验支持,因此我一直强调更为普遍的分析方法。这个基本思想是电荷分离发生在线粒体膜内;空间的两个区域之间的一个质子浓度梯度产生了;质子的受控扩散构成了腺苷三磷酸。这个基本思想是化学渗透假说及我自己的观点所共有的。正是这一点组成了这个基本的发现,它首次在我 1959 年的论文中得到了阐述。

我和斯宾塞对质子的受控扩散过程的细节有明显的分歧。我的观点是质子扩散受膜内特定的催化剂的局部控制。斯宾塞的观点是质子穿过膜传到外面,在那里它们形成了一个离域梯度。我相信后一种对该基本思想的解释是不正确的。在出现了许多证据、许多声音支持化学渗透时,我为什么还这样说呢? 我认为尽管许多实验可以理解为对它有利时,但有一些与它有直接的冲突。我对某一理论的看法是一旦与它冲突的事实成为众所周知的事,它就变得毫无益处,甚至肯定是不利的。于是到别的地方寻找一个理论框架会更好。我已无数次地表明,由于种种原因,我相信所有的数据与由膜范围内局部系统的质子驱动腺苷三磷酸的形成一致。

埃尔德 詹宁斯博士氧化磷酸化观点存在的问题是,它不够具体。詹宁斯把该观点看做是他提出的"与所有的数据一致"的假说。可这实际上是其重要的缺陷。这个局部的质子假说是波普尔称为"自我磨炼神话"的一个很好的例子,就是说因为它是如此模糊和不确定,它可能被解释为与任何实验观察相一致。这就是为什么詹宁斯博士的观点对该领域产生如此小影响的主要原因。

对照之下,斯宾塞博士的假说有很大的预言能力,这些预言中的大多数已实现。它在我的实验中很成功,它在别人的实验中也是如此,渐渐地它支配了该领域。而詹宁斯声称整个事情发生在一个黑箱中,如果你足够聪明,你可能用核磁共振(NMR)才看得到。在某种程度上他可能是正确的,但这毫无用处。在讨论詹宁斯的工作时,我总是提出希腊人以前经常花费时间讨论原子的例子。他们进行了很长时间的辩论,并创造了这个词等等,可是除了最终证明他们当时采用过"原子"这个词以外,它从未导致任何事情。我认为在科学上这实际上很重要,但你需要做的远远不只是拥有思想,它们必须是可以试验的,必须是实用的思想。

因此,关于该发现,是谁先有"这个思想"并不是那么重要。显然,斯宾塞在1953年正沿用这些方法进行思考并撰写文章,詹宁斯在1959年发表了一个更为详尽的陈述等等。但重要的问题是:在发表的陈述中哪一个先把这个基本思想转化成科学上富有成效的阐述? 答案是毫不含糊的:斯宾塞1961在《自然》上的论文。这篇论文论及了一系列生物化学现象,这些现象可能过去就在实验上进行过探究,并且基本上得到了证实。

因而,我把詹宁斯的思想看做是斯宾塞的化学渗透假说的一个变体,它更为封闭,更不易接近。他事实上正宣称质子参与所有 215 这一切,就像斯宾塞定义的那样,确实存在着质子运动,但是除了在微型电路中外,质子绝不会出现在其他任何地方,而微型电路实际是线粒体膜的一部分,所以这毫无用处。

而且,如果没有狂热的个人鼓吹,斯宾塞的概念与詹宁斯的概念都不会被生物能学家采用,斯宾塞做出了这种个人的努力。他花了许多时间把人们的注意引向化学渗透假说,并向他们做出解释。事实上,他本人很讨厌这样做,我指的是他需要表现真正的个人勇气。在早些日子里,我和他能够在一间满是科学家的屋子里和睦相处,屋里的其他人事实上认为我们完全是胡言乱语的疯子,并且以此来对待我们。因而,该发现及化学渗透反应重要性的证实是一个科学上的成就,同时也是个人的成就,从这两方面看,荣誉应该给予斯宾塞博士。

斯塔司曼 先生,我认为诺贝尔委员会在这件事情上采取的观点与埃尔德教授的观点相似,至少他们都认可化学渗透假说具有一定的科学性。我们的观点认为类似新陈代谢、质子电路等等的核心思想在生物能学上具有相当的影响力。我们绝不是在暗示斯宾塞研究的细节已得到结论性地证明,也不是意味着那些化学结构已众所周知。实际的分子机制还需要阐明,当人们对它了解后,斯宾塞研究的许多细节可能需要修改。但在我们看来,以及在我们咨询的生物能学家看来,斯宾塞在近二十年间的著作已经改变了我们对生物能产生及使用过程的整个概念。斯宾塞使生物能学走出了高能化学媒介物的死胡同,进入了一个可能会出现多重实验的领域。此外,斯宾塞所做的不仅仅是富有成效地进行理论建设,他坚持进行长期的实验方案,帮助把一种全新的定量型的实验引进生物能学,我看不出诺贝尔奖的授予有任何问题。该项授予不仅仅是因为某一特定的发现,而是因为长期在生物能学领域做出的科学成就。詹宁斯博士自己承认,在这个方面他自己与斯宾塞博士之间似乎毫无相似之处。詹宁斯博士认为,在1960年前后化学渗透假说的发现几乎是不可避免的,谁碰巧获得该发现在很大程度上是一个偶然的问题。假如事实是这样,委员会授予该奖显然是正确的,这不是因为对化学渗透本身的发现(因为按詹宁斯博士的发现观点似乎暗示,它几乎不需要科学奖赏),而是因为对生物化学上一个最重要问题所进行的持续的实验论证与理论解释。

216

克里蒂克 前面的两位发言人哪一位也没有说服我。没有人否认斯宾塞博士的著作很有影响,也没有人否认他起劲地工作是想使人们相信他的观点。但在我看来,他们都对我早些时候发现的核心问题闪烁其词:化学渗透是正确的还是错误的?假如它是正确的,那么斯宾塞的影响将只有好处。它将不但促进实验活动,而且该活动将对真正的科学知识作出贡献。然而,假如它被证明是错误的,那么这个实验将几乎变得没有价值。当诺贝尔委员会引述斯宾塞的巨大影响时,据我的判断,这必然暗示该委员会认为他的假说从根本上是正确的。以我之见,这还未得到证明。所以,我认为在我们决定化学渗透是一个发现还是一个错误之前,我们尚需等待。同样,我认为诺贝尔委员会也应当等待,他们不仅仅是为某个有影响的理论授奖,而是为氧化磷酸化过程在化学上得到完全的证实,到那时,诺贝尔奖的授予才会是众望所归。

詹宁斯 我赞同。我相信斯宾塞对化学渗透的看法原则上是错误的,诺贝尔奖的授予有些过早,这会损害该领域的进一步研究。假如化学渗透被认为是信条,那么在 20 世纪 50 年代到 70 年代,在氧化磷酸化的研究中我们可能会碰到相似的大难题。在我看来,尽管重大发现发生在 1960 年前后,但该领域大多数的基本问题仍未得到解决。我们还需要发现质子是如何产生的,负电荷是如何移动的,在质子移动过程中质子如何使腺苷三磷酸得以产生。所有这些问题是对蛋白质,尤其是有组织的蛋白质进行理解的问题。至于埃尔德教授片刻之前作的评论,它根本不可能提前预言这些蛋白质是如何组织的。我们需要继续进行系统的、仔细的实验。在近来的一篇文章中,我对一些问题如何看待如何处理表明了我的想法。可通过单一蛋白质结构与动力学把蛋白质序列与其功能联系起来,这条路我们走得并不远。以我之见,该领域仍然有不确定因素,膜机器的能量捕获性质仍然是一个令人着迷的问题。

斯宾塞 先生,我的确认为对化学渗透理论的这些异议并不是该领域公认观点的代表。在我看来,对于呼吸链系统是什么,它做什么,在某种程度上它如何做,我们现在已达成了普遍共识。它是特定氢与电子导体的一个系统,该系统产生了质子运动,因为该系统作环状运动成功地穿过偶联膜,催化方向相反的氢原子与电子的自发扩散,所有这些归根结底意味着穿过偶联膜的一个净质子传递。不光这一点还有其他的我已在别的地方做了详细地说明。目前的情况是尽管有相对很少几个持异议者,但我们已成功地达成了对复杂的化学渗透理论十分有利的共识。我发现最显著而令人钦佩的是这种利他主义和慷慨大度,化学渗透理论大多数从前的反对者不但逐渐接受了它,而且还积极地使它上升到了理论的高度。根据他们古典派的波普尔式的观点,化学渗透理论值得看做是眼下可利用的最佳概念框架。

审查员　谢谢你,斯宾塞博士。那么,我想所有今天在座的生物能学家都有机会来陈述他们的主张。让我来试着总结一下已阐述的观点,以确保我准确地理解了各种主张。斯宾塞博士的观点是现在达成了一个有利于化学渗透理论的共识,其基本的宗旨可被当成公认的事实,它为理解氧化磷酸化及有关的过程提供了可利用的最佳概念框架。因此,几种化学渗透反应的存在与活动可看做是一个真正的发现,但并没有看做是他的发现。相反,该发现是由无数研究人员经过长期的努力才取得的集体成就。斯宾塞博士说,甚至他以前的对手都曾帮助宣传并证实该化学渗透理论。从这个方面看,我想奖金与其他荣誉的授予不应该仅仅看做是对斯宾塞的个人贡献或智力才能的承认,而应作为对科学知识进步与生物能学成就的庆祝,而斯宾塞博士仅仅是充当了一名代表。

杨格博士赞同斯宾塞博士的观点,认为化学渗透理论是个重大发现,他甚至把它看做是哥白尼式的发现。然而,杨格博士把该发现当作很大程度上是斯宾塞对生物能学所作的个人贡献。詹宁斯博士则不一样,他提出这个基本思想在当时"悬而未决",不久必定会被某个人用于氧化磷酸化。杨格博士可不像詹宁斯,他相信化学渗透假说远远超出其时代,其阐述是显著的个人成就。对杨格博士来说,该领域研究人员最初的抵制是斯宾塞氧化磷酸化机制解决方案新颖之处的一个标志。他毫不怀疑诺贝尔奖的授予是正确的、合适的。

克里蒂克教授的观点似乎与杨格博士的观点截然相反。因为克里蒂克教授比斯宾塞博士本人更为有力地主张化学渗透假说的概念并不新颖。此外,他提出化学渗透假说在科学上是不完善的,它至多反映了总过程的一部分,所以,不能说成是详细说明了氧化磷酸化的一个机制。这样,即使该假说是正确的,也没有理由来把任何重大发现归属于斯宾塞。而且,据克里蒂克教授判断,该假说还没有被证明是正确的,所以化学渗透现象的研究是否揭示了具有持久科学价值的东西,现在下结论还为时太早。

同埃尔德教授与詹宁斯博士一样,克里蒂克教授对斯宾塞博士为他的理论所作的热情洋溢的、意在使人改弦更张的言论作了评论。埃尔德教授把这种宣传看做是对顽固抵制做出的适当反应,看做是斯宾塞对生物能学贡献的必不可少的一部分。而与埃尔德教授形成鲜明对比的是,克里蒂克教授认为,这种宣传实际上对斯宾塞的科学首创与意义造成了一个假的印象。

根据我们的前三位发言人提供的陈述,似乎是假如你承认化学渗透假说,你就说存在着一个发现;假如你不承认它,你会拒绝接受发现的思想。假如我们认为克里蒂克教授代表了少数人,那么我们就可以按照承认大多数人意见的原则思考问题,也就是认为化学渗透理论实质上是正确的,所以存在着发现。这就把决定斯宾塞个人贡献意义的问题留给了我们。由于在斯宾塞博士与杨格博士之间存在着明显的分歧,这个问题变得相当棘手。然而,杨格博士指出,某位重要的发现者要想因其工作获取全部的赞誉是多么的困难。假如我们把这谨记在心,考虑到斯宾塞博士就他的首创当众所作的陈述有某种传统的谦虚,那么我们就会看到有可能做出某个决定,该决定有利于斯宾塞博士在 1961 年前后对化学渗透反应的发现。当然,这再一次认可了诺贝尔奖的授予,无论该授予的准确理由是什么。

克里蒂克 我意识到你还没有说完,很抱歉打断你。我不能让你仅仅因为我被假设为代表少数人就把我的观点斥为毫不相干而不予考虑。诚然,在该领域的大多数人称他们自己为"化学渗透理论者",但这并没有使化学渗透理论变得正确,而且,他们用"化学渗透"指的是不同的东西。哪一种发现对不同的人意味着不同的东西? 事实上,在该领域内有同样观点的最大的一组是由否认化学渗透假说的那些人组成的。因此,假如你打算把关于氧化磷酸化中某发现的结论建立在当前科学共识的存在或不存在上,那么你将需要用心地研究这种所谓的共识。因为以我之见,这是关于理论符号的共识,而不是关于生物化学现实的共识。

审查员 感谢你指出那一点,克里蒂克教授。我想不管怎样我正朝着那个方向努力。我打算从几个方面说一说詹宁斯博士的陈述破坏了我最初的、尝试性的结论。首先,与你刚刚说的一样,詹宁斯博士提出了发现的科学内容问题。詹宁斯博士主张一定存在着发现,然而他坚持认为斯宾塞博士关于氧化磷酸化的观点在很大程度上搞错了,认为我们目前对假设的生物化学过程的细节知之甚少。我很想知道斯宾塞与詹宁斯在20世纪50年代后期提出的基本看法是否可以说组成了某种发现。假如詹宁斯与克里蒂克在坚持认为我们无法详细描述化学过程方面是正确的,甚至那些完全支持化学渗透理论的人也承认分子机制还需要得到进一步确认,我们能准确地裁定存在着发现吗? 当然,对斯宾塞与其他人来说,该基本概念现在已得到了详尽的阐述与证实,但是许多人似乎对各个部分的细节仍有所保留。只有等化学渗透理论的细节得到明确地证实后,进一步的研究才可能会导致根本的概念更新。假如此类事情真会发生,我们可能会把氧化磷酸化及有关过程本身存在着瑕疵的概念看做是某个发现。

詹宁斯博士还提出了其他问题。假如我们接受他的观点,即发现就是承认在腺苷三磷酸形成中受控质子扩散所起的关键作用,那么我们无需担心已被发现的科学细节。然而,我们现在面临着是谁先有了这个基本思想,是谁先发表的;以及决定这个基本思 220 想本身是否组成了科学知识上的一个重大进展的问题。假如事情不是这样,我倒宁愿是这个样子,那么我们似乎就没有了发现,尽管詹宁斯博士的"发现经验"有了,我们不需要为优先权问题来烦恼不已了。然而,如果我们裁定这个基本思想过去是个重大的科学进展,因此现在是发现,我们就需要解决一个关于优先权之争问题。

在詹宁斯博士的陈述中,"发现"被看做是发生在 20 世纪 50 年代后期的事情。后来发生的事与发现本身并没有直接的关系。随后的事件只不过使他的贡献黯然失色,使奖金与承认只属于斯宾塞一个人,而不是属于詹宁斯或他们两个人。然而,斯塔司曼教授已经清楚地阐明,授予斯宾塞的奖项最重要的不是仅仅因为他 1961 的"发现论文",而是因为他长期以来在该领域的实验方面及理论方面作出的巨大贡献。因而,尽管诺贝尔奖被詹宁斯,大概还有其他人,当作对斯宾塞的化学渗透假说首创性的正式承认,实际上该奖项的含义远比这复杂。尽管诺尔委员会已承认两人在 1960 年前后获得了几乎相同的发现,实际上该委员会可能已经承认了,我认为该委员会仍然会把奖金授予斯宾塞一个人以表彰他对该领域持久的贡献。斯宾塞为何能够专注于他的工作而詹宁斯却不能,这有实际的原因,这个事实与科学承认的适当分配并不相干。

詹宁斯 这种推理听上去似乎有理,可事实是斯宾塞发表的文章与我就这个论题的最初两篇论文相比,并没有增加正确的东西。化学渗透理论逐渐地采纳了我首先阐述的思想,斯宾塞为此却受到嘉奖。例如,在20世纪70年代早期,斯宾塞开始谈论微化学渗透,通过膜的质子通道到那时已被合并。斯宾塞一定记得这些可能发生的情况早在十年前就已在我的论文中研究过。然而他忽略了我的贡献;或者当他确实提到我的研究时,他对它进行了歪曲。所以,该领域中没有几个人,特别是年轻的研究人员,意识到斯宾塞因我的思想而赢得了荣誉。直到今天,同样的情况在当前的讨论中似乎又一次发生了。我本来以为今天会议的目的是证实事实上发生的事情,做到实至名归。然而,在我看来,先生,你的推理纯粹是要导致对现状的又一次歪曲。

审查员 詹宁斯博士,我认为情绪激动地纠缠于这些问题是
221 不对的。我敢肯定在座的每位都很关心这件事情的真相。在你作评论前,我仅仅分析了各种意见,我还没有到试图提出结论的阶段。

詹宁斯博士,我接下来要分析的观点,实际上是从你自己对发现过程的描述中得出来的。你提出,新的发现产生于已有的知识几乎是不可避免的。如果一位科学家没有获得这个发现,那么另一位研究人员很快将会获得,该发现者并没有特殊的功劳。你早些时候说过,在生物化学上杰出的科学家的思想仅仅是个神话。现在假如事实是这样,你所指责的"不公正"似乎就相当弱了。根据你关于发现过程的观点,你几乎不能声称你有任何显著的科学

功劳应受奖赏。你也不能声称，没有你的贡献，氧化磷酸化的研究就会倒退大约十年。的确，在我看来，我们的两位发现者候选人都对发现过程作了说明，但没有一位的说明能证明诺贝尔奖等等的小题大做是应当的。或许我们应当放弃在这个会议上决定对荣誉作适当分配的思想，应当只集中在是否存在着发现的问题上。

杨格　先生，恕我直言，我认为那是不可能的。"发现"这个词是指去伪存真，以知识取代愚昧，它意味着一种积极的人类作用，以及最终结果的价值。所以，它是一个评价性的概念，必定需要我们去确定这个责任重大的事情。在目前的情况下，我们似乎对谁是该事的主体，什么是最终结果意见不一。

就最终结果而言，我们似乎有三种可能性，即没有发现任何重要的东西，发现了一个很基本的概念，或者发现了一个相对具体的生物化学过程。如果我们裁定存在着某发现，关于这个事件主人我们似乎也有三个可能：或者斯宾塞，或者詹宁斯，或者生物能学家共同体是该发现者。假如我们裁定詹宁斯博士是该发现者，那么很显然存在着误判。假如这个研究共同体是该发现者，那么给予斯宾塞的欢呼是没有理由的，除非我们把斯宾塞看做象征科学知识进步的代表，是年轻而有抱负的研究人员的模范。最后，假如我们承认斯宾塞博士是该发现者，那么给予他的尊敬不仅提供了刚刚提及的象征性的、激发积极性的好处，而且也适当地承认他对真理无畏的追求，以及他杰出的个人价值及学术功绩，也是对他为生物化学学科作出贡献的一个公平而恰当的称赞。在我看来，明显不过的是，并非我们应当做出有利于斯宾塞博士发现的决定，而是我们应当证实斯宾塞博士的那个发现已得到整个科学界的适当承认——

[在这个时刻,录音变得不清楚。几个人同时说话,声音相当大。赞同的腔调似乎与激烈的反对相互交叉重叠。那些反对者似乎指责杨格博士把一开始对悬而未决问题的合理总结变成了对斯宾塞博士的颂扬。几分钟之后,审查员又重新控制了局面。]

审查员 非常感谢,先生们。在杨格博士被他自己的雄辩冲昏头脑之前,我认为他的确找出了似乎摆在我们面前的抉择。尽管我们是科学家,所以习惯于只讲事实,但我接受他的观点,在这种场合我们无法避免做出评价。"发现"确乎既是事实性的,又是评价性的。所以,在这个时候,假如我们邀请布兰尼根博士加入我们的讨论,将会很有帮助。他比我们更习惯讨论评价性的概念,此外,他是一位研究科学发现性质方面的专家。布兰尼根博士,我们已经给你提供了关于发现的几个不同观点,并概括出了它们不同的含义。你能帮助我们来调解所有这些有分歧的观点吗?

布兰尼根 感谢您邀请我参加这个讨论。这真是一个千载难逢的好机会,可以来直接观察发现的社会建构。然而,我认为对我能做的工作可能有某种潜在的误解,因此,我最好一开始就尽力地讲清楚。

你刚刚谈到关于发现的不同观点今天在此已作了陈述,你请我帮助调解一下。你的陈述与请求的性质,恰好表现出了在你作为参与者的发现概念与我作为分析者的发现概念之间存在着一种重要的差别。你对"观点"这个词的使用似乎预先假定会有一系列的事件,今天在座的每个人都一直在讨论,只是有些人把它理解为发现,而其他人却没有。你把反应化学渗透发现的各种不同主张看做是观点问题,这就让我们相信,各种说明之间的差别所反应的223 不是氧化磷酸化的不同但同样正确的历史,而是提供说明的各种各样的人的差别。你的陈述暗示每个观点反应观察者的立场，而作为一位社会学家，我的任务是考虑这些个人差别的影响，并从他们相矛盾的叙述中摘取对实际发生的事情的正确描绘。

在我看来，这些假设对一个实践中的科学家来说是相当自然的。我设想在座的各位，我本人除外，都持有要么存在着某发现，要么没有存在的看法；因此这个会议的召开恰恰是为了解决这个问题。然而，我的立场是所有社会行动，包括被称为"发现"的那些活动，都会有各种各样的迥然不同的解释。没有一个行动把本身变为发现，一个行动是否被认为是发现依赖于参与者所从事的解释性工作。所以，从我的分析视角看，把化学渗透反应的发现看做是发生在 1959 年或 1961 年或任何时候的一个事件或过程都是不合适的，其细节与性质我们现在正试图查明。"发现"并非过去的一个事件，它是你现在正在用来把过去的事件建构为发现的一种方法。

今天诸位在这里实际上从事的就是产生这个特定发现这一实际任务。对照之下，我关心的是从总体上弄懂发现的含义这一分析任务。此刻，你们想要做出一个明确的"是"或"不"的决定，一个设想上的最后决定。可我得牢记，在其他的研究领域现在被认为是发现的，在过去并不总是那样定义，以前被称为发现的东西现在并不总是被看成发现。因而，我认为发现的社会学理论必须屈服于这一事实，即对某发现的科学贡献进行归类是根据相关内容完成的一个解释性的、可变的工作。因此，作为一位分析者，我不能告诉你们哪些活动是发现，哪些不是，因为在参与者称之为发现之前，没有活动会成为发现。

审查员　唉，我对这个回答感到相当失望。你是由一位知名的物理学教授推荐的,因为你撰写了关于科学发现的一本很有趣的书。当然,我本人并没有读过那本书,可我本以为你会提供更多的帮助。你似乎说我们科学家可以把任何东西看做是发现。当我们这样做时,我们相信我们事实上已经识别出了某个发现;可是你凭自己的分析方式认为我们对某发现做出承认是任意的。因此对化学渗透理论而言,你分析的实际含义似乎是就像我们能够很容易地决定有无存在发现一样,我们也能把斯宾塞、詹宁斯、研究共同体或者甚至我当作该发现者。无论我们决定什么,一旦我们做了决定,你将会与我们一起说"是的,那是个发现"。可你并没有提前给我们忠告。你唯一的忠告就是,"选你们喜欢的任何人。"

224

布兰尼根　不,我认为社会世界并没有那样杂乱无章。存在着某些基本的标准来确定任何发现是否相符,也就是当我们说某活动是发现时,我们的意思是它满足某些标准。任何活动,如果不能被那些有关人士解释为满足标准,则它必定被认为是别的东西而不是发现。有四个标准可以用来识别发现:可能性、适当的动机、首创性及正确性。假如我举出几个例子,它或许有所帮助。

大约一分钟前,你冷嘲热讽地说自己是质子驱动腺苷三磷酸形成的一个潜在的发现者,现在我立刻明白那是一个讽刺的主张,而非严肃的主张,因为你显然并不符合这四个标准,而你最不具备资格的标准是"可能性"的标准。你本人在会议开始前告诉我,你从未发表关于氧化磷酸化的任何论文。假如事情是这样,假如没有文本证据证明你曾发表过关于氧化磷酸化的任何论文,那么你不可能发现了氧化磷酸化的生物化学过程。当然,在这种情况下,我对如何使用可能性标准做了必要的解释性工作。在正常情况下,它是由相关领域的研究人员使用的。正是通过使用这样的标

准参与者们才能区分发现与其他活动，分清发现者与其他类型的
科学家。

尽管我对你的发现主张很快地得出了一个明确的结论，但我
很可能搞错了。当你说你从未撰写过氧化磷酸化的论文时，你可
能是在撒谎。这个会议的安排可能不是为了找出谁发现了化学渗
透反应，而是为了取笑某社会学家。所以，你们可能是在与我玩花
招，我本来认为是审查员的那个人实际上是斯宾塞博士，或詹宁斯
博士，反之亦然。假如是这样，那么你可以裁定我很不恰当地运用
了"可能性"的标准。或许你可能是那位发现者。我想要阐明的
是，甚至发现标准表面上不言而喻的解释也依赖于背景假设，而这
些背景假设或许是错误的。当我们来重新解释这些标准时，那些
从前是发现的东西，现在或许再也不被看做是发现了，而以前不是 225
发现的东西可能事实上一直是发现。

在这个例子中，我论及了"发现事件"的地位在时间上的变化。
但在时间的某一个点上参与者们在它们的应用上同样可能会有所
不同。这就是在前一个讨论中所发生的情况。我认为，所有以前
的讨论实质上都围绕正确性、首创性及动机这三个标准，外加上主
体的相关问题。

就拿"正确性"作为实例，当我说正确性是发现的标准时，我指
的是只有知识主张被认为是真实的、正确的或有效的时，它才会被
认为是发现。假如一位科学家能够让另一位相信某个科学主张是
错误的，那么第二位科学家根据这些话的含义，被迫把这个主张看
做某种东西而不是发现，例如，他可能不得不把它看做是一个欺诈
行为或一个错误。所以，今天早些时候的讨论，如关于某些发现主
张的大多数分歧，涉及科学正确性的相矛盾的主张。斯宾塞博士

和杨格博士能够把化学渗透理论看做某个发现,因为他们坚持该理论已在实验中得到了证实。对照之下,克里蒂克教授否认它是发现,理由是它尚未得到证明。当詹宁斯博士着手否认斯宾塞博士假说的正确性这一复杂的解释任务时,从而也否认了他的发现,然而又强调他同斯宾塞都发现了关于氧化磷酸化的一个基本真理。

当然,根据詹宁斯博士提到的另两个标准,也就是首创性与适当的动机,这个"基本真理"是由詹宁斯博士,而非斯宾塞博士发现的。换句话说,詹宁斯博士把该发现当作他的发现,因为是他第一个获得并发表他认为是质子驱动腺苷三磷酸形成的基本思想,还因为在他看来,斯宾塞博士的行为目的并不适当。谈论到斯宾塞博士尚有疑问的行动,比如在没有引用詹宁斯的研究方面,有助于詹宁斯对该发现的说明,他把斯宾塞的行动描绘为一位机会主义者而非一位真正的发现者的做法。

我想,这些简短的例子足以说明我的基本要点,即所有的发现主张及对它的否定都是围绕着我已提到的四个标准来组织的。满足这些标准的任何活动就是发现。然而,这些标准的特点必然具有相当大的概括性,它们总能在任何特定的情况下以许多不同的方式得到使用与解释。在早些时候的辩论中,尽管人人似乎都承认"发现"的共同的定义,但是他们对这个特定的发现却得出了如此截然不同的结论,这就是其中的原因。因此,某发现是否被认为出现了,依赖于参与者对正确性及首创性等等的具体判断,不幸的是,这样的判断无法完全形式化。换句话说,我们不能把发现的标准变成一个正式的规则系统。对发现的识别只得最终依赖参与者的判断。因为发现是由社会集团来认定的,而不是由某些发现者制造的,所以任何局外的分析者,如我本人,要想通过为你们识别那位发现者来一起理清事情,这是不可能的。发现由参与者完成这一属性意味着你们必须亲自去做。我的社会学视角就是让我来弄清为何产生关于"发现"的争端,来找出判定发现主张的这四个关键参数。

斯宾塞　假如我对你的理解正确的话,你对发现标准的分析相当于把所有科学家早已知晓的事情又重新陈述了一次。你所做的是重申了我们用来界定、识别及组成科学发现的标准。这样,你的贡献仅仅是证实了我们关于发现、关于不存在争论的事情上存在着共同之处,而把我们存在分歧,我们事实上需要你帮助的那些问题又抛回给我们。我们想让你对发现说点实质性的东西,而你坚持把你的关注点局限在我们论述发现时使用的基本原理上。你能做的仅仅是这点吗? 所有的社会学理论同样缺少实用性吗? 如果生物化学理论不能在原理上给有兴趣的非研究人员提供某种实际的指导,那么我对这样的理论非常失望。

布兰尼根　我的观点是发现的基本原理产生了我们对具体发现进行推理的惯例。通过了解发现的普通结论所使用的理论基础,我们才有可能把发现的主张与反主张当作社会游戏中的棋子。我认为,认识到我们关于发现及其他的"社会事实"的常识性结论的基本原理或常规性质,可能有极大的解放性。它能使我们在某种程度上从一般的用法中解脱出来。我们逐渐认识到世界与用来观察世界的视角之间存在着差别。

此外,我认为发现的社会学理论可能会提供某种实际的帮助。社会学分析已表明发现并不是简单地指自然"产生"或"发生",而是社会界定与承认的产物。换句话说,按照那些有关人士的说法,发现是满足基本标准的那些事件；发现者是那些社会公认的负责任的主体。例如，哥伦布，尽管他从未放弃他登上的是印度群岛的观点，但在我们的文化中仍尊称他为"新大陆"的发现者。然而，只有根据韦斯普奇的探险，这个"新大陆"的存在才逐渐得以接受，哥伦布发现的"真正"性质才得到承认。因而，哥伦布最初的活动与观点的准确性质与"我们现在所知道"的他的发现毫不相干。当我们说哥伦布发现了美洲（而不是圣·布伦丹、赫易申、韦斯普奇及莱弗发现的），我们正在展示他的成就赢得欧洲世界肯定的一种社会承认结构。我们把哥伦布看做美洲的发现者，因为我们属于由他的成就所开创的传统。

在我看来，斯宾塞博士，相似的情况可适用于你的发现。正如我对这个局面理解的那样，现在从事氧化磷酸化及相关领域研究的大多数研究人员都会声称正在化学渗透体系之内进行研究，就像在你的著作中界定、举例说明的那样。杨格博士与埃尔德教授都已对此作了证实。此外，有人认为当前的研究人员大部分都没有意识到该理论起源的详细情况，并且对此也不感兴趣。如今大多数研究人员很高兴把你看做化学渗透反应的发现者，这不仅反映在授予你诺贝尔奖方面，而且还反映在科学承认的许多其他象征方面。

以我之见，试图准确地证实在 1959 年到 1961 年期间发生的什么，什么东西由谁发现了是毫无意义的。要尝试这样的一种历史重构，就是把发现当作事件本身的一个内在属性，而不是作为一个特性由社会行动者归于事件。这样一种做法所产生的一切就是我们今天已听到的这种不相容的说明的大杂烩。对照之下，如果我们问："大多数有关的科学家今日如何看待该发现？"，那么我们就会得到一个相当清楚的答案:"它是由斯宾塞博士在 1961 年所获得的一个真正的发现。"既然所有那些科学家属于由你的成就所开创的研究传统,哥伦布对美洲的发现没有问题,那么你的发现也没有问题。只要氧化磷酸化的参与者承认斯宾塞博士是化学渗透反应的发现者,那么他就是。

克里蒂克　我以前认为社会学家多半是激进分子! 然而,你给我们的指导似乎异常地保守,假如不是反动的话。在我看来,你的分析将不可避免地支持现状。你论述了我们早些时候提出的评价问题,宣称无论谁得到奖金,都应得到承认。我不愿意接受你的分析。无论如何,你的论证在逻辑上靠不住。许多人宣称斯宾塞是位发现者,化学渗透是个发现,这个事实并没使它成为事实。你本人曾宣称一个真正的发现在科学上必须是正确的。化学渗透假说的正确性或不正确性最终将由实验事实来决定。无论目前这一代生物能学家碰巧相信什么或说什么,假如那些事实证明该理论是错误的,正如我满怀信心期望的那样,那么它从一开始就是错的,它将绝不会是发现。你的分析方法中有一个基本错误,就是你没有仔细地把真正的发现与人们认为什么是发现区分开来。人们认为的东西在时间上当然会有所变化,或者会因人而异。可是某种东西是否就是发现并不是反复变化的。若像你主张的那样,某种东西既是发现(在某一时间或对某一个人而言)又不是发现(在另一时间或对另一个人),这在逻辑上是自相矛盾的。化学渗透理论要么是发现,要么不是,这可以进行裁决,不是通过计算有多少研究人员对它投票赞成,而是通过在受控实验结果的基础上对它进行评价。

布兰尼根　作为一位局外人,我试图来理解科学与科学家,但我不可能像你们一样采用关于自然世界的"实在主义"观点。假如我打算采用你们的实在主义方法,我就必须把我感兴趣的每个发现的结论建立在以前对科学事实的评价上。结果,为了对这些领域的可能存在的发现进行分析,我就必须成为一位生物能学家或一位高能物理学家等等。在实际的条件下这不但是不可能的,而且它意味着我对科学正确性的判断将极大地影响我的社会学分析形式。因此,我在科学上赞同的那些科学家关于发现的观点,分析起来将与我不赞同的那些观点有所不同。这样我的整个分析将与我不太恰当的科学结论相联系,并受其左右。

很显然,因社会学方法论之故,我不能采用这样的方式。我应该对这些现实采取一种不偏不倚的观点,比如说,对氧化磷酸化的生物化学过程的现实,进而对化学渗透假说或其他竞争的假说的正确性的现实。对社会学家而言,一个令人信服的理论就是说明了参与者到底把什么看做是一个正确的理论,发现就是参与者到底把什么当作是发现。我们只有采用这种认知的不偏不倚,我们才能认识到,对作为社会行动者的科学家至关重要的不是在终极意义上的正确性,而是此时此地得到局部解释的正确性。

假如我同你们一样对科学知识采用"实在主义"分析方法,承认只有满足我目前认为是科学正确性的终极标准的那些成就才是发现,那么我会不断地发现我自己至少暗中处于这种境地,告诉前几辈的科学家他们认为是发现的东西事实上并不是。科学的这种进步特征意味着,所有我们当前的"正统观念"在将来会被更好的理论所取代或调和,然而每一代在这一点上似乎都患有健忘症。所以,在任何时候当代的理论都被认为是客观的、正确的,而这种正确性具有一个暂时性的或惯例性的特征。像发现本身,理论的正确性是由社会建构的，很可能又会被后来的社会建构所取代。唯一站得住脚的社会学立场是正确性与发现都是特定科学家在特定时间所认为的东西。

杨格　我不敢肯定你能如此容易地回避告诉科学家们他们错了。举个例子说，几分钟以前你用社会学的术语说斯宾塞博士似乎已成了那位发现者。这似乎与詹宁斯博士及克里蒂克教授所主张的相抵触。因此我们或许需要把你的观点重新仔细地表述一下。让我们这样表述："斯宾塞博士被广泛地认为是那位发现者。"可这种说法存在着几个问题。这首先是一个相当不充分而又缺乏趣味的主张。关于"发现"，它什么都没说，只说了对发现的承认。而且，它似乎暗示，我提出斯宾塞实际上就是发现者的主张太过偏颇而难以接受。再回到你对化学渗透理论承认提出的不充分的社会学主张上，你似乎暗示我的主张，确切地说是所有参与者关于实际发现的主张，在某个方面都存在着夸大其词，难以令人满意。你在批驳你称为发现的"自然主义的"说明时，声称你自己的非自然主义的分析具有优越性。比如你曾说过，"社会学家已经表明，发现并不是以人们一般认为它们发生的方式自然产生的，而是社会界定的产物"。因此，你难道不是在与我们对发现的理解发起挑战？难道不是声称你自己的分析具有解释特权？假如我们的说明往往把发现当作社会世界"之外"的自然主义的描述，难道你没有自称比我们更知情？

我并未打算粗鲁无礼，可考虑到在科学家解释发现标准的问题上，你并没能说出点具体的东西，你的观点似乎特别令人吃惊。我认为你无法克服的潜在问题是你缺乏科学素养。假如你是个训练有素的研究人员，你就能够决定科学正确性的问题，因而能够把真正的发现主张同虚假的发现主张区别开来。这样，你就能对特定发现说点具体而有趣的东西，而不是对我们已经知道的提供一种抽象的描述，并冒充是一种高级形式的分析。

布兰尼根　我认为成为一个训练有素的科学家并不会有很大帮助。你同我一样都是高能物理学的外行。因此训练成为一位生物能学家并不能帮助我对除了生物能学外的任何领域进行社会学分析。甚至就在这里，它如何提供帮助？克里蒂克教授、埃尔德教授以及詹宁斯博士都是有资格的研究人员，然而他们在这种情况下对科学正确性做出了截然不同的评价，对发现得出了不同的结论。而且，甚至你与斯宾塞博士对目前的发现并没有达成一致，尽管你们都明显地赞同化学渗透理论的正确性。正如我以前指出的那样，虽然正确性是发现的一个重要标准，却不是唯一标准。获得技术资格不能使我对优先权或适当的动机得出有把握的结论。因此我认为你关于科学资格的话语是转移注意力的闲扯。科学资格并不能让你解决你自己的解释问题；它也不会给予我帮助。

然而，你其他的观点倒是相当有趣。事实上我并没有声称我的非自然主义的发现说明更适合于或优越于所有的目的。我只是在联系到社会学分析时把这点提了出来。为了实际目的，你作为科学的参与者显然需要把发现当作是一个自然事实，的确，对你而言发现似乎是一个客观的历史事实；至于詹宁斯博士及克里蒂克教授等等，它似乎客观地成为一种不同的历史事实。

我认为问题是每位参与者对某候选发现采用了一种特定的态度，并相应地对围绕着这一候选发现的事件进行解释。因而对詹宁斯博士来说，他的基本的信念似乎是他完成了发现，可是他并没有为此得到称誉。所有之前与随后的事件可作相应地解释。例

如,他提议所有的科学发现都产生于科学发展的必然过程,这个建 231
议帮助他解释斯宾塞及他本人对质子驱动腺苷三磷酸形成几乎同
时所获得的发现。这反过来使得关于该发现随后的"误解"是"可
以预料地"。同样,对斯宾塞的活动与动机的解释有助于理解为何
詹宁斯没有得到承认,尽管他完成了该发现等等。詹宁斯的所有
这种解释工作反映到了现实世界之中。尽管无关的局外人觉得这
些事件可以得到完全不同的解释,解释虽然不同但同样都有道理,
但对詹宁斯而言,他认为他的说明就是对实际发生事情的描绘。

当然,这不仅适用于詹宁斯的陈述,而且也适用于你自己的,
还有我们早些时候听到的别人的陈述。这些陈述是故事,而非对
事件的文学描绘,这表明,它们倾向于采用高度惯例性的形式。詹
宁斯博士使用了一种常用的解释形式,我称之为"文化成熟的民间
理论",而你使用的是"天才的民间理论"。现在当你密切关注这些
理论时,你会发现它们相当不合适。例如,你认为斯宾塞博士是个
天才,就是一个纯粹的同义重复。证明他是天才的唯一证据是要
做解释的那个发现,这与你们所有的人展示的这种高智商不同。
与你不同的是,人们并没有把他的发现当作创造性的个人对于教
条式的无知取得的巨大胜利,并没有提到斯宾塞的天才。因而我
认为,"天才"仅仅是适合你的惯例故事的一个有用的部分,你作为
一位较年轻的研究人员,你自己的成功就是在斯宾塞的研究传统
之内完成的。

詹宁斯博士的文化成熟的民间理论不再具有说服力。例如,
发现是由科学思想的必然的、累积的进步所产生的,这种思想似乎
暗示新的思想观念将会在有利于它们的背景中出现。然而早些时
候给出的许多证据表明,化学渗透假说并没有得到很好地承认,实

际上过了大约十年时间,许多人才给予它认真的考虑。因而这两个民间的故事都是惯例性的解释形式,它们作为事件的适当解释在我看来是有缺陷的,但是适合于讲故事人的特定目的。

使用这些熟悉的、似乎有理的民间故事有一个重要结果,那就是在每个故事中发现的特定看法逐渐变得更具客观性。在通过某种方式弄懂发现的含义时,科学家们使他们对该发现的看法是正确的变得"显而易见"。例如,假如斯宾塞一直是一个天才,那么他在适当的时候做出重大的发现就不会令人吃惊。同样,假如几个人大约在同时想到任何重要的新思想,那么对于谁实际上获得了某个特定的发现经常存在着混乱,这就不那么令人惊奇了。

简言之,参与者谈论发现的目的并不是要对事件进行超然的描绘,而是对事件进行参与性的描绘。而分析者并没有积极地参与到科学的社会世界中,仅仅试图观察参与者解释事件的各种方式,因科学家本人必定对他认为已经发生的事情做出评价性的说明。因此,科学发现的社会学分析是与参与者的发现解释不同的一种独特的话语形式。后者是为了使发现客观化,使其成为科学的社会世界之内的一个"自然事实"。前者是用来描绘这个客观化是如何完成的。因为这两种话语形式与这些不同的结果联系在一起,所以我无法帮助决定是谁真正完成了发现这个实际目的。因为我的目的是要涵盖和理解科学家对任一发现所做的全面说明,我的态度就会不可避免地被有关科学家看做是对尚有疑问的发现事件看法的一种否定与批评。社会分析的这种非自然主义特征用你的自然主义观点看来必然是有问题的——

〔就在这时,几个人立刻开始交谈起来。正常的会话礼节遭到破坏。发言人大概经过长时间地等待之后,却没能发言,最后变得忍无可忍。以下是从乱糟糟的声音中摘取的一段录音。磁带的拷贝可以提供给任何有兴趣的会话分析者。]

"我认为把斯宾塞称为天才根本不是同义重复。你只要读一读他的论文就会明白,他远远领先该领域的其他人。只有非凡的大脑才会……我总认为在这种联系中谈论天才是愚蠢的。天才会更擅长化学……我从未声称特别有首创性。假如该领域有天才的话,那就是戴维·金……我肯定有发现的经历。那是一种真正的豁然开朗的感觉……从事氧化磷酸化的人们做出了不利地答复,因为这些思想来自其他领域,对他们来说又相当陌生……关键是有许多科学家在科学上缺乏能力。这真的是一群杰出的研究人员,恰好有资格对正确性与发现做出可靠的判断……波普尔已经证实了我们用来评价竞争理论的正确性的标准。当然,人们总是把目前公认的理论当作永远地面临证伪的境地。但实际上,得到充分证实的理论很少有被完全推翻的……对我来说有相对论的味道……真的,斯宾塞已逐渐被认为是那位发现者。他的名字在教科书中总是给予很高的声誉。某一天我读了一本书,书上说,尽管争论仍然围绕着定域质子或离域质子,作者采用了奥卡姆剃刀的原则(Occam's razor)[①],选择这种较简单的离域解释。因此,你瞧,那位社会学家说研究共同体倾向于支持斯宾塞算是说对了……我认为邀请他到这里是浪费时间。他恰恰把事情搞乱了。在某些简单的决定方面我们达成了一点共识。假如我们把詹宁斯与克里蒂

233

----

① Occam, William of 奥卡姆(1285? – 1349?)经院哲学家、逻辑学家,中世纪唯名论主要代表,方济各会修士,曾提出"奥卡姆剃刀"原则,反对教皇干预世俗政权,著有《逻辑大全》等。奥卡姆剃刀是指将论题简化的原则,他认为"若无必要,不应增加实在东西的数目",应把所有无现实根据的"共相"一剃而光,故称。——译者注

克排除在外,他们很显然对斯宾塞有偏见,因为他们妒忌他获得诺
贝尔奖,假如我们考虑到斯宾塞不愿意坚持他自己的主张是很自
然的……在我看来他确实在宣称,我们头脑简单地认为有发现这
样的东西,他用他的智慧认定这是一种错觉……他似乎在暗示我
们的陈述并不比神话故事更好。我承认一定有几位古怪的人。可
是科学家们一般受过训练而变得客观化,按照真实发生的情景向
你提供事实……一定有发现,否则科学就不会前进……请安静一
下好吗……然而他能做的唯一的贡献就是告诉我们已经知道的事
情,也就是发现是对知识的一个有首创性的贡献,斯宾塞发现了化
学渗透反应的存在……我告诉你,斯宾塞并没有发现……”。[1]

就在这时,磁带到头了。为了查明到底发生了什么,我联系了
参与者。可是我得到的说明似乎又混乱又矛盾。布兰尼根告诉我
发生了一场有损尊严的扭打,在混战中磁带录音机被撞到地板上
摔坏了。但是他不能或者不愿说出谁负有责任。他还告诉我,他
绝不会再去帮助科学家,将来他打算从事危险少些的活动,比如养
蜂、对犯罪团伙的研究等。

第七章注释

1. 本章展示的辩论发生在几年前。詹宁斯教授就目前的情况给了我一个简
短的附言:

1985 年。争论仍在继续。读者鼓起勇气询问了一位朋友,这位朋友
熟悉在化学渗透框架之内定域理论与离域理论的发展情况,这位读者想
知道哪种理论目前居于支配地位。如此看来重读这出戏剧可能就有一定的
现实意义。人对发现的认识有时随着时间的流逝而越发变得错综复杂。

第四部分

庆典

第八章　位高任重：分析性模仿

　　本书的中心主题之一就是想表明社会学分析可以从采用新文体形式中受益。在这一章里，我要完成对这些新形式的初步探究，并用我自己的方式来庆祝。这种探究是我将注意力转移到模仿上来的结果。我的出发点是这样一个提议——所有（社会学的）分析都是一种模仿的形式，因而，模仿就可以作为（社会学的）分析的一种形式。我认为任何形式的分析都可以证明这一论点，但我将集中精力来讨论社会学上的特别事例。

　　所有社会学分析都使用我将称之为"原始文本"的素材，并建立在原始文本的基础之上。这些文本之所以称为"原始的"，是因为它们先于分析文本出现，并且是产生分析性文本必不可少的前提。这些原始文本有时候是从分析者自己的工作中产生的，例如，一个观察者描述所研究的那些行动的现场记录。有时候，这些原始文本是由所研究的行动者形成的，如参与者借以相互交流，并由分析者随后收集起来的往来书信。有时候，这些原始文本是由分析者和参与者共同努力创造出来的，如分析者设计的访谈计划与被访问者的回答记录。还有一种社会学分析，它几乎完全依赖于以前的社会学作品作为它的原始文本。总而言之，分析者的任务就是从一大堆特殊的文本（原始文本）中找出隐含的意义，形成他自己的二手文本。二手文本的目的是为读者，包括为分析者自己，去解释如何阅读或者理解原始文本。

这种分析性的二手文本的一个必要特征就是它与原始文本不同。如果二手文本与原始文本没有区别，那它仅仅是文本的重复，在分析上也必定是空洞的。二手文本不可避免地会对原始文本有所取舍，对其进行概括总结，有所删略，改章换句，将其置入一个新的语境中，分辨文本中重要和不重要的特征，对之简化等等。换句话说，分析性文本系统性地偏离了原始文本，从这一意义上说，也就是分析性文本对原始文本做出分析并依分析的目的重新表述时，歪曲了原始文本。这种系统性的歪曲经常能从人们对原始资料（原始文本）和结果或发现之间的区别中捕捉到。分析性文本有目的地处理、重新组织和重新表述原始数据就是为了揭示其中的社会学意义。

前面的段落中有一个特殊的词可能显得不合适，即"歪曲"这个词。因为"歪曲"往往等同于"表述有误""改头换面"或者"误解含义"，故二手分析性文本习惯上都声称自己忠实于原始文本，并且只选取必要的素材来揭示文本内在的含义。因此，社会学分析改变了原始文本的形式，借此可以揭示文本真实的结构和真正的社会学意义。在这一点上，二手文本必然反映出与原始文本之间具有一种不可思议意味的关系。正如伍尔加所说："不可思议就是说起某件事情好像与另一件事情大同小异，而实际上根本就不是那么回事"（1983，p.249）。二手文本改变原始文本的形式，又宣称揭示原始文本的意义，它不可避免地肯定了它超越原始文本的阐释优势，这种优势恰是构成文本不可思议意义的必要因素。原始文本被剥夺了为自己说话的权力，只有分析性的二手文本才能恰如其分地传达原始文本的真实意义。

　　但是这一点与模仿有什么关系呢？为了在它们之间建立起联系,探讨一下这个词的词源是很有帮助的。模仿是从希腊语中的"para"和"oide"演化而来的,它们分别表示"在旁边"和"歌曲"(Funk,1978)。因此,模仿的字面意思就是在一首歌的旁边另写一首歌。第二首歌往往极力模仿第一首歌的主要特色,通过复述与改动的艺术结合,不知不觉地侵蚀原歌的基础,这一过程常借助于反语或幽默来实现。基于希腊戏剧与文学形式的本质,"歌曲"一词在希腊语境中是十分妥帖的,但后来模仿被广泛应用于许多文本形式,所以我们可以用"文本"这个词来取代"歌曲"一词。将这一定义与前面述及的讨论联系起来,我认为模仿是二手文本,因为它根植于原始文本(旁边),但又在一些方面不同于原始文本,就是这些方面揭示了原始文本的真正本质(主要特征),同时也反映出二手文本的优势(侵蚀原始文本的基础)。

　　我们似乎已经能得出一个结论:模仿与分析可以用实际上相同的术语来定义。因此,我完全表明了我最初提出的论点,即社会 239 学分析是一种模仿的形式,模仿也可以是一种社会学分析的形式。我不得不承认这个结论取决于本书前文所进行的大量细致的文本研究。因此,有些读者可能觉得我在这里的讨论本身就是对某种分析的模仿。但所有的分析都需要这种艰苦细致的文本研究工作。如果不是这样,分析性文本的写作也就不会将措辞看得如此重要,也就不会有如此多的修订本和如此多的废稿(见 Westfall,1980,有关牛顿做的大量而细致的文稿修改的讨论)。而且,坚持说我的分析是一种模仿只会进一步验证我的论点,即分析是一种模仿。唯一对我的论点不利的批评首先可能是说我的讨论不是一种模仿。但如果我的分析不是一种模仿,那么我可以假定它是站得住脚的分析，也就是说，我可以假定这种分析是一种模仿。因此，不管读者决定采取哪一种态度，他都和作者一样，因为这不可思议的逻辑，而不得不接受社会学分析就是一种模仿的形式这一论点，所以，也就接受了模仿可以是一种社会学分析的形式这一论点。

在这一点上，读者、文本评论者或者前文中已经出现并对我所提出的结论持成见的人，可能会为我和我的论述准备一个陷阱。很显然，我会提出这样一个论点，既然我们已经确认模仿可以是社会学分析的一种形式，那么我们应该可以将模仿看做是分析的一种形式。但是一旦我提出这一论点，陷阱门将会这样砰地一声关上：“但如果分析已经是模仿的一种形式，那么建议采用分析性模仿就是多余的，因为分析者已经在使用模仿。”然而，对我来说很幸运的是，陷阱门关的太快了，我还安全地留在外面。因为我的论点并非是说社会学家应该采用分析性模仿，而是说他们应该认识、承认甚至庆祝自己的工作也属于模仿，而不是否认这一点，他们应该培养自己对模仿作为一种分析形式的认识，进而探讨由此带来的种种可能性。

分析者明确认识到他自己的分析是对其他人的文本的模仿的一个好处是，某个二手文本相对于其他同等的二手文本不能声称拥有解释的特权。一种明确的模仿不会声称它提供了对原始文本的最终解读本。它只不过是提供了许多读本中的一种。而且，还为接纳原始文本的反驳意见留下了空间。作为明确模仿的二手文本也期待对它自身的进一步模仿（分析）。因此，明确的分析模仿使我们能将自己的工作看做是对连续不断的一系列文本的又一贡献，使我们能认识到自己的工作不过是一种文本加工物，它使用选择、简化和夸张,以及幽默的对比和不协调等方式来为第三方提供新的读本,也将其他文本告知第三方(Woolgar,1983)。

我认为有一点很重要,那就是认识到模仿并非是用来取笑原始文本的一种文本形式,恰恰相反,嘲笑与幽默、夸张与缩写、选择与释义都是用来作为向读者传达原始文本本义的方式。在这个意义上,明确的模仿与通常所说的普通社会学分析的主要目的是一致的。但同时,在关注其自身文本的程度上,模仿与普通分析是有区别的。分析性模仿说,实际上:"我认为我必须给出一个能切实可行的结论,但它不会是原始文本(真实世界)自身,而且,正如我在我的原始文本上做的工作一样,读者您本人为了找出我的文本的意义,也不得不就它做同样的解释工作。"

因而,分析性模仿与标准分析的形式是有区别的,不同之处在于分析性模仿开放式地引导读者就分析性文本和/或原始文本自己去做解读,同时鼓励读者多视角研究文本,目的在于得出自己的见解。而传统的社会学分析往往极力宣称自己的文本具有解释的权威性,分析性模仿却专注于进行多种可能的社会学分析,也就是通过能想象得到的任何一种文学形式(当然包括,作为一种文本形式的传统分析形式),来表现整个社会世界的产品中种种新鲜有趣的东西。我们已经见证了这其中实际应用的一些形式,现在我就试着做一次分析性模仿。

我的分析性模仿将围绕诺贝尔奖颁奖仪式来进行。我将像一个真正的社会学家那样,尽量用模仿的形式去展示诺贝尔奖颁奖仪式从社会方面是如何构成的。仪式的过程采用了许多象征意义的东西,包括音乐、绘画、用餐和服饰,目的就是为了使诺贝尔奖颁奖仪式合乎恰当的礼仪。但是我认为其中最关键的具有象征意义的地方在于典礼上的语言,而各种非语言化的装饰通过与典礼上特殊的口头话语相配合被赋予了特别的庆典意义。这种话语通过公开陈述、正式演讲、宴会祝词等等表面形式表现出来。然而,所有这些表面形式都依赖于同样反复出现的小范围内的解释形式,来达到对最高水平的人类成就进行隆重庆祝的整体效果。参加诺贝尔奖颁奖仪式的人都自觉遵循这些精心塑造的形式,因而使得仪式变成了万众瞩目的庆典(Mulkay,1984b)。

我认为这些形式本身都是约定俗成的。集中采用这些常规礼仪才创造出庆典的气氛。任何对这些形式明显的偏离,任何与这些形式相矛盾的话语都会破坏这些仪式,并且削弱它们所包含的庆典意义。在下文里,我将模仿诺贝尔奖颁奖仪式的话语,并将它与我认为参加过颁奖仪式的人可能会用的话语形式相比较,然而他们实际上可能从来没有使用过这些话语形式。因此,我将创立一个虚拟的二手文本来强调一下它所记叙的事件从未发生过,但对二手文本全力以赴的表述也是确凿的事实,它比任何原始文本都表述的更清楚,更简洁,诺贝尔奖颁奖仪式就通过这些解释形式真正实现了。

我选取 1978—1981 年的《诺贝尔奖》(*Les Prix Nobel*)作为我的基本资料来源。它包括获奖者、诺贝尔基金会的代表、出席仪式的人,以及学生代表等人物所做演讲的原始文本,大部分讲话者的言论都摘自这四卷书;另外一些讲话者的言论取自我多年来搜集的对科学家们的采访,对不同领域诺贝尔奖的评论性出版物,以及来自于我自己基于某些信息的创作。这些人物并没有特别的创作原形,我也没想过用他们来代表什么人,这本书里其他地方出现的人物也是这样。下面模仿中出场的参与者是综合而成的人物,他们代表科学家的典型的话语特征。

诺贝尔奖颁奖仪式是由五个文本组件构成的,它们分别是:非获奖者介绍获奖者所作贡献的讲话,正式宴会上获奖者们的答谢词,代表年轻一代研究者和学者的学生对所有获奖者的致辞,每一位获奖者就各自的学术贡献所做的正式演讲和通常由获奖者本人撰写的个人简历。我充分利用这一材料设计了一整套在庆典宴会上的演讲,并且假定宴会的有些参加者,特别是那些后来者,因为不经意间多喝了点宴会上的香槟酒,而变得没那么多的戒备和顾虑。

诺贝尔奖颁奖宴会上的插曲

242

诺贝尔基金会代表

国王和王后陛下、殿下们、女士们、先生们:

我很荣幸,也很乐意由我来开始晚餐后的这一轮演讲,以此向今年的获奖者们表示敬意。尊敬的获奖者们,诺贝尔基金会为你们的到来感到特别的高兴。你们已经在瑞典小住了几天。我衷心地希望,即使这短短的几天,你们也能体会到我们深深的感激之情,由于您和您家人的光临,促进了科学交流,增进了人们之间的交往,同时,我相信你们都能感觉到在为你们伟大成就而举行的友好而又愉快的庆典中,我们传统的颁奖仪式也是其中的组成部分。

阿尔弗雷德·诺贝尔在他的遗嘱中决定奖金颁发给那些为人类带来最大利益的人们。诺贝尔物理学奖、化学奖和医学奖常被看做是在我们知识前沿所创造的开拓性研究成果。因此,这一艰巨的事业常常只能有很少的一组专家理解并做出评判。这一点与诺贝尔的愿望是一致的,他的愿望就是要给予基础性和开拓性的研究以充分的鼓励,以期望这些研究的成果能给人类整体利益带来现实的、有意义的发展。

全世界许多的科学家被提名为诺贝尔奖的候选人,然后专家们对所有的提名进行细致地分析。众所周知,能够获得诺贝尔奖仍被认为是这个世界上最崇高的荣誉之一。这一观念在一定程度上是基于这样的两种认识,其一是,只有整个世界的科学家们才有权力建议颁发奖金;其二是,奖金的颁发能让人意识到诺贝尔遗嘱中出现的"发现"一词。如果偏离了"诺贝尔奖—发现"的联想,不难想象对诺贝尔奖的整体评价会产生怎样的改变。奖金将会失去它独有的特色。

诺贝尔奖颁奖日越来越成为每年一度的瞩目科学家的日子,这一天让人们想起我们获奖者所代表的杰出才能。在这个世界上是他们拥有这份易于耗尽且无法替代的财产。必须给予这些杰出人物所需要的条件,以利于他们更好地发展利用他们巨大的知识才能为科学的进步不断求索。无论科学研究的方向如何,还有什么东西比寻找真理的王冠更加富有吸引力或更加重要呢?

如果诺贝尔奖能有助于提高政府和公众对专门人才的认识,认识到他们这些研究者、首创者和雄心勃勃的事业家对促进社会进步的重要意义,那么不仅阿尔弗雷德·诺贝尔遗嘱中所希望的促进某些科学领域发展的目的得以实现,而且奖金还会有助于创造他梦想的更加和平的世界。

瑞典学生代表

国王和王后陛下、殿下们、尊敬的诺贝尔奖获奖者们、女士们、先

生们:

自从第一次诺贝尔奖颁奖典礼起,我们学生就有了每年一次与最杰出的科学与文学代表们相会的殊荣。他们的辉煌成就为他们赢得了来自全世界的关注与赞赏。今天,我们非常高兴能有此机会与你们分享这美好的时刻。

在这样的一个夜晚,科学研究与高等教育看起来是一件那么光荣又那么令人激动的事业。此情此景,这样的想法是恰如其分的,但是个人的经历让你们深知当一觉醒来,节日盛典结束的时候,一种截然不同的现实就摆在你们面前。

在许多国家,这种现实的一个方面就是伴随着科研经费的压缩,对科学研究的控制却进一步加强了。在一个政客云集而政治家鲜见的世界上,科学研究的长期目标很遗憾地被那些哗众取宠的短期行为所取代。然而,在一个民主的社会里,好在自由和独立的科学研究都有益于人类。因为大部分科学研究都有有益的应用。你们举足轻重的成就已经为这一过程作出了杰出的贡献。

每一代人都会拓展与深化人类拥有的知识宝库。今天聚集在这里的诺贝尔奖获得者们,你们代表了在各自领域的最高成就。我们希望今天年轻的一代能有机会去发展你们的成就,能在陡峭的知识阶梯上再迈上一步。我们希望整个世界的政府官员们能为高等教育的蓬勃发展提供必要的资源,使得未来一代中和你们一样有能力、有毅力的研究者不断加入到这个行列中来。

尊敬的诺贝尔奖获得者们,今天全世界的学生们向你们致敬,因为你们可贵的贡献为未来一代的科学家们奠定了坚实的基础。我们希望能为你们非凡的成就表示我们崇高的敬意,为你们获得的诺贝尔奖表示由衷的祝贺,也为你们不仅是科学上最杰出的代 244

表,而且是谦逊的文化传播者表示我们的敬重和礼赞。

诺贝尔奖委员会代表

国王和王后陛下、殿下们、女士们、先生们:

我很荣幸今年由我代表物理和化学专业委员会讲话。今年的诺贝尔物理学奖授予珀普勒教授,以表彰他对事物最深层结构所做出的伟大发现,这一发现源自他对为人所知的特殊领域与可能是更广阔的鲜为人知的领域之间的地带的深入研究。最近十年来,我们对这种结构的看法已发生了根本的变化。珀普勒的强—弱,或弱—强相互作用的理论是造成我们看法变化的最重要贡献之一。

今年的物理学奖授予给这个划时代的理论,这一理论展示了强作用力与弱作用力的密切关系,并由此扩展并深化了我们对强作用力的理解:这两种力融合在一起形成一个有不同特征的统一的强—弱或弱—强作用力。譬如说,这就意味着电子与中微子有非常紧密的关系。我们现在由珀普勒的理论可以知道,中微子成了电子的弟弟。同样从这个理论可以得出质子竟然是电子的姐姐,所以也是中微子的姐姐。换句话说,这个理论认为它们都是同一家庭的成员。这些戏剧性的预言在 20 世纪 70 年代的实验中已得到了全面证实。进一步的科学研究无疑将在适当的时候全面揭示以前未曾想到过的亲属关系网,而这个关系网一直隐藏在物质世界的表面特征背后。这一研究也将为物理学家与以前被低估的社会人类学原理之间的合作提供新的可能。

珀普勒教授,当您首次宣布您那令人惊异的发现时,就轰动了科学界。没有人,绝对没有人想到过像它那样的东西。您以非凡

的能力与坚定的决心进行高标准高难度的调查研究,把不可能的
事情证明为是可能的。您脱颖而出,成为我们时代的最伟大的科
学家之一;您是当之无愧的先驱,是富有创造力的天才,是"粒子
(束)研究"的创始人。

下面我来谈一下化学奖。我们知道人的肉体与灵魂是最复杂
最精致的化学机器。与我们在地球上及宇宙的其他地方发现的死 245
的东西相比,甚至像细菌这样最简单的生命形式都具有几乎无法
估量的复杂体系。然而,现代生物学却告诉我们不存在活力,活的
有机体全部由死的原子组成。

生命系统之所以存在是因为两组生物大分子独特的相互作
用,这两组大分子是以酶的形式存在的核酸与蛋白质,这些分子组
成了能够奏出各种各样美妙音乐的管弦乐队,演奏出了生命的和
谐。脱氧核糖核酸(DNA)是细胞染色体中基因特性的载体,它决
定细胞将制造哪种酶,从而控制着化学系统,指挥着生命的乐章。

今年的诺贝尔化学奖授予才华横溢的弗兰克博士和斯坦博
士。他们开创了一个新纪元,促进了我们对化学结构与基因材料
的生物功能之间关系的理解。弗兰克博士和斯坦博士完成了重构
DNA分子的艰巨任务,即一个分子包含着取自不同物种的DNA,
如人类的基因与一个细菌的染色体的一部分相结合。他们那令人
敬畏的成就以及为人类作出的伟大贡献开启了基因工程的新时
代,充实了对缔造生命新形式的浮士德式的梦想,从而把人类置于
生物进化的控制地位。

我们都知道,在人们最早从弗兰克博士本人那里得知这些新
技术可能会带来危险的警告之后,对如何控制这些新技术一直争
论不断。然而,进一步的研究已表明,过度关心那些假定的危险是

毫无根据的,科学家们是不会忘记系紧安全带的。

弗兰克博士和斯坦博士,你们具有无与伦比的首创性,具有伟大的个人勇气和毫不松懈的毅力。你们进行了革新,使人类更加接近一个欢乐祥和的新世界。你们的思想和方法带来了重大突破,它为人们了解生命创造的基本过程,了解存在无限可能性的现实提供了新的视角。正是因为你们在科学上作出的这些富有开拓性的卓越贡献给人类带来巨大的利益,我们今天才授予你们这一荣誉。

珀普勒教授

国王和王后陛下、殿下们、女士们、先生们:

我代表三位物理与化学获奖者来讲话,让我感到无比的荣幸和高兴。我非常虔诚地希望能表达出我们深深的敬意与无尽的感激,对国王陛下以及那些使阿尔弗雷德·诺贝尔的遗产成为对人类成就进行如此嘉奖的所有人。在瑞典我们获得这么崇高的荣誉,受到这么热情的招待,我们衷心地感谢你们。

在我的生涯中,科学的性质已发生了显著地变化。但是尽管有这些巨大的变化,有一样东西仍然保持永恒不变——它就是诺贝尔奖。作为在国际范围内最伟大的科学奖,其意义已得到普遍地承认。有一点必须肯定,那就是瑞典科学家们独特的成就,因为正确地授奖需要伟大的智慧。

我并不是说你们授予我物理学奖是明智的,绝对不是。对科学我个人作的贡献很小。可是我承认今晚在座的我的获奖同仁,及在过去获得这项荣誉的那些著名人士和造福人类的人,他们都具有高贵的品质及卓越的成就。他们的辉煌成就催我深思,知道科学知识是日积月累的结果,每个人都站在别人的肩上,其中许多人是巨人,就像隔着这个讲台坐在我对面的这些人。

对任何特定领域的科学知识,一个完整的体系都是一件完整的艺术品。它就像一床由各色布片缝缀起来的被子,是由许多单独的布片连在一起构成的,现在已成为一床金色的织锦。织锦是由许多工匠共同织成的。每个工匠的贡献在已完成的工艺品中无法区分出来,松散的线和织错的线都被遮住了。这正是我本人、弗兰克博士和斯坦博士在这些领域中所从事的工作。强—弱或弱—强理论的发展并不像看上去那么简单、那么直截了当。它并不是完全成熟地出现在任何一位物理学家大脑中,甚至在两位或三位物理学家大脑中。它是许多科学家,包括实验人员与理论家集体努力的结果。因此,这个奖并不是因为我对物理学的贡献而授予我的。我今天是作为有创造性的研究共同体的幸运代表站在这里的,他们拓展了物理知识的界限,是上帝选派我来代表他们接受此殊荣的。

同时我借此机会,我希望向我们的恩师表达深深的感激之情。我最深切的愿望是把今年的物理学奖看做是授予给我的导师穆恩教授的。成为穆恩的学生,我才得以踏进神圣的科学殿堂。穆恩思维清晰,注意力集中,有广博的物理知识,对现代研究具有无与伦比的审美观念。他用这些来启迪我,我也把它们传授给别人。正是穆恩教授的天才创造性地确立了对强—弱或弱—强作用力的基本思想。今年的诺贝尔物理学奖授予我,这直接归功于穆恩对事物的基本结构进行的阐释。他深刻的洞察力无所不及,我工作的每个方面都反映了他的科学远见。

我也特别感激我的许多学生及合作者,他们为我们的共同目标作出了许多贡献,我的成绩里有他们的付出。没有他们天才般的智慧、不屈不挠的精神和旺盛的斗志,我们的工作就不会那么成功。我想对我的学生及同事表达我深深的感激与深切的喜爱之情,他们与我共同分担辛苦,也应当共同来分享荣誉。现在不是一一提及他们名字的时刻,但是对许多出色的人我怀有极大的感激,我很荣幸在研究强—弱或弱—强作用力方面和他们共事。

你们许多人都知道,强—弱或弱—强作用力的理论最初受到那些早已工作在该领域的人的怀疑与强烈的抵制。然而,他们最后都逐渐承认了该理论的正确性。因而,我发现最值得关注又令人钦佩的是以前反对我的理论的人所表现出来的自我克制与对真理的忠诚,他们不仅采用了我最初的假说,而且主动地把它提升到公认的理论的地位。我想对那些以前措辞激烈的批评家致以最衷心的赞美,没有他们慷慨的、利他的推动,我敢肯定我不会出现在今天的盛宴上。正是他们不屈不挠地支持严格的实验来测试这个基本的科学观念,才确保我们的理论探究达到了如此伟大的目标。因此,今天在这里接受荣誉的也包括他们。

此刻回顾我生命中过去的几十年,我被我经历过的好运所打动。在我的求学生涯中,我得到了许多的机遇与鼓励。我的几位老师是卓越人才,博学而又富有献身精神,他们对我有着持久的影响力。在我事业的每个阶段上,我周围的同事都那么奋发向上而又具有惊人的天赋,他们大多是我亲密的朋友。我进入研究领域得益于一位善良宽厚的导师,再加上极具天分的学生与合作者的配合,我的研究工作变得更富成效。经过在这一领域中杰出研究人员一丝不苟的严格公正的评价,理论的研究成果得到了证实。最后,也是最重要的,我的妻子及孩子们为我营造了一个欢乐而和

谐的家庭气氛。她们以一种无私的奉献爱我、支持我。没有她们
的贡献，我追求知识的过程将是无法实现的。我的家人为我的工 248
作提供了坚实的基础，她们也享有今年的诺贝尔物理学奖带来的
荣光。

　　我感谢她们。我感谢你们大家。愿上帝保佑你们！

布莱克教授

国王和王后陛下、殿下们、尊敬的获奖者们、女士们、先生们：

　　今晚我被邀请来在这里代表非获奖者说几句话。我希望没有
人介意我稍稍改变一下这些程序的基调而做一两个客观的评论。
我带着越来越浓厚的兴趣倾听着堆积在珀普勒教授及其他的获奖
者身上的赞美，聆听着珀普勒说他个人并不值得这种称赞的谦恭
表白。作为科学家，我们都忠实于真理。所以我觉得我们必须问
一问：谁是正确的？假如珀普勒说荣誉属于别人是对的，那么诺贝
尔基金会就犯了错误，该奖应当属于穆恩或者应该由珀普勒所说
的那些对强—弱或弱—强理论作出重要贡献的人分享。假如诺贝
尔委员会授予珀普勒荣誉是正确的，那么珀普勒本人似乎并没有
理解他自己的成就的性质，或者他今晚故意用他的话来误导我们。

　　于是，我们似乎面临一个相当困难的抉择。假如我们赞同诺
贝尔基金会，那就必须把珀普勒看成是要么骗人，要么至少有点缺
乏洞察力。假如我们同意珀普勒所说的，那我们就会得出诺贝尔
委员会不胜其职的结论。人们或许已从珀普勒今天晚上自相矛盾
的演讲里得到了答案。所以，如果像珀普勒说的那样，强—弱或
弱—强理论真是穆恩的想法，那么就不应该把它归功于珀普勒的
学生们和合作者们，但这也是珀普勒说的。另一方面，假如将珀普

勒研究领域的知识体系比做是错综复杂地交错编织在一起的织锦,那么区分其中的线条是不可能的。如果对珀普勒进行重新诠释,那么不论是把奖金授予穆恩,还是授予珀普勒,还是授予珀普勒的合作者都不恰当。因此该奖要么暂停颁发,要么就授予珀普勒提及的整个"创造性的共同体"。很显然,珀普勒的各种断言前后不一致,他的话语内容也自相矛盾,所以没有必要在他说的话上面花费片刻的考虑时间。

我们似乎别无选择,只能抛开珀普勒的观点,接受诺贝尔委员会的决定。首先,这可能是一个理想的结局。抛开所有其他的事情不说,它能让我们重新回到庆典上。可是,很不幸,我们看到的似乎是个悖论。诺贝尔委员会把诺贝尔奖授予某位科学家,而这位科学家却无法在对他自己的成就发表简短演讲的同时,避免使他的理论陷入灾难性的逻辑纠纷之中,但即便这样,我们能得出的结论仍旧是诺贝尔奖授予这位科学家是正确的。那么这样的人物在今晚接受这个被称为"最伟大的科学奖"能算得上当之无愧吗?他的理论能配得上被认为是"对人类成就独特的贡献"吗?

珀普勒教授

我必须对这些指责做出答复。布莱克教授与平时一样在小题大做,他正沿着他常用的科学程序,把一个精心设计却又不堪一击的解释结构建立在移动的沙子之上。假如今天晚上我站出来声称我在理解基本粒子之间的亲缘关系方面,对其最新进展拥有唯一的权利并享有全部的荣誉,他的回答将会是什么呢?他就会指责我妄自尊大,指责我过分的自我标榜,指责我拒绝承认别人做的基本贡献。他就会说我正在试图否认穆恩对该领域的巨大影响,说我正在寻求把穆恩置入黯然失色的境地。并说这是一个精神错乱的大脑明显的表现。如果不如此评说,他还会从另一途径找出同样的悖论方才罢休。

布莱克教授无视在正常情况下支配这类场合的礼仪规矩,而是利用今天晚上来破坏这些庆典活动。他非常清楚每位获奖者在领奖时表达过多的沾沾自喜是完全不恰当的。获奖者们应当承认他们从别人那里得到的帮助,应当让尽可能多的人来分享这一荣誉。布莱克教授片面理解我所表达的诚恳而又符合传统的话,打着对客观真理进行科学关注的幌子,目的却是要让我名誉扫地,搅乱我事业上最愉快的时刻。

在座的许多人都知道,布莱克教授是我的一位百折不挠的评论者,一个固执己见的对手。他拒绝承认强→弱或弱—强理论的正确性,同时却强调他自己早期的弱—强或强—弱理论中有一个特例包含了我的理论。因此布莱克教授今晚做出的个人攻击是由于他希望站在我现在的位置上。愿上帝原谅他造成的伤害。

布莱克教授

珀普勒的说法有那么点道理,他认为我试图在改变大多数情况下类似今晚这种演讲的传统气氛。学生代表早些时候的发言已恰当地提醒我们去注意那些存在于这些范围之外的其他现实。我的目的就是要确保这些现实不被遗忘,不被掩盖于诺贝尔仪式的 250 庆典话语之下。

然而,与珀普勒所说的正好相反,我并不介意他得到这个奖。但是当该奖的授予意味着他的理论一定是正确的,并得到了普遍认可时,我的确很在乎。以我的看法,还有其他许多人的看法,珀普勒的假说并不正确,当然也没有得到有说服力的实验证实。此外,还有另外一个可以选择的理论,就是弱—强或强—弱理论,此理论先于他的假说,并且包括了他的假说中已被证明富有成效的那些方面。我并没有声称这个可供选择的理论是我自己的,它是科学知识日积月累不断演化过程中的一部分。然而,这一理论的存在使人对今年授予珀普勒教授的奖产生怀疑,因为它在珀普勒开始研究粒子束的主题之前就已经发表了。

最后,有一个问题按惯例应该是在关起门来私下里说的,可是我觉得有必要现在提出来:该奖为什么没有包括迪莉娅·索恩? 在穆恩退休前,索恩博士一直与他进行研究,穆恩退休后她就转而与珀普勒工作。她是粒子亲缘关系研究方面冉冉升起的新星,她的著作清楚地预示了珀普勒的假说,然而她从珀普勒的实验室销声匿迹了。我认为这是女研究生遭资历较深的男同事剥削,从而失去该有的荣誉的又一例证。假如今年的诺贝尔奖是针对强—弱或弱—强理论的新发现,那么透过烛台面对我的就不应该是珀普勒,而应该是索恩博士和穆恩教授。

珀普勒教授
国王和王后陛下、女士们、先生们:

我意识到在布莱克教授和我本人之间的交流变得越来越令人尴尬。布莱克教授的话题的确不应该在这里讨论。可是我觉得我不能让他的造谣中伤在这庄严的集会上散布而不作答复,我相信我值得接受这种尊敬,并且希望留住它。

事实上,所有对我很了解的人都可以证明,我始终如一地努力,并且也成功地与我所有的研究生和博士后研究人员保持着亲

密的合作关系,迪莉娅·索恩也不例外。她与我密切合作了很短一
段时间,但在这方面我对她既没有剥削,也没有剽窃。她从我的实
验室离开也没有什么秘密可言。她离开是为了生孩子,我们既然
让年轻女子参与研究工作,就得面对这种可能发生的事情。她是
位有才能的研究人员,但她对我们的工作并没有作出特别的贡献。251
她仅仅遵循我的指示,她所做的研究工作也可以由另一位年轻的
研究人员来完成,最终事实也是如此。如果是她或者是我学生中
的任何一位作出了与众不同的重大贡献,他们今晚就会与我并肩
站在这里。我的学生们就像是我家庭中的成员一样,他们组成了
那种体贴关怀中的一部分,这——

珀普勒夫人

　　够了!我耐心地听了今晚的许多废话,我无法再沉默不语了。
像所有其他的获奖者描绘自己的家庭生活一样,我的丈夫一开始
也这样做了,并且称家庭生活是他的成功之源,是他在尘世间的天
堂。我认为的确如此,没有我的任劳任怨和对他的关心照顾,他的
事业可能会更加坎坷。但关键是这样的生活,我不管其他获奖者
的家人是怎么认为的,它对我和我们的孩子而言,并不是尘世间的
天堂。真的,当孩子们小的时候,他们有时候会问他们的爸爸是
谁。你们知道,孩子们很少见到他。他要么在他们睡了好久之后
才回家,要么在吃晚饭时匆匆地见我们一面,然后又骑车回到他心
爱的实验室。

　　直至今日他依然如故,迷恋于自己的研究。在我看来,我们为
他疯狂地奋斗做出了牺牲。此外,我对参加所有这些国外会议的
理由深表怀疑,我不是说这些会议只是对不忠诚婚姻的一种掩护,

但是这种可能是存在的,假如我知道我的丈夫——

诺贝尔基金会主席

　　亲爱的珀普勒夫人、珀普勒教授和布莱克教授,我想你们都会有同感,我们通过这一场合分享与这个时代杰出文化成就相联系的荣誉,但外部世界的现实已变得太过纷扰,有破坏这种欢乐与庆典场合的危险。我相信这些就个人方面和科学方面的观点差别对那些牵涉其中的人来说非常重要,但对我们聚集在这里的其他人来说,并非兴趣所在。更多的人到这里来是为了目睹人类智慧在近几年获得的某些重大成就,并表彰那些作出贡献的人。

　　我建议是演奏音乐的时候了,如果管弦乐队准备好了,就让我们倾听下一个节目,乔治·格什温的"为您而歌"的序曲。

最后的话

252　　读者　是这么回事吗?

　　文本评论者　我想是这样。他已停笔了,离开了书房,看起来自得其乐。

　　读者　我认为他没有任何理由感到高兴,那最后的草稿与其说是严肃的分析,不如说更像英国巨蟒剧团①的喜剧读本。

　　文本评论者　嗯,我知道传统上学术分析是很严肃的,但你觉

---

　　①　"MONTY PYTHON"(巨蟒)小组成立于20世纪60年代后期,有六位成员,是英国最为出名的喜剧团,在英国无论是电影和电视节目都有着很多影迷,其节目大量运用了讽刺的手法,Pythonesque 也进入了英语字典,意指幽默的、奇异的和超实在主义的。——译者注

得我们就只能凭借严肃的话语来理解世界吗？你难道没有觉察到你已经从巨蟒剧团的喜剧夸张中,从社会生活的其他幽默表现中对社会情境有了许多了解？

读者　是的,我认为是这样。可是难道他不能用传统的经验主义模式更清楚、更简约地就诺贝尔仪式阐述他的结论？难道该结论不适用于在前几章使用的其他非传统形式？难道它们不能在没有遗漏的情况下转化成一般的社会学分析？

文本评论者　正如你说的,你可以把这些分析转化为更传统的形式,但是我怀疑转化总会涉及某种损失和含义的改变。尤其是这些新形式具有一种共性,就是它们关注其自身文本,强调文本被赋予新含义的解释性的替换,开始关注潜在含义的多重性。这些过程是由形式本身,而不是由作者所作的任何特定的陈述来完成的。所以,我认为如果以传统形式来重新陈述这些分析,将影响读者对作者文本特征的认知和引证程度。另外,通过观察作者的亲身工作,我的印象是如果他没有采用那些牵涉进多种声音的文本形式,那么他的许多分析将与现在大大不同。因此,如果你乐意,你可以试着以一种更为传统的方式重述他的结论,但毫无疑问,他所采用的这种新的分析形式必然起到一种导致多重意义产生的作用。

读者　你提到"结论",可结论是什么？没人告诉我们这种"分析性模仿"意味着什么,从本书前面的几部分中也找不出任何总结性的发现,或许还需要再来一章。

社会学家1　我希望你们不会介意我加入进来。我赞同没有结论。但假如有任何结论,我觉得对社会学家来说关系也不大。253道理很简单,这本书不完全是社会学的著作。举个例子说,书里就没有提到马克思、涂尔干或韦伯。尽管主题是科学中的社会世界，可是并没有关于默顿和库恩的讨论。这不是社会学，倒更像是对语言与文本结构某些方面的一种怪诞研究。

斯宾塞　噢，我不是社会学家，因此我无法判断这本书是不是"地地道道的社会学"。但是，我个人仍能从中得出某些结论。通过参与第三章的讨论，我更清楚地认识到了科学研究人员之间进行对话的局限性。读了关于发现的章节后，我觉得尽管我们自己断言否认，但我已开始理解我和别人是如何被定义为"发现者"的。假如这本书的作者真的是位社会学家，那么我觉得从长远来说，这本书的确为社会学家和从事实践的科学家之间建立更富成效的交流渠道带来了希望。

布莱克教授　我同意可以得出确定的结论，至少从模仿中就可以。我发现有机会参加一个不寻常的、虚构的诺贝尔典礼，有助于揭示科学家之间正常的仪式庆典的基本特征。这让我想知道，我们之间的这类庆典与其他团体之间相类似的仪式有何共同之处，例如，在向电影演员们颁发奥斯卡金像奖时的仪式。对我而言，就是这种类比可能会提供一个意想不到的洞察。

社会学家2　对经验主义材料所作的任何引申分析都会产生偶然性的观点。但以我的看法，作者对自己文本性质的过度关注只会把他的发现搞得模糊不清，使他的分析更难让人理解。所以，我认为要我们来决定他试图就对话、重复等等告诉我们些什么，这是不可能的。我觉得这关于科学家之间话语本质的著作暗含了经验主义的发现，但作者试图将文本变得能够自指、自我证明的努力，把我们的注意力从这些发现上转移开了，可在我看来，这完全没有必要。

学生代表　我想到了一种可能性,那就是本文倡导的这种创造性的对话可以将相当有趣的新东西引入教学中。例如,老师鼓励学生凭借他们对根植于社会环境的各种话语的"主动再创造"来了解社会世界,而不是要求他们尽可能严格地重复老师所陈述的事实与解释。这种对"真实的"或"虚构的"文本的主动出击,很可能会对社会世界产生更深一层的理解,而且这比传统的学习情景要有趣得多。

珀普勒夫人　我喜欢对文本做出的那种积极反应。我开始觉得这个讨论已经在我称之为"男性话语"的典型方式上有了更多的进展。我们在前面研究书信体对话时,已经对这种男性话语方式深有感触(参阅 Easlea,1983),每位发言人都坚持他的立场,他的兴趣以及他的解释是唯一正确的。而现在这位作者尝试着在构建一种可供选择的、更具女性化的分析话语形式。当然,女性本身在本文中与在大多数其他的学术著作中的处境是一样的糟糕,派给我们的只是些跑龙套的角色。但是,尽管形单影只,这位作者仍试图创造一种新的话语形式,它具有更多的合作性,少了些排他性,为解释的多样性留下了更多的空间,也不那么坚持分析的特权,所以它是一种更具女性主义的话语形式。我能够从本书中得出的主要结论就是:这样的话语是可能的,而且那种据称是科学的、男性的话语并不是唯一的可能。

社会学家3　我对该书的解释并不完全与此相同,可是我们的观点也不是差的很远。我把权力与支配看做是潜在的中心主题,不是仅指男人凌驾于女人之上,而是指在更为普遍的意义上的权力与支配。科学的话语很显然是一种凌驾于自然之上的权力与支配的话语。当这种话语转移到社会领域,它必然会成为行使社会权力的基础。早先的说法认为这种分析不是真正的社会学的，我认为这个说法很容易产生误导。它确实没有使用旧的社会学学科中类似"权力"、"社会结构"等等的术语，但是对那些因老式的概念而导致的问题，现在或许是我们用分析的话语来解决它们的时候了，这种分析的话语对权力与话语之间的关系更为敏感，对暗含在社会学分析的经验主义形式中的支配力量少了些幼稚的盲从。

社会学家 1　这变得越来越荒谬可笑。前文根本没有对女性话语或对话语与权力的讨论，然而现在强加给我们的解释却把这些问题当成了本书的核心意义。在我看来，本书显然并不是关注权力与支配，而是作者想对社会学分析话语的种种有支配权的、经验主义的形式所包含的不足之处做一下补救。因为分析话语的种种可能的形式，都已经通过研究科学领域的对话、重复、发现及庆典进行了尝试，所以本书针对这些科学论题也提出了各种各样的主张。这才是本书的目的所在。作者文体的独特性很可能引起某 255 些歧义，但是本书开头一章已经清楚陈述了全书的整体内容、主要结论和殊胜之处。

博尔赫斯　我的朋友们，请不要忘记，排列相同的词语可以有许多不同的解读。或许不存在对本书恰当的解读。甚至本书自身的解读也不过是众多解读中的一种。在这个意义上，不存在确定的结论，该书也没有唯一的含义。我们参与的文本或许不过是给别人创造他们的文本提供一个机会。

社会学家 1　唯一能为我们解决这个问题的人就是作者，只有他知道他的意图是什么。不幸的是他似乎已经消失了。

社会学家 1、2 和 3　作者！作者！作者！

读者　作者似乎不愿意回来，不愿意给这本书一个恰当的结论。作为唯一可能独立的文本制造者,看来得靠我自己的文本答复结束本书。让我想一想,或许我会这样开始:"假如现在你与我同在多好,亲爱的作者……"

参 考 文 献

　　下面列出的文献中有些并未在前面的文本中出现，但对文本的进展产生过影响。

Ashmore, M. (1983), 'The six stages or the life and opinions of a replication claim', mimeo, University of York.

Atkinson, J. M. (1983), 'Two devices for generating audience approval: a comparative study of public discourse and texts', *Tilburg Studies In Language and Literature*, vol. 4, pp. 199 – 235.

Barth, J. (1979), *Letters* (London: Secker and Warburg).

Bloor, D. (1976), *Knowledge and Social Imagery* (London: Routledge).

Borges, J. L. (1970), *Labyrinths* (Harmondsworth: Penguin).

Bradley, M. (1982), *The Mists of Avalon* (London: Sphere).

Brannigan, A. (1981), *The Social Basis of Scientific Discoveries* (Cambridge and New York: Cambridge University Press).

Burdett, P. (1982), 'Misconceptions, mistakes and misunderstandings: learning about the tactics and strategy of science by simulation', MA dissertation, Institute of Education, University of London.

Collins, H. M. (1975), 'The seven sexes: a study in the sociology of a phenomenon, or the replication of experiments in physics', *Sociology*, vol. 9, pp. 205 – 224.

Collins, H. M. (1981a), 'The role of the core-set in modern science', *History of Science*, vol. 19, pp. 6 – 19.

Collins H. M. (1981b), 'Stages in the empirical programme of relativism', *Social Studies of Science*, vol. 11, pp. 3 – 10.

Collins, H. M. (1981c), 'What is TRASP? The radical programme as a methodological imperative', *Philosophy of the Social Sciences*, vol. 11, pp. 215 – 224.

Collins, H. M. (1982a), 'Scientific replication', in W. Bynum and R. Porter (eds), *Dictionary of the History of Science* (London: Macmillan), p. 372.

Collins, H. M. (1982b), 'Knowledge, norms and rules in the sociology of science', *Social Studies of Science*, vol. 12, pp. 299 – 308.

Collins, H. M., and Pinch, T. J. (1982), *Frames of Meaning: The Social Construction of Extraordinary Science* (London: Routledge).

Coulter, J. (1979), *The Social Construction of Mind: Studies in Ethnomethodology and Linguistic Philosophy* (London: Macmillan).

Culler, J. (1981), *The Pursuit of Signs* (London: Routledge & Kegan Paul).

Derrida, J. (1977), 'LIMITED INC a b c...', *Glyph*, vol. 2, pp. 162 – 254.

Easlea, B. (1983), *Fathering the Unthinkable* (London: Pluto Press).

Filmer, P., Phillipson, M., Silverman, D., and Walsh, D. (1972), *New Directions in Sociological Theory* (London: Collier-Macmillan).

Friedrichs, R. (1970), *A Sociology of Sociology* (New York: The Free Press).

Funk, W. (1978), *Word Origins* (New York: Bell).

Garfinkel, H. (1967), *Studies in Ethnomethodology* (Engelwood Cliffs, NJ: Prentice Hall).

Gieryn, T. (1983), 'Boundary-work and the demarcation of science from non-science', *American Sociological Review*, vol. 48, pp. 781 – 795.

Gilbert, G. N. (1976), 'The transformation of research findings into scientific knowledge', *Social Studies of Science*, vol. 6, pp. 281 – 306.

Gilbert, G. N., and Abell, P. (1983), *Accounts of Action* (Aldershot: Gower).

Gilbert, G. N., and Mulkay, M. (1984), *Opening Pandora's Box: A Sociological Analysis of Scientists' Discourse* (Cambridge and New York: Cambridge University Press).

Goffman, E. (1974), *Frame Analysis: an Essay on the Organization of Experience* (New York: Harper & Row).

Goffman, E. (1981), *Forms of Talk* (Oxford: Blackwell).

Gouldner, A. (1970), *The Coming Crisis of Western Sociology* (New York: Basic Books).

Habermas, J. (1970), 'Towards a theory of communicative competence', in H. P. Dreitzel (ed.), *Patterns of Communicative Behaviour* (New York: Macmillan).

Hanson, N. R. (1969), *Perception and Discovery* (San Francisco: Freeman, Cooper).

Harvey, B. (1981), 'Plausibility and the evaluation of knowledge: a case study of experimental quantum mechanics', *Social Studies of Science*, vol. 11, pp. 95 – 130.

Hofstadter, D. R. (1979), *Godel, Escher, Bach: An Eternal Golden Braid* (New York: Basic Books).

Holton, G. (1973), *Thematic Origins of Scientific Thought* (Cambridge, Mass.: Harvard University Press).

Holton, G. (1978), *The Scientific Imagination* (Cambridge and New York: Cambridge University Press).

Knorr, K. (1977), 'Producing and reproducing knowledge: descriptive or constructive?', *Social Science Information*, vol. 16, pp. 669 – 696.

Knorr, K. (1979), 'Tinkering towards success: prelude to a theory of scientific practice', *Theory and Society*, vol. 8, pp. 347 – 376.

Knorr-Cetina, K. (1981), *The Manufacture of Knowledge* (Oxford: Pergamon).

Latour, B. (1980), 'The three little dinosaurs or a sociologist's nightmare', *Fundamenta Scientiae*, vol. 1, pp. 79 – 85.

Latour, B. (1981), 'Insiders and outsiders in the sociology of science; or, how can we foster agnosticism?', *Knowledge and Society Studies in the Sociology of Culture Past and Present*, vol. 3, pp. 199 – 216.

Latour, B., and Woolgar, S. (1979), *Laboratory Life: The Social Construction of Scientific Facts* (Beverley Hills and London: Sage).

Les Prix Nobels, published annually (Stockholm: Almquist & Wiksell).

Levinson, S. C. (1983), *Pragmatics* (Cambridge and New York: Cambridge University Press).

Lynch, M. (1982), 'Technical work and critical inquiry: investigations in a scientific laboratory', *Social Studies of Science*, vol. 12, pp. 499 – 533.

McHoul, A. W. (1981), 'Ethnomethodology and the position of relativist discourse', *Journal of Theory of Social Behaviour*, vol. 11, pp. 107 – 124.

McHoul, A. W. (1982), *Telling How Texts Talk* (London: Routledge).

MacHugh, P., Raffel, S., and Blum, A. F. (1974), *On the Beginning of Social Inquiry* (London: Routledge).

Merton, R. K. (1973), *The Sociology of Science* (Chicago: University of Chicago Press).

Mulkay, M. (1979), *Science and The Sociology of Knowledge* (London: Allen & Unwin).

Mulkay, M. (1984a), 'The scientist talks back: a one-act play, with a moral, about replication in science and reflexivity in sociology', *Social Studies of Science*, vol. 14, pp. 265 – 282.

Mulkay, M. (1984b), 'The ultimate compliment: a sociological analysis of ceremonial discourse', *Sociology*, vol. 18, pp. 531 – 549.

Mulkay, M., and Gilbert, G. N. (1984), 'Replication and mere replication', mimeo, University of York. Forthcoming in *Philosophy of the Social Sciences*.

Mulkay, M., Potter, J., and Yearley, S. (1983), 'Why an analysis of scientists' discourse is needed', in K. Knorr-Cetina and M. Mulkay (eds), *Science Observed: Perspectives on the Social Study of Science* (Beverley Hills and London: Sage), p. 171 – 203.

Pickering, A. (1981), 'Constraints on controversy: the case of the magnetic monopole', *Social Studies of Science*, vol. 11, pp. 63 – 93.

Pinch, T. J. (1981), 'The sun-set: the presentation of certainty in scientific life', *Social Studies of Science*, vol. 11, pp. 131 – 158.

Pomerantz, Anita (1984), 'Agreeing and disagreeing with assessments: some features of preferred/dispreferred turn shapes', in J. M. Atkinson and J. Heritage (eds), *Structures of Social Action* (Cambridge and New York: Cambridge University Press).

Popper, K. (1963), Conjectures and Refutations (London: Routledge).

Popper, K. (1972), Objective Knowledge: An Evolutionary Approach (Oxford: Clarendon Press).

Potter, J. (1983), 'Speaking and writing science', D. Phil. thesis, University of York.

Potter, J. (1984), 'Flexibility, testability: Kuhnian values in psychologists' discourse concerning theory choice', *Philosophy of the Social Sciences*, vol. 14, pp. 303 – 330.

Potter, J. and Mulkay, M. (1983), 'Making theory useful', *Fundamenta Scientiae*, vol. 3, pp. 259 – 278.

Potter, J., Stringer, P., and Wetherell, M. (1984), *Social, Texts and Contexts: Literature and Social Psychology* (London: Routledge).

Sacks, H., Schegloff, E., and Jefferson, G. (1974), 'A simplest systematics for the organisation of turn-taking for conversation', *Language*, December, pp. 696 – 735.

Sandywell, B., Silverman, D., Roche, M., Filmer, P., and Phillipson, M. (1975), *Problems of Reflexivity and Dialectics in Sociological Inquiry* (London: Routledge).

Saussure, F. de (1974), *A Course in General Linguistics* (London: Fontana).

Schegloff, E., and Sacks, H., (1974), 'Opening up closings', in R. Turner (ed.), *Ethnomethodology* (Harmondsworth: Penguin), pp. 233 – 264.

Schutz, A. (1972), *The Phenomenology of the Social World* (London: Heinemann).

Sharratt, B. (1982), Reading Relations: Structures of Literary Production (Brighton: Harvester Press).

Silverman, D. and Torode, B. (1980), *The Material Word* (London: Routledge).

Stehr, N. and Meja, V. (1984), *Society and Knowledge: Contemporary Perspectives on the Sociology of Knowledge* (London: Transaction Books).

Travis, G. D. (1981), 'Replicating replication? Aspects of the social construction of learning in planarian worms', *Social Studies of Science*, vol. 11, pp. 11 – 32.

Van't Hoff, J. H. (1878), *Imagination In Science*, translated by G. F. Springer (Berlin: Springer-Verlag, 1967).

Westfall, R. S. (1980), *Never At Rest: A Biography of Isaac Newton* (New York and Cambridge: Cambridge University Press).

Whyte, W. F. (1955), *Street Corner Society* (Chicago: Chicago University Press).

Woolgar, S. (1976), 'Writing an intellectual history of scientific development: the use of discovery accounts', *Social Studies of Science*, vol. 6, pp. 395 – 422.

Woolgar, S. (1980), 'Discovery: logic and sequence in a scientific text', in K. Knorr, R. Krohn and R. Whitley (eds), *The Social Process of Scientific Investigation* (Dordrecht: Reidel), pp. 239 – 268.

Woolgar, S. (1982), 'Laboratory studies: a comment on the state of the Art', *Social Studies of Science*, vol. 12, pp. 481 – 498.

Woolgar, S. (1983), 'Irony in the social study of science', in K. KnorrCetina and M. Mulkay (eds), *Science Observed: Perspectives on the Social Study of Science* (Beverley Hills and London: Sage), pp. 239 – 266.

Wynne, A. (1983), 'Accounting for accounts of the diagnosis of multiple Sclerosis', mimeo, Sociology Department, Brunel University.

Yearley, S. (1981), 'Textual persuasion: the role of social accounting in the construction of scientific arguments', *Philosophy of the Social Sciences*, vol. 11, pp. 409 – 435.

Yearley, S. (1982a), 'Analysing science and analysing scientific discourse', mimeo, Department of Social Studies, Queen's University, Belfast.

Yearley, S. (1982b), 'Demotic logic: the role of talk in the construction of explanatory accounts', mimeo, Department of Sociology, Queen's University, Belfast.

Yearley, S. (1984), *Science and Sociological Practice* (London: Open University Press).

Zipes, J. (1983), *The Trials and Tribulations of Little Red Riding Hood* (London: Heinemann).

Zuckerman, H. (1977), 'Deviant behaviour and social control in science', in E. Sagarin (ed.), *Deviance and Social Change* (London and Beverley Hills: Sage), pp. 87 – 137.

索　引

图书在版编目(CIP)数据

词语与世界:社会学分析形式的探索/〔英〕马尔凯
著;李永梅译;林聚任校 .—北京:商务印书馆,2007
ISBN 7 – 100 – 05079 – 0

Ⅰ.词… Ⅱ.①马…②李…③林… Ⅲ.科学社
会学 – 研究 Ⅳ.G301

中国版本图书馆 CIP 数据核字(2006)第 064334 号

词语与世界
——社会学分析形式的探索

〔英〕迈克尔·马尔凯 著

李永梅 译 林聚任 校

商 务 印 书 馆 出版
(北京王府井大街 36 号 邮政编码 100710)
商 务 印 书 馆 发行
北京市白帆印务有限公司印刷
ISBN 7 – 100 – 05079 – 0/C · 143

2007 年 5 月第 1 版 开本 880×1230 1/32
2007 年 5 月北京第 1 次印刷 印张 11
印数 5 000 册

定价:25.00 元